宇宙中的大象

[荷兰] 霍弗特·席林（Govert Schilling）——著　胡奂晨——译

中信出版集团 | 北京

图书在版编目（CIP）数据

宇宙中的大象 /（荷）霍弗特 · 席林著；胡奂晨译
. -- 北京：中信出版社，2023.11
书名原文：The Elephant in the Universe
ISBN 978-7-5217-5867-2

I. ①宇… II. ①霍… ②胡… III. ①天文学－普及
读物 IV. ① P1-49

中国国家版本馆 CIP 数据核字（2023）第 123889 号

宇宙中的大象
著者：　［荷］霍弗特 · 席林
译者：　胡奂晨
出版发行：中信出版集团股份有限公司
（北京市朝阳区东三环北路 27 号嘉铭中心　邮编　100020）
承印者：　北京通州皇家印刷厂

开本：880mm×1230mm 1/32　　印张：10.25　　字数：234 千字
版次：2023 年 11 月第 1 版　　印次：2023 年 11 月第 1 次印刷
京权图字：01-2023-2797　　书号：ISBN 978-7-5217-5867-2
定价：69.00 元

印度寓言　盲人与象

有六个印度人
热爱学习，
他们一起去看大象
（虽然他们都是盲人）。
每个人通过观察，
来满足自己的想法。

第一个人走近大象，
碰巧摔倒了。
他跌倒在大象宽阔且结实的侧面，
立刻号啕大哭：
“上帝保佑我！但是大象
很像是一堵墙啊！”

第二个人摸到了长长的獠牙，
呼喊道：“嗬！我们这里有什么，
这么圆，这么光滑，这么锋利？
在我看来，
这头神奇的大象，
很像一把长矛！”

第三个人走近大象，
碰巧抓住了蠕动的象鼻。
于是，大胆地站起来：
“我知道了，”他说，
“大象很像一条蛇！”

第四个人伸出他热切的手，
摸到了大象的膝盖。

“这只神奇的动物最像什么，
非常简单，”他说，“很明显，
大象很像一棵树！”

第五个人碰巧摸到了大象的耳朵，
说道：“最瞎的人
也能分辨出这最像什么；
谁能否认这个事实，
这头不平凡的大象，
很像一把扇子！”

第六个人刚开始
对大象进行摸索。
然后，他就抓住了那条
在他附近摇摆的尾巴。
“我明白了，”他说，
“大象很像一条绳子！”

于是，这些印度人
大声地争论，
每个人都有自己的观点，
非常强硬有力。
尽管每个人都有一部分是对的，
但是所有人都错了！

因此，在神学的斗争中，
我认为争论者常常
在完全无知的情况下进行辩论。
他们不清楚彼此的想法，
却大谈特谈大象，
而他们没有人见过真正的大象！

约翰·戈弗雷·萨克斯（John Godfrey Saxe），1872 年

目　录

—— 序言 ——

“暗物质”这个词代表了宇宙中的大多数物质——它比普通物质（如构成恒星和行星的原子）要多5倍。但是，正如其名，暗物质是看不到的。我们只能间接地通过它对可见物质的引力作用来推断它的存在。如此，暗物质“封装”了我们的无知。

和大多数谜团一样，暗物质这个谜团困扰了人们很久。它已经让科学家为之吸引和困惑了100年之久。观测和科学理论表明，暗物质可能由任意数量的假想成分组成：弱相互作用大质量粒子、被称作“轴子”的新粒子，甚至不与物质或光相互作用的原子。如今，科学界的共识是暗物质来自宇宙起源时的“热汤”：一个由最初随机运动的、很小的、不可见粒子组成的海洋。尽管科学家未曾探测到这些不可见粒子中的任何一种，但他们观测到了波动的痕迹。如今，这些暗物质的涨落在宇宙背景辐射（从大爆炸遗留下来的辐射）微小的亮度变化中很明显。

开尔文勋爵首次对我们如今认为的暗物质提出了动态估计。在1884年的一次演讲中，开尔文从理论上发现银河系中可能存在暗体。随后科学界涌现了许多想法，大约50年后，瑞士留美天文学家弗里茨·兹威基（Fritz Zwicky）估算出星系团中的质量比视觉上观测到的要多。20 世纪 70 年代，不可见粒子的证据在薇拉·鲁宾（Vera Rubin）、肯特·福特（Kent Ford）和肯尼斯·弗里曼（Kenneth Freeman）的开拓性工作中被揭示。他们发现，气体和恒星在星系中的动力学表明，有看不见的质量存在于一个晕中，这个晕远远超出了普通物质所集中的内部区域的范围。而在 1983 年，莫尔德艾·米尔格龙（Mordehai Milgrom）提出了一个修正牛顿动力学（MOND）理论来解释质量缺失问题。在这个引力替代假说里，米尔格龙假设牛顿定律不适用于星系。

和大多数的科学探索一样，暗物质历来的理论有人支持，也有人反对。而米尔格龙对低加速度情况下动力学改正的简单阐释，非常好地解释了大多数星系晕近乎平坦的旋转曲线，甚至经受了 40 年的考验而屹立不倒。但是，这个理论不能很好地解释兹威基观察到的星系团的性质。另一种可能性是，暗物质具有很强的自相互作用并且避开了星系的核心区。关于暗物质的种种猜想还在继续。

在本书中，霍弗特·席林带领我们走上了关于暗物质的迷人之旅，从早期讲到今日，包括暗物质理论以及一次次的探测尝试。我们将跟随他探访地球上和太空中的天文观测站，探访地下洞穴和隧道中的粒子探测器。在我们的环球之旅中，我们将会见到许多科学家，他们是这次探索之旅的主角，在他们的职业生涯中致力于寻找解开谜团的办法。他们的阵容范围广泛：有像吉姆·皮布尔斯（Jim Peebles）[①]和杰里·欧斯垂克（Jerry Ostriker）[②]这样的暗物质研究领域中的杰出人物，也有青年科学家、暗物质的坚定信徒、

① 全名为菲利普·詹姆斯·埃德温·皮布尔斯。——编者注

② 全名为耶利米·欧斯垂克。——编者注

怀疑论者及异端者。通过他们的故事，我们将会对科学中最深奥的谜团之一的过去、现在和未来有一个非凡的看法。

正如本书所展示的那样，寻找暗物质的工作还在进行中。因此，书中包含了各种各样的科学解释。但是总有一天，拼图的所有部分都将归位。正是有了席林的星际引导，我们得以加入顶尖科学家的行列，一路为了理解这种未知的引力物质而努力，也一路为我们宇宙的奥秘而欣喜。

阿维·勒布（Avi Loeb）

引言

1995年，天文学家宣布，他们研制出了灵敏的光谱仪，可以非常准确地测量恒星的速度。那时我猜想，几年内这些工具就可以用来发现太阳系外的行星：如果这些光谱仪在恒星速度中测到微小的周期摄动，那么恒星的周围可能有一颗大质量行星，其引力干扰了母恒星在空间中的运动。于是，我决定开始调研撰写一本关于搜寻系外行星的新书，并期望这一突破性发现会被写进这本书的最后一章。

那一年的10月，当米歇尔·马约尔（Michel Mayor）和迪迪埃·奎洛兹（Didier Queloz）宣布他们发现了飞马座51b——第一颗被证实的围绕类日恒星运动的系外行星，我意识到我要抓紧时间了。1996年的大部分时间，我几乎没有做任何其他的工作。我的这本（荷兰语）著作[①]在1997年年初出版。这是最早报道第一轮系外行星发现的著作之一。

类似的事情在20年后又发生了。2015年年初，我开始为一本关于引力波的书做调研。引力波是宇宙结构的微小波动，由高

① 这本书的荷兰原书名为*Tweeling aarde*（《双子地球》）。——译者注

能量事件引起，比如黑洞碰撞。早在百年前，阿尔伯特·爱因斯坦的广义相对论就预言了引力波的存在，自那以后，科学家就在不懈地搜寻引力波。在我开始调研时，我就知道这些升级后的引力波探测器——美国的激光干涉引力波天文台（Laser Interferometer Gravitational-Wave Observatory）和意大利的室女座干涉仪（Virgo detector）的新版本——会在几个月内联机观测。看上去，过不了几年引力波就能被发现。

事实上，引力波的首次直接观测发生在 2015 年 9 月，并在第二年的 2 月公布于世。我再一次把手上的所有事情放在一边来尽快完成这本书。《时空的秘密》（*Ripples in Spacetime*）[1] 于 2017 年夏天问世。

于是，当 2018 年年初我开始认真筹备一本关于暗物质的新书的时候，我半开玩笑地和我采访的天体物理学家和粒子物理学家说，我时刻准备见证这一领域的革命性发展。如果我所写的书是第一本报道这一期待已久的暗物质之谜的答案、第一本阐述这种构成宇宙平衡的神秘东西究竟是什么的书，岂不是很棒？

遗憾的是，革命性的进展并没有发生。让我来剧透一下：当你看到本书的最后一页时，你依然不会知道宇宙中的大部分物质是由什么构成的，而科学家也不例外。尽管历经数十年的猜想、搜寻、研究和模拟，但暗物质依然是现代科学中最令人费解的谜团之一。不过，虽然如此，读过本书后，你依然能学到很多关于我们所居住的这个奇妙宇宙的知识，以及天文学家和物理学家用了哪些方法来揭开它的神秘面纱。

---

① 该书的简体中文版为《时空的秘密》，于 2018 年 8 月由中信出版社出版，胡奂晨译。——编者注

暗物质挑战着我们的想象力。它就像看不见的胶水，将宇宙维系在一起，是它使得宇宙运转。如果没有它，星系会瓦解，星系团会消散，而太空在很早以前就该扩张到毁灭。暗物质是其中最重要的原料，但是我们直到最近几十年才发现这一点，而且没有人知晓它的本质。

不过，感谢数以百计为此献身的科学家的工作，我们至少知道了暗物质不是什么，它不是由暗淡矮星组成的海洋，也不是星系空间中无处不在的昏暗气体的面纱。暗物质不是黑洞群——至少不是天文学家正逐渐开始探索的“普通”类型。暗物质甚至不是由我们所熟知的原子和分子构成的。它是怪诞和奇异的化身。

但它塑造了我们所居住的宇宙。暗物质为宇宙结构的生长提供了脚手架。它使星系团、星系、恒星、行星还有人类的形成成为可能。但是，尽管有众多的学科和科学家参与了这一问题的研究，我们似乎还是无法真正地解决这个问题。虽然有一些迹象和主张，以及间接证据和单方面的想法，但是迄今为止，还未曾有一个令人信服的发现。我们还没有关于暗物质真正特质的线索。

寻找暗物质的故事可以追溯到 20 世纪 30 年代，但是这一谜团直到大约 50 年前才被广泛知晓——当时，天文学家开始好奇像银河系这样的旋涡星系的外侧为何有着超高的旋转速度。不久后，粒子物理学家也参与进来，因为人们渐渐发现如果不引入一种全新类型的物质，这一谜团是无法解决的。而且，由于其在宇宙演化中所扮演的关键性角色，这些新颖的暗物质也成为宇宙学（在最大的尺度上研究宇宙）中的热点问题。暗物质是真正的多学科领域的研究，天文观测者、理论学者、实验学者以及计算机建模人员都为此忙碌了几十年。

在这么长的时间里，有这么多人在研究这个问题，要在这样的一本书里对每个人都做到公正，是完全不可能的。毕竟，本书不是一本技术手册，也不欲成为这一领域的“编年史”。相反，本书提供了对暗物质研究中各种令人困惑的情况的概览。许多关键人物的个人故事让我们领略到科学家的聪明才智、坚忍不拔，甚至某些时候的顽固，他们把自己的职业生涯献给了解决大自然最大奥秘的过程。我将带着你一起去遥远的天文观测站和地下的实验室。我们将参与科学会议，与诺贝尔奖得主和博士后研究人员进行交流。遗憾的是，由于新冠大流行，我计划的旅行没能全部实现，其中很大一部分的采访不得不通过电话或者Zoom视频会议完成。

我们的旅行囊括与暗物质相关的广泛的话题。尽管你可以把这25章中的大部分章节当作独立的故事来读，但我还是把它们按照一定的顺序做了整理，使它们呈现出这个谜团的发展历程。作为铺垫，第1章介绍了物理学家詹姆斯·皮布尔斯，他被称为“冷暗物质（CDM）模型之父”，并且因其对理论宇宙学的贡献而成为2019年诺贝尔物理学奖的得主之一。接着，在第2章中对意大利格兰萨索地下实验室的访问让我们对研究暗物质之谜的实验方法有了初步了解。暗物质并不是计算机模拟和会议论文的专属领地。就在此时此刻，世界各地的几十位科学家正在对理论进行验证，希望能够解决这一难题。

在这些理论和实验的引入吊足你的胃口之后，第3章中我们会回到一个世纪前来了解我们对宇宙物质内容的理解出现问题的最初迹象。很久之后，在20世纪70年代，物理学家意识到，类似于银河系的星系不能在没有巨大的、近乎球形的暗物质晕的情况下维持稳定（第4章）。如第5章所述，像天文学家薇拉·鲁宾这样的先驱察觉到，星系的高自转率无法得到解释，除非它们包含远比我们肉眼所见要多的物质。

如今，一台全新的、正在建设中的望远镜即以鲁宾的名字命名。一旦落成，它将会成为地球上最强大的望远镜之一：一台科学家试图用来绘制星系在太空中的三维分布的仪器。这个项目是暗物质研究的一个重要方面，也是第 6 章的主题。接着，在第 7 章中，我们深入了解元素的起源，以此来查明为什么暗物质不能由普通的原子和分子组成。射电天文学对证明暗物质确实存在的决定性作用是第 8 章的主题。本书的第一部分到此结束，该部分主要侧重于天文研究。

第二部分的开篇两章讨论了在 20 世纪 70 年代后半期，越来越多的人相信这些神秘的东西必定是由相对缓慢运动（“冷”）的基本粒子组成的。这种粒子与超对称理论非常契合，该理论是人们渴望已久的“万物理论”的一个理想候选项。因此，暗物质也开始在粒子物理学中扮演重要角色。

第 11 章详细描述了宇宙大尺度结构演化的计算机模拟，这似乎支持了一种暗物质成分的候选体：弱相互作用大质量粒子，即 WIMP。就在 WIMP 假设刚出现的时候，一些科学家开始质疑暗物质的真实性。他们的 MOND 理论将于第 12 章中进行讨论，这一理论声称我们对引力的理解需要修正，也许对暗物质的搜寻终究只是空中楼阁。

在第 13 章和第 14 章中，我们会与强有力的引力透镜观测技术邂逅。引力透镜是由大质量物体的引力所引起的微小的光线偏折。有科学家认为，引力透镜有潜力反驳 MOND 理论并帮助科学家找到另一种暗物质候选体——大质量致密晕天体（MACHO）。唉，寻找 MACHO 的工作几乎一无所获。反而有另一个谜团在 20 世纪 90 年代末显现了，那就是暗能量。科学家意识到，空旷的宇宙空间正在加速膨胀，这是暗能量的直接结果。这一发现以及它对宇宙的整体构成可能造成的影响是第 15 章和第 16 章的主题。

暗能量和冷暗物质理论已被整合到一个叫作ΛCDM的宇宙模型中，其中希腊字母Λ表示暗能量。对宇宙微波背景（有时被称为“创世余辉”）的研究为该模型提供了强有力的证据支持。此外，如第 17 章所述，遗迹辐射可以与当前的宇宙大尺度结构进行比较，用以提供宇宙演化的详细图景，毫无疑问，暗物质在其中发挥了作用。虽然我们不知道暗物质是什么，但我们已经意识到它是宇宙学的一个关键成分。

第三部分涉及目前和未来对暗物质的搜索，以及当今宇宙学家面临的一些挑战。在第 18 章和第 19 章中，你将会读到关于直接探测暗物质粒子的高科技实验，这些实验使用了安装在洞穴深处和隧道中的超灵敏仪器，在这里，干扰测量的宇宙射线被屏蔽掉了。令人惊讶的是，宇宙射线本身可能带有衰变的暗物质粒子的蛛丝马迹，这是第 20 章的主题。

第 21 章和第 22 章描述了最近在ΛCDM模型方面出现的一些令人担忧的问题。到目前为止，还没有人知道这些问题有多严重，但理论学家已经在探索一系列的替代想法和假设，其中一些将在第 23 章和第 24 章中介绍。最后一章对未来进行了展望，但我们不可能预测未来的哪些实验和观测会最终解开暗物质的百年之谜。希望不要再花 100 年的时间。

作为一名专门研究地球大气层外的一切的科学记者，相对于粒子物理学来说，我可能更关注天文学，尽管我试图平衡这两者。我也更注重过去的发展、成熟的想法和当前的实验，而不是新的猜想理论、未经证实的结果以及未来可能的实验。如果这些新奇的事物一直存在，那么你无疑会在未来的书中读到它们。

对暗物质的搜寻仍在继续。尽管它尚未完成，但它已经让我们对广泛的天文和物理现象有了更深入的理解：从快速旋转的星系、引力透镜和宇宙大尺度结构，到大爆炸中原子核的诞生以及“创世余辉”中的蛛丝马迹。这项搜寻还催生了其他有前途的理论，助长了对超对称及尚未发现的粒子“动物园居民”的猜测。在寻找宇宙主体成分的真实身份的同时，科学家已经解开了一些自然界最隐秘的秘密，并揭示了我们所处世界的惊人的复杂性。

第一部分

耳　朵

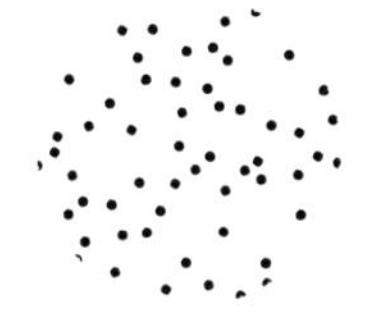

01.

我们所不知晓的物质

菲利普·詹姆斯·埃德温·皮布尔斯是美国普林斯顿大学阿尔伯特·爱因斯坦荣誉科学教授、美国物理学会会士和英国皇家学会院士、2019 年诺贝尔物理学奖得主，以及冷暗物质理论的奠基人。他缓缓地从椅子上站起来朝着对面的书架走去，并从那里取下两个空塑料瓶。[1]

他朝着大瓶子的瓶口吹气，一个低沉的颤音填满了整个房间。接着，他把小瓶子放到唇边，另一个更高的音调响起。“这是同样的原理，”皮布尔斯说道，脸上带着他典型的温和微笑，“每个尺寸的瓶子都有它特有的频率，反之亦然。”

等等，这么简单的道理可不能让你获得诺贝尔奖，对吧？

嗯，如果你成功地将它应用于新生宇宙中的声波，如果你能帮助证明星系在没有大量神秘暗物质的情况下不能稳定存在，如果你借此为我们当前的宇宙学标准模型奠定了基础，那就可以。

于是，在 2019 年 10 月 8 日星期二的清晨 5 点，皮布尔斯接到了来自瑞典皇家科学院的魔法般的电话。因为他“对物理宇宙学方面的理论发现”，他和另外两个人共同获得了总计约 91 万美元的奖金，而他获得了其中的 1/2。“天啊！”他的妻子艾莉森听到这个消息惊呼道。接着，皮布尔斯开始步行，那是他每天的日常，从家中走到位于普林斯顿大学贾德温大厅二层的办公室。他 84 岁的大脑里，思绪一片混乱。

众所周知，詹姆斯·皮布尔斯从未想象过他会成为一名宇宙学家。他于 1935 年出生于加拿大的圣波尼法城，如今是大都市温尼伯的一部分。小时候的他曾是一名小发明家，想成为像吉罗·吉尔鲁斯①一样的人——研究《机械画报》杂志，制造电气装置，用火药进行试验，还爱上了蒸汽机车。哦，对了，当北极光在加拿大曼尼托巴省冬季的天空中寂静舞蹈的时候，他总会走到屋外。而且他还知晓如何找到北极星。但那时，天文学并没有真正俘获他那颗精于技术的心。研究生期间第一次接触宇宙学时，他认为宇宙学“极其枯燥，仅为了特定目的而形成，且难以让人信服”，他曾这样告诉天文学家马丁·哈威特。[2]

当他于 1958 年秋来到普林斯顿后，情况渐渐发生了变化。皮布尔斯是著名物理学家罗伯特·迪克（Robert Dicke）研究组里的一名博士生。每周五晚上，迪克都会组织研讨会。在这里，学生、博士后以及教授可以自由地讨论每一个感兴趣的科学话题。起初，皮布尔斯被其他人对量子物理学和广义相对论的理解吓到了，随后他开始珍视这些非正式的会议，不仅是为了会后偶尔可以喝啤酒。原来，迪克对宇宙学的专注思索是可以传染的。

1962 年，皮布尔斯完成了关于“电磁力的强度是否随时间变化”这一问题的博士论文。他继续在普林斯顿大学攻读博士后，与

---

① 迪士尼动画《米老鼠和唐老鸭》中的一名山雀科学家。——译者注

迪克以及另外两名博士后——戴维·威尔金森（David Wilkinson）和彼得·罗尔（Peter Roll）合作。皮布尔斯在诺贝尔奖获奖演讲中展示过一张褪色的照片，照片摄于20世纪60年代，当时的他看上去又高又瘦，头发又黑又直，戴着一副眼镜，还穿着有着冰岛特有图案的毛衣。研究生院和在斯德哥尔摩戴黑领带的正式场合还有着不少距离。

图1　戴维·威尔金森（左），詹姆斯·皮布尔斯（中）和罗伯特·迪克（右）。照片拍摄于20世纪60年代早期，照片中央是他们造的用于研究微波背景辐射的接收机

皮布尔斯作为物理学家、宇宙学家的生涯开始于1964年夏天的一个炎热的日子。在普林斯顿大学帕尔默物理实验室的闷热的阁楼里，迪克展示了他宏伟的计划：寻找新生宇宙遗留下来的辐射，那源自一场比任何一座阁楼都要热几百万摄氏度的原始大火。科学家

猜想，来自这一久远事件的辐射就在宇宙中，只是有待发现。威尔金森和罗尔负责建造用于探测这些辐射的仪器。“皮布尔斯，”迪克问，“你何不深入研究一下这背后的理论呢？”

于是，皮布尔斯研究出了早期膨胀宇宙的热等离子体（即带电粒子的混合体）是如何与高能辐射相互作用并形成浓厚而黏稠的液体的，它们随着低频声波晃动和振荡，就像一锅远古的肉汤。接着，在大爆炸约 38 万年后，温度下降到足够让中性原子形成的时候，物质和辐射“退耦”了：其中一个的性质不再主宰另一个的行为。虽然现在辐射可以自由地在宇宙中传播——冷却下来变成迪克所寻找的微弱的宇宙背景余辉——物质却以或高密度或低密度的图景被留了下来：这些区域中的密度仅比平均水平高一点儿或者低一点儿，具体大小则由原始声波的频率决定。

大小与频率相关，反之亦是如此，正如皮布尔斯用塑料瓶制成的乐器所做的俏皮演示那般。同样的原理适用于大尺度的宇宙，其制造出来的暗含信息的图景被物理学家称为“重子声学振荡”。随着时间的流逝，超密度区域的物质会进一步凝聚形成星系。这就是星系在三维空间中呈现出非随机分布的原因：它们揭露了早期声波是在哪里离开了最密集的物质沉积物。换言之，宇宙当前的大尺度结构是由大爆炸后不久所发生的事件决定的。

这个过程很复杂，你可以暂时忘掉它——在第 17 章中我们会回到重子声学振荡这个话题。可以说的是，在詹姆斯 · 皮布尔斯 30 岁生日的时候，他养成了思考最宏大想法的习惯——也许并不关于生命，但一定有关宇宙和万物。你不需要等到 42 岁就可以这么做。

皮布尔斯甚至没有因为无线电工程师阿诺 · 彭齐亚斯（Arno Penzias）和罗伯特 · 威尔逊（Robert Wilson）在探测宇宙微波背景辐

射方面击败普林斯顿小组而感到沮丧。就在迪克召集他的团队几个月后，1964 年在新泽西州霍姆德尔附近的贝尔实验室，彭齐亚斯和威尔逊有了这一发现。“哎，小伙子们，我们被别人抢先了。”迪克在接到关于这一发现的电话后，失望地告诉他们。但是，皮布尔斯记得他当时觉得很兴奋。这一发现意味着他和他的同事并不是在单纯猜想，那里确实有可以研究的东西。

从那以后，皮布尔斯对就宇宙学着了迷。很快，他开始就一个曾经看起来极其枯燥和难以置信的话题进行演讲。他的《物理宇宙学》（*Physical Cosmology*）一书于 1971 年秋天出版，就在他成为正教授的前一年。[3] 这本书的第一版非常显眼地摆放在他办公桌的书架上，旁边是一个阿尔伯特 · 爱因斯坦的人偶。

物理宇宙学。几个世纪以来，不，几千年以来，宇宙整体的起源和演化一直被视为某种形而上的东西。在不远的过去，宇宙建立在大象和巨龟的背上，这是神的创造。但最终，神话的迷雾开始散去，这些神话故事为科学审查和物理研究让路。宇宙学成了人们可以触碰、参与、理解和赞叹的东西，人们甚至可以像爱上蒸汽机车一样爱上它。

时间向前快进半个世纪，身材高大的诺贝尔奖得主菲利普 · 詹姆斯 · 埃德温 · 皮布尔斯身着蓝色牛仔裤和苔藓绿色的毛衣在电脑显示器前弯下身子，他摘下眼镜辨认着屏幕上的小字，搜索存档的科学论文，迷失在历史细节中。过去的 50 年里发生了这么多事！如此多的突破性发现，如此多的“死胡同”，如此多的谜题！但最重要的是，人们逐渐认识到，我们的宇宙，我们的存在，是由一种神秘的物质支配的。由于缺乏更好的理解，这种神秘的东西被称为暗物质。借用《星际迷航》里的一句话来说：“这是物质，吉姆，但不是我们所知道的。”

是的，早在 20 世纪 30 年代就已经有了线索。直到 20 世纪 70 年代和 80 年代初期，暗物质才突然亮相，就像一个直到第三幕才出现的令人惊喜的主角，然后戏剧性地改变了剧本的情节。赫瑞修[1]，天堂和地球上的事物比你的哲学之梦中要多得多。

其中的细节还需要时间的沉淀（讲到这之前我们还有很多页要读），但有许多发现只有在一个充满暗物质的宇宙中才有意义。皮布尔斯对星系在宇宙空间中集中分布的研究具有提示性，这项工作是在天文学家有能力创建可靠的三维绘图之前进行的。他与普林斯顿大学的同事耶利米 · 欧斯垂克的理论性工作似乎表明，盘星系是不可能稳定的，除非它们被巨大的暗物质晕所包围。不久之后，华盛顿卡内基科学研究所的薇拉 · 鲁宾和肯特 · 福特（也许）第一次令人信服地证明了星系外部的旋转速度比在没有暗物质存在的情况下快得多。

此外，对宇宙微波背景辐射——来自新生宇宙的遗留辐射——也有了越来越详细的观测，数据表明它就像婴儿的皮肤一样光滑。正是这个意外的结果使得皮布尔斯在 1982 年提出了冷暗物质模型。那么问题来了。要么是早期宇宙炽热的等离子体分布得过于平滑，要么是目前宇宙的大尺度结构过于结块。鱼和熊掌不可兼得：在一个不断膨胀的宇宙中作用的微弱的引力，永远不会让你从彼时彼地的光滑变成此时此地的凹凸不平。

除非暗物质是非常奇怪的东西：一种新型粒子，它对引力有反应，但对电磁力或强核力等自然界的其他基本力没有反应。它根本不与早期宇宙的热辐射浴相结合。它移动得足够慢，用粒子物理学

---

① 赫瑞修，《哈姆雷特》中的人物。——译者注

的说法就是“足够冷”，在宇宙背景辐射被释放之前，它就已经开始聚集成一个看不见的脚手架了。它是由陌生东西所构成的宇宙蜘蛛网，随后吸收了陈旧的普通原子，接着继续形成我们今天看到的发光的星系和星团。这就是冷暗物质。

物理宇宙学的理论发现是2019年诺贝尔物理学奖获奖原因。果不其然，在皮布尔斯提出冷暗物质模型后的40年里，这一理论蔚然成风，它富有启发性、极具成效，并成为现今宇宙学标准模型的一部分。（该模型的另一个关键成分是暗能量，它与暗物质一样神秘，我们将在第16章对它进行讨论。）但是，皮布尔斯不是一个爱吹嘘的人，他觉得自己完全有理由保持谦虚。

他说，首先，理论发现排在“真实”发现之后。2019年诺贝尔物理学奖另外的获奖者是天文学家米歇尔·马约尔和迪迪埃·奎洛兹，他们两人在1995年发现了太阳系外第一颗围绕类日恒星运行的行星。这是一大发现。此外，还有2012年发现的希格斯粒子，以及2015年发现的引力波。这些都是科学家证实的原本只是（广为人知的）猜想的重大事件。而冷暗物质理论与这些完全不同。

其次，至少在一段时间内，皮布尔斯对理论的投入比其他物理学家要少。特别是在冷暗物质模型处于早期阶段的时候，他对来自宇宙学家的热捧感到不安。对他来说，当时他并未认真看待这个模型。“嘿，我只是想解决平滑度问题，这是我能想到的符合观测结果的最简单的模型。是什么让你们觉得这个模型是对的？我还能研究出其他的模型呢。”事实上，他也的确这么做了；其中一些模型根本不需要暗物质。当然，这些模型没能经受住时间的考验。而冷暗物质模型做到了。

再次，皮布尔斯认识到了他的模型的局限性。或许存在这样一个美好的理论，这个统一模型既能解释宇宙背景辐射的特性，又能解释宇宙中星系的分布。但是，它充满了漏洞。正如皮布尔斯向我解释的那样，暗物质是一个不成熟的概念。我们被这种荒谬的东西困住了，我们不得不凭空想象并亲手将它加入我们对宇宙的理解中。我们需要暗物质，但我们不知道它是什么。有太多问题悬而未决。

但这并不是说我们对暗物质一无所知，它的足迹遍布各处；在后文中，我们将逐一与它们见面。而通过研究这种神秘物质是如何影响其周围环境的，我们至少在理解其特征方面取得了一些进展。

尽管如此，有时候它看上去仍然很奇怪且令人难以置信。在天上发现新的东西并不让人惊讶，但正如暗物质科学家声称的那样，我们怎么会错过占了所有物质中 85%的暗物质呢？正如皮布尔斯所说，我们不就是用手把它放进模型中来解释观测结果的吗？所有这些天体物理印记都有可能构成令人信服的证据，但我们还准备等待多久才能找到无可辩驳的证据呢？我们的解决方案中有多少人为因素？我们的理论有多少假设？

要是暗物质压根儿不存在，又会怎么样？

我承认，我时不时地就会处于怀疑之中。暗物质、暗能量、神秘的暴胀般的宇宙诞生、多元宇宙——看在上帝的分儿上，这一切似乎都太牵强，太虚构了。大自然不可能如此疯狂、狡猾和残忍，不是吗？还是只是我缺乏想象力，无法接受大自然没有义务满足我的期望？我是不是像彼得·潘一样不想长大且一直相信小叮当①，相信我小时候所了解的那个简单易懂的宇宙？

问题是，仅仅举两个例子，我对爱因斯坦的广义相对论（尽管

① 迪士尼“奇妙仙子”系列中的第一部《小叮当》的主角，一个小精灵。——编者注

我并不完全理解它）或中微子的存在一点儿也不感到震惊。假如我生活在 19 世纪，当我听说相对论及其结果——黑洞、引力波、时空扭曲和时间变慢，如果没有令人信服的证据，我还会相信这些吗？如果有人告诉我，每一秒钟都有亿万个不带电的、几乎没有质量的粒子（也就是中微子）光速穿过我的身体，我难道不会笑出声来吗？但爱因斯坦 1915 年提出的理论在 4 年后得到证实，而中微子在 1956 年首次被探测到——那一年我出生了。这两者都属于我所成长的宇宙，也是我已经接受了的宇宙。至于自然中新出现的、同样违反直觉的热点，也许是我太保守了。

但是，我们仍需谨慎。科学家以前犯过错误，甚至经常犯错。通向对宇宙更好、更完整的理解的道路上遍布着被抛弃的理论和错误的假设，这些理论和假设困住人们的时间超过了应有的时间。其原因是，科学家是一个保守的群体。即使面对矛盾的证据，他们也宁愿调整现有的理论以适应矛盾的数据，而不是将其丢进垃圾桶。除非有更成功的理论出现，否则就是这样。

例如，在 17 世纪荷兰物理学家克里斯蒂安·惠更斯发表他的光波动理论后的很长一段时间里，科学家假设“空”的宇宙空间必须由一种称作“以太”的东西填充，这是一种假想的光波传播的媒介。当后来的实验与关于这种神秘物质的最初的简单想法相矛盾时，物理学家并没有抛弃这一概念，而是对其进行调整，以更好地与观测结果相符。最终，他们使自己陷入了一个离奇的困境，在这种情况下，以太必须是一种无限的、透明的、无质量的、无黏性的又非常像刚体的流体。最后，直到 1905 年爱因斯坦的狭义相对论使神奇的以太变得多余时，科学家才废除了它。

类似的事情还发生在 18 世纪后期，化学家不得不承认世界上不存在燃素这种东西。这种类似于火的元素曾被认为是某些物质在燃烧时释放出来的。这些物质只在能够释放燃素的时候才能燃烧；“火在缺少空气时会灭”这一事实被理解为一定数量的空气只能吸收这么多的燃素。这一吸引人的想法在约 1700 年由德国化学家格奥尔格 · 施塔尔（Georg Stahl）提出并收获了大量追随者，即使实验表明某些金属（比如镁）在燃烧时会变得更重——这是一个奇怪的发现，因为根据施塔尔的理论，部分物质必然被释放。燃素的支持者简单地得出结论：这种神秘东西的重量一定是负的！ 1783 年，法国化学家安托万 · 拉瓦锡令人信服地证明，燃烧是一个需要氧气的化学过程，这时候，燃素的支持者终于屈服了。直到那时，氧气的特性才为人所知。

最后，我忍不住要提一下科学家押错赌注的一个非常著名的例子：托勒密的本轮理论。从两个非常合理（至少对于古希腊人来说合理）的假设开始——地球位于宇宙的中心，并且天体以恒定的速度进行完美的圆圈运动——托勒密提出了他颇为精巧的地心世界观。根据这位公元 2 世纪的学者的看法，一颗行星在一个小圆圈（本轮）中运动，其中心沿着一个被称为均轮的更大的圆圈中绕地球运行。

为了与观测到的行星在天空中的运动相一致，托勒密的模型需要大量的本轮和进一步的设计，比如均轮中心与地球有一个任意角度的偏离。尽管如此，这个复杂而烦琐的模型仍然存在了至少 14 个世纪，直到尼古拉斯 · 哥白尼和约翰内斯 · 开普勒最终为我们提供了当前的日心说世界观，在这个理论中，行星以不同的速度沿着围绕太阳的椭圆轨道运动。

因此，我们到了这一步。我们从未真正见过暗物质，但我们认为它一定存在。然而，我们应该始终铭记，为了保持我们的理论转盘的转动，我们的论点中有多少无声的假设，存在多少我们允许自己引入的对理论的修复和调整。我们不想再被本轮带错方向了，不是吗？

这是一个令人不安的想法。要么宇宙中有大量的暗物质，它们令人沮丧地成功逃脱了当今超灵敏仪器的探测。要么，所有这些勤奋的科学家都是在追寻一个幻影。

吉姆·皮布尔斯不相信我们永远都找不到一个关于暗物质及万物理论的终极答案。他说，即使我们如今对自然有了如此包罗万象的描述，也不能保证我们能够用真实的宇宙来检验它。大自然为什么要给我们任何证据呢？诚然，在过去，我们已经成功地找到了证明和反驳理论所需的证据，但在未来这很可能会发生改变。也许我们会达到某个极限，我们所需的证据是不可能获取的。他时常担忧：我们最终会得到一个完全自洽的理论，但是我们很可能无法验证它。唉，不能保证不会发生这种情况。

不过，皮布尔斯并没有因为他可能无法活着见证暗物质之谜的破解而泄气。在他的诺贝尔奖演讲中，他告诉听众："我很高兴把许多我没能解决的有趣的研究问题留给年青一代。"[4]两个月前，在接受诺贝尔奖网站主编亚当·史密斯（Adam Smith）的采访时，皮布尔斯表示，希望年青一代会对所发现的暗物质的本质感到惊讶。"这是我的浪漫梦想：我们会再一次为此感到惊讶。"[5]

在遍布全球的天文观测站、粒子物理实验室和空间科学研究所里，成百上千名优秀的青年科学家正在努力工作，以实现吉姆·皮布尔斯的浪漫梦想。他们不仅准备好了迎接惊讶，而且极其渴望。

看起来暗物质一定是在那里的。接下来，我们想知道它是什么。

02.

地下幽灵

永野间淳二（Junji Naganoma）坐在他的办公桌前，研究着电脑屏幕上的图表和数字。你可能会想，一切如常。但这不是一间普通的办公室。桌子周围堆满了架子、板条箱和成堆的盒子。永野间博士头戴安全头盔，身披大衣——这里最多约10摄氏度，而且没有阳光。他的“办公室”是一道百米长的山洞，潮湿的墙壁上是昏暗的泛光灯，两旁布满了管道和电缆。这里到处是巨型设备，光凭外观很难明白它们的用途。几个宽度足以让卡车通过的维修隧道将这个山洞与另外两个类似大小的山洞连接起来。整个建筑群坐落于意大利亚平宁山脉近一英里①深的岩石之下。

欢迎来到意大利格兰萨索国家实验室，世界上最大的地下物理实验室。[1] 在B厅，来自24个国家的科学家和技术人员正在建造XENONnT，这是他们用于直接探测暗物质粒子的最新版的最灵敏的实验装置。来自日本的博士后永野间正在一个临时的无尘室里检查测试结果；箱子里有几十个易碎的光电倍增管等待安装，它们由一

① 1英里≈1.6千米。——编者注

所德国大学制造。在我 2019 年年底访问期间，XENONnT 已接近完成。[2] 当你读到这里的时候，它应该正在积极地收集数据，寻找看不见的东西。

在寻找我们之前一无所知的新事物方面，天文学有着悠久的历史。随着时间的推移，特别是在 4 个多世纪前望远镜被发明之后，我们的宇宙发现列表变得越来越长。天文学家发现了围绕木星运行的卫星、太阳系外的行星、亿万颗恒星、气体星云，以及无数与银河系相似的星系。但是，所有这些宇宙居民都可以被观测到，要么用经典的“光学”望远镜，要么用探测 X 射线、紫外线或无线电波的仪器——这些频率的光是人眼无法察觉的，但是可以通过专门设计的照相机来识别。

寻找不可见的东西则不同。只有在它通过影响周围环境的性质或行为而在其可见的周围环境中留下某种标记的前提下，它才能被发现。我阁楼里的一个密封纸箱里的东西是看不见的，但我知道这些东西在里面，因为它们使箱子更重，更难移动。桌子下面看不见的磁铁可以让桌面上的铁屑形成明显的图案。H. G. 威尔斯 1897 年的科幻小说《隐形人》中，主角格里芬在泥土中留下了脚印，让所有人都能看到。[3] 有句话说得好，现象背后有文章。

在更广阔的宇宙中，通常是引力产生影响，留下印记，从而向研究人员暗示有看不见的东西存在。引力的影响是相当容易区分的，因为引力在宇宙中是独一无二的。它是自然界中唯一的长程力，且始终是吸引力。质量越大，引力就越大，引力的影响就越强。（相比之下，作用于带电粒子的电磁力既可以是吸引力，也可以是排斥力，而且在大尺度上，这些影响通常会抵消。）引力支配着行星的运动、星系的结构，以及整个宇宙的演变。当然，还有苹果从树上掉下来的方式，艾萨克·牛顿在 1687 年系统性阐述万有引力定律的几年前，独自一人在自家花园里就注意到了这一点。

仅仅通过研究引力的影响，天文学家就发现了海王星、天狼星的白矮星伴星、太阳系外行星以及我们银河系中心的超大质量黑洞的踪迹。正如看不见的狮鹫一样，所有这些天体都在淤泥中留下了它们的引力足迹，从而暴露了它们的存在。

如果你看到淤泥中的足迹，却无法认出那个隐形人，该怎么办？不要紧，你知道他一定在那里，而且通过仔细研究他的脚印，你或许可以了解不少关于他的情况。以系外行星为例，根据对它们的观测，天文学家可以推断出行星的轨道周期、行星与母恒星之间的距离（以及行星的温度），甚至可以推断出行星的质量。你无须真正看到这颗行星，仅仅测量它的引力影响就足够了。

在格兰萨索实验室，科学家也试图通过研究可观测的印记来了解这种不可见的东西。然而，这一次，印记不是由引力产生的。山洞中的研究人员正在寻找暗物质粒子，它们如果存在的话，肯定有质量，但无法根据它们的引力影响来探测到它们。在单个粒子的尺度上，引力是微弱的。只有在大尺度上，当大量粒子的吸引力加起来时，引力的影响才会显现出来。所以，仅凭这一点，单个暗物质粒子永远不会施加足够的引力来显现自己。但是，既然粒子（包括假定的暗物质粒子）都有质量，它们也就具有能量。因此，通过它们与“正常”物质（比如格兰萨索的科学家所使用的元素——氙）的原子核的碰撞，我们有可能逐个发现它们。暗物质粒子和氙原子核之间的相互作用会产生微小的闪光，这正是科学家希望探测到的。因此，需要光电倍增管。

不过，像格兰萨索这样的实验面临着一些困难。问题在于，当原子被不太神秘的亚原子“子弹”击中时也会产生同样的闪光，这些“子弹”被统称为宇宙射线粒子。宇宙射线是来自外太空的能量信使。它们中的大多数是质子，即氢原子的原子核。进入地球的大气层后，它们在到达地球表面之前会与氮和氧的原子和分子发生碰撞。其结果就是到达地球表面时发生次生粒子的“空气簇射”。

如果你在找寻暗物质的相互作用，那么这些次生宇宙射线粒子就是一种实验噪声源。而且，众所周知，在嘈杂的环境中很难听到针落地的声音。这就是亚平宁石灰岩的用武之地。虽然暗物质很容易穿过一英里的岩石（毕竟，这种奇怪的东西很少与正常物质相互作用，否则我们很久以前就会发现它），但大多数次生宇宙射线粒子（主要是带负电的介子）被有效地阻挡了。就粒子相互作用而言，格兰萨索实验室是非常“寂静”的。

棒极了。但是你该如何资助、建造并管理一个像中世纪大教堂一样庞大的地下实验室呢？早在 1980 年，核物理学家安东尼奥·齐基基（Antonino Zichichi）就知道该如何拉线了。当时，意大利的政客考虑在亚平宁山脉下修建一条高速公路隧道，为位于第勒尼安海沿岸的罗马和东海岸的亚得里亚海提供一条快速连接通道。时任意大利国家核物理研究所（INFN）所长的齐基基建议再多挖掘一点儿。毗邻隧道的大型地下物理实验室将确立意大利在该领域的领先地位。

一切如齐基基所愿。隧道于 1984 年竣工，次年，INFN 实验室成立。到了 1989 年，第一次地下实验开始运行，开始寻找磁单极子——大爆炸遗留下来的奇怪的假想粒子，可惜没有成功。随后的几年，该设施的体积扩建到了惊人的 18 万立方米，来自世界各地的约 1 100 名科学家参与实验。

格兰萨索隧道位于意大利阿布鲁佐地区首府中世纪古城拉奎拉（意为“鹰”）的东部。[4] 24号高速公路从罗马到拉奎拉，蜿蜒穿过一片迷人的景观，穿越许多国家公园和自然保护区，因此这条公路也被称为“公园大道”。但一进入拉奎拉，我就痛苦地意识到这些自然美景是有代价的。亚平宁山脉——意大利在地质学上的脊柱——容易遭受地震的影响，2009年4月6日凌晨，一场6.3级的地震摧毁了这座标志性城市中心的大部分地区，导致300多人死亡。

拉奎拉还在慢慢恢复中。天际线被建筑起重机所占据，许多拥有数百年历史的教堂仍在等待全面修复。陡峭的鹅卵石街道上到处是混凝土搅拌机、手推车，以及叮叮当当的敲击声。三角锥路障和隔离带随处可见。大多数房屋都被脚手架和防护网包裹着。这是令人沮丧的景象，我很难想象重建一座城市，只是为了等待下一次不可避免的地震所需要的毅力和决心。一时间，粒子物理学家寻找暗物质的毅力与之相比显得徒劳而奢侈。

在靠近拉奎拉的地标性建筑夜光喷泉（一个顶部有两个青铜女性裸体的夜光喷泉）的地方，奥克·彼得·科莱恩（Auke Pieter Colijn）开车接我去10千米外的实验室的地上办公室，位于大萨索山的西坡上。科莱恩是XENONnT的技术协调员。他也是给这个实验起这个怪名字的人。格兰萨索之前的暗物质实验使用了大约一吨的液态氙作为暗物质探测器，因此被称为“XENON1T”（氙1吨）。但新实验中氙的数量在相当长的一段时间内都没有确定，因此科莱恩建议将其命名为“XENONnT”（氙n吨），其中n代表任意数字。实验用的氙总量最终定为8吨，但这个听上去有点儿“宅”的名字沿用了下来。

科莱恩是一位年近50岁的高大、瘦削且随和的物理学家，他穿梭于荷兰国家亚原子物理研究所、阿姆斯特丹大学和乌得勒支大学以及格兰萨索大学之间。在意大利，他的大多数同事只知道他叫AP，因为他的荷兰语名字太难念了。科莱恩和我简单地参观了实验室的“外部设施”，这是一个由办公室和工作间稀疏排列而组成的办公区，还拥有一个提供口味极好的浓缩咖啡的食堂。之后，我们再次驾车驶入A24号公路，向东进入大萨索山隧道。几分钟后，我们来到了坚硬岩石下方1 400米深处，安全地避开了嘈杂的宇宙射线粒子。但是等等，实验室在哪里？

科莱恩告诉我，它在高速公路的北侧，只能从西行隧道进入。他沿着出口来到了“书呆子环岛”，这是回到隧道和到达地下设施入口的唯一途径。他打趣说，如果你忘了带螺丝刀，那这就是一段相当令人沮丧的绕行路。在通过一道安全门并停好车后，我们穿着结实的鞋子，戴着安全头盔，开始了我们的山洞漫步。

我告诉自己：这就是物理学家希望解决暗物质之谜的地方。如果他们的理论是正确的，那么幽灵粒子就在我们周围，问题在于如何捕捉到它们。

垂直于高速公路隧道的三个巨大山洞中出奇地静。平均而言，任何时候都可能有20多人在地下工作，但这个地方是如此之大，以至于你几乎注意不到他们。每个昏暗的大厅长约100米，宽20米，高18米。无论你走到哪里，都会听到设备和机器的嗡嗡声，偶尔还会听到巨大的通风设备和空调发出的响亮的隆隆声。

除了XENONnT，格兰萨索实验室还有更多的东西。我们绕过Borexino实验的水箱，敬畏地站在一个大体积探测器前。这是两个研究中微子的巨型设施，中微子是一种难以捉摸、不带电的亚原子粒子，它们可能在解开暗物质之谜方面发挥关键性作用（见第23

章）。[5] 我们经过了许多其他的物理实验仪器，有些规模不大，有些则像房子一般大。它们有着像CUPID（丘比特）、VIP、COBRA（眼镜蛇）和GERDA这样人为设计的首字母缩写，且都在专注于自己的业务：这里有一个嘶嘶作响的阀门，那里有一个振动的表盘，到处都是计算机设备的架子和闪烁的LED控制灯。[6]

难懂的设备，诡异的气氛，异常的荒凉感，这座地下实验室感觉就像一艘废弃的外星货船，或者世界末日时的一座秘密军事基地遗迹。的确，当未来的考古学家在数千年后发现这个奇怪的地方时，他们将会如何看待我们的目标和动机？

最后，我们来到了B厅，XENONnT的所在之处。我之前看过它的照片，但这丝毫没有影响此刻这一实验装置给我带来的震撼。紧挨着一个巨大的圆柱形水箱的是醒目的长方形的三层控制大楼，它的玻璃幕墙极具未来感。控制楼的一侧是楼梯，另一侧则与水箱相

图 2　位于意大利格兰萨索国家实验室的XENON实验装置。左侧是装有探测器的巨大水箱，右边是控制大楼

邻。玻璃结构看起来就像宇宙对暗物质一般透明。用于将液态氙保持在零下95摄氏度的低温设备储存在顶层，控制室和数据采集系统在第二层，而氙的储存及提纯仪器在底层——所有这些都是为了检测神秘物质而努力的一部分，但没有人真正确定它的存在。

这个10米高的水箱外部挂着一张巨大的印在防水油布上的水箱内部照片，给了人水箱透明的印象。水箱里有70万升水，探测器悬浮在水箱中。探测器是一个与水箱类似的容器，里面装满了刚好8 000千克的超纯超冷的液体氙。在容器的顶部和底部是贴着数百个灵敏的光电倍增管的镀板，用以监测氙原子核被暗物质粒子击中时发出的微弱而短暂的紫外闪光。为了增加检测到闪光的机会，水箱的内壁覆了层具有高紫外线反射率的特氟龙。

我们必须非常小心地消除所有可能产生类似于科学家所期望的氙核与暗物质粒子碰撞信号的粒子相互作用。即使是1 400米的坚硬岩石也不足以阻挡每一个宇宙射线μ子；每100万个μ子中就有一个能穿透到这个深度。当μ子偶尔与周围的岩石相互作用时，就会产生中子。这些中子很容易干扰实验，因为它们也会撞向氙核，产生紫外线闪光，模仿暗物质粒子的预期行为。这就是这个仪器被放置在一个装满纯净水的大水箱中的原因之一：水是一种有效的中子吸收剂。

然后，还要考虑自然放射性，即重核逐渐衰变为轻核，在此过程中会发射α粒子、电子和高能的伽马射线光子。所有这些衰变产物都会在测量中产生背景噪声。氙容器的焊接缝不断地泄漏放射性氡原子。自从我们决定测试和部署核武器以来，放射性氪的踪迹在我们的星球上简直无处不在。而市面上购买的氙总是含有微量的放射性氪。为了最大限度地减少这些污染物的不利影响，液态氙在不断地被水箱旁边透明建筑中的巨大蒸馏塔净化。

这种检测技术的想法（你会在第 18 章中读到更多的详细信息）可以追溯到 20 世纪末。XENON 项目于 2001 年由哥伦比亚大学的意大利裔物理学家埃伦娜·阿普里莱（Elena Aprile）发起，据科莱恩说，她是一个“相当有个性的人”。这个不断发展的国际合作项目已经建造了一系列越来越大的探测器，从最开始的 3 千克原型机到目前 8 000 千克的庞然大物，每一步都在提高实验的灵敏度。阿普里莱仍然是实验的负责人。

科莱恩还告诉我，XENONnT 最大的竞争对手是美国南达科他州桑福德地下研究所的名为“LUX–ZEPLIN”的类似实验。该项目的负责人是布朗大学的物理学家理查德·盖茨克尔（Richard Gaitskell），他与阿普里莱在 XENON 项目上合作了好几年，但在 2007 年，合作破裂了。参与 XENON 的大多数美国研究组决定与盖茨克尔一起开发他们自己的探测器。还有就是 PandaX（粒子和天体物理氙探测器），这是位于中国锦屏地下实验室的一个大型氙–暗物质实验仪器，它是直接探测暗物质的另一个竞争者。

尽管几十年来没有任何结果，尽管这个地方与世隔绝，但参观格兰萨索国家实验室仍令人感到鼓舞和振奋。在这里以及其他几个类似的实验室里，杰出的物理学家正在利用人类有史以来最灵敏的仪器来探索他们认为是宇宙中最丰富且最神秘的成分。这些研究人员的奉献精神令人印象深刻，他们的信心具有感染力。当然，我们正处于取得突破性发现的边缘——如果不是通过 XENONnT 或其“竞争对手”，那么很可能是通过格兰萨索的其他小型暗物质实验仪器，比如 DarkSide、CRESST、DAMA 和 COSINUS。[7] 只要这个顽固的粒子选择暴露自己，那么无论多么短暂，它都会在我们的高科技设备上留下一个微小但能够探测到的印记。

有没有可能，这终究只是一场对幽灵的追逐？会不会我们所有的努力都是徒劳的？我们是否注定要失败，因为没有探测器能够分离出这种难以捉摸的粒子，又或者是因为这种粒子实际上并不存在？我们在格兰萨索的一天结束了，当我们走向汽车，然后驶出隧道来到阳光下的时候，我问科莱恩，他对这种失败的情景以及暗物质物理学的挫败有何想法。如果你的整个职业生涯都是一场无望的追逐呢？

令人惊讶的是，科莱恩并没有因为可能失败的前景而感到沮丧。首先，他并不确定暗物质是否存在，也没有选择立场。他说："只有当我看到它时，我才会相信它。"驱动科莱恩的并不是对发现暗物质粒子的渴望。相反，他对实验本身的技术挑战更感兴趣——帮助建立一个极其安静的仪器的机会，使其不受任何可以想到的外部或内部噪声的影响。他说，无论结果如何，建造像XENONnT这样的探测器都将有利于科学。新一代的物理学家正在学习如何达到极限，然后从那里突破界限。他得到的最高奖赏是：与优秀团队合作的快乐。

当天晚上，我和科莱恩以及包括永野间淳二在内的6位团队成员共进晚餐。在拉奎拉的城堡大街上有一个叫Arrosticini Divini的餐馆，它靠近中世纪的圣玛丽亚–帕加尼卡教堂的遗迹，我们在此享用了龙胆甜酒、传统的阿布鲁兹羊肉串和当地的蒙特普尔恰诺葡萄酒。在那场毁灭性的地震发生10多年后，市中心大部分饱受摧残的瓦顶建筑仍然无人居住，但酒吧和餐馆却熙熙攘攘。拉奎拉人拒绝屈服，哪怕是最大的危机，他们也决心克服。

同样，在座的青年男女（在我眼中，他们看起来就像男孩和女孩一样）决心面对每一个挑战，并克服科学探索中的任何挫折，以解答自然界迄今为止呈现出的最大谜团之一。天文学家们在 20 世纪 70 年代发现暗物质存在的第一个有力的证据时，这群人甚至还没有出生。但愿他们能活到庆祝这个谜团的揭开。

这个领域的先驱则没有那么幸运了。

03.

先驱

雅各布斯·科内利乌斯·卡普坦（Jacobus Cornelius Kapteyn）于1922年6月18日逝世，同年，他提出了暗物质可能是宇宙结构和动力学的一个必要特征的概念。

扬·亨德里克·奥尔特（Jan Hendrik Oort）于1992年11月5日逝世，60年前，他率先定量确定了我们银河系的中心平面中预计存在的暗物质数量。

弗里茨·兹威基于1974年2月8日逝世，距他首次在遥远的星系群中发现大量暗物质的证据已经过去41年。

卡普坦、奥尔特和兹威基都是该领域的先驱。他们意识到宇宙中有看不见的东西。他们对这个谜团的本质进行了仔细和深入的思考。他们三人都没能亲眼见证这一问题的解决就去世了。暗物质这一古老之谜仍然困扰着我们，就像恼人的病毒，我们已经在不知不觉间学会了与之共处。[1]

当然，谜团是可以消失的。今天的我们很难想象19世纪末的人类对我们的宇宙知之甚少。天文学家知道有八颗行星绕着太阳运行。他们发现了卫星、行星环、小行星和彗星，但太阳系的起源尚不清楚。科学家意识到，我们的太阳只是数十亿颗恒星中的一颗，但没有人知道太阳的能量来源是什么。一些杰出的思想家认为，撞击的陨石为太阳提供了能量，或者发光的球体正在缓慢而稳定地缩小，并在收缩的同时释放出热量。甚至有些人认为，太阳是烧煤的。

在太阳系之外，天文学与集邮没什么不同。长长的列表记录了恒星的位置、亮度、颜色，有时甚至是距离，但人们对它们的组成、结构和演化却知之甚少——当时天体物理学还不存在。尽管勤奋的天文学家用越来越大的望远镜发现了数以千计的微弱而模糊的“旋涡星云”——类似于著名的仙女座大星云，但没有人确定这些天体的真实本质。一些人认为它们是相对较近的旋涡状气体云，有一天会凝结成新的恒星。其他人则认为它们是很多恒星聚在一起的极大集合，距离我们数百万光年远。

那是雅各布斯·卡普坦出生时人们所认识的宇宙。1851 年 1 月 19 日，他出生在荷兰巴尔韦德镇的一个小农庄。[2] 作为严厉而虔诚的校长和他夫人 15 个孩子中的第 10 个，卡普坦在去乌得勒支大学学习数学和物理之前就读于他父母开办的男子寄宿学校。他在世界上最古老的天文台——莱顿天文台工作了几年。1878 年，他被任命为格罗宁根大学的天文学教授。

尽管格罗宁根大学当时还没有自己的天文台，但卡普坦依然在天文领域做出了重大贡献。他编制了人类首个巡天成像，并因此闻名遐迩。他是与苏格兰天文学家戴维·吉尔（David Gill）合作完成这个项目的，吉尔使用位于南非好望角天文台的一架专用的 15 厘米望远镜获取了几百张南天的图像碟片。这些碟片随后被运到格罗宁根，卡普坦花了 5.5 年的时间仔细地徒手测量了不少于 454 875 个恒星的图像。其成果《好望角照相巡天》于 1896—1900 年间以三卷本的形式陆续发表。

这项巡天工作点燃了卡普坦对“恒星系统”结构和演化的兴趣：这些恒星都是如何排列在三维空间中的？它们的运行规律是什么？与吉尔的合作让他深刻认识到了国际合作在天文学中的重要性及优势。1908—1914年间，卡普坦每年都在洛杉矶附近的威尔逊山天文台待上3个月，天文台台长、著名的美国天文学家乔治·埃勒瑞·黑尔（George Ellery Hale）建造了一座卡普坦小屋为雅各布斯和他的妻子爱丽丝提供长期访问的住所。（这个小屋如今还在，而且可供租住。）

无疑，那是一个激动人心的时代。1908年，威尔逊山的60英寸[①]望远镜刚刚建成。当地的富商约翰·D.虎克（John D. Hooker）为100英寸望远镜提供了建设资金，这台望远镜于1917年投入使用。威尔逊山是天文界的“麦加”，它这些巨大的望远镜注定要解开太阳、恒星以及宇宙的秘密。

那个时代当然不缺少秘密。举个例子，1912年在亚利桑那州弗拉格斯塔夫的洛厄尔天文台，维斯托·斯里弗（Vesto Slipher）发现，大多数的旋涡星云正在以难以置信的高速度离我们而去，但没有人知道这是什么原因造成的。100英寸望远镜是否能够最终揭示这些奇怪而模糊的旋涡的本质呢？

卡普坦回到了格罗宁根，之后当他返回莱顿的时候，他进一步地发展了自己关于宇宙的想法。基于恒星的分布，他得出结论：我们居住在一个大约是透镜状的聚合体里，其中包含大约500亿颗太阳，跨度约为4.5万光年。根据卡普坦的想法，宇宙就是这样。在这

① 1英寸=2.54厘米。——编者注

些闪亮光源的集合——我们的银河系——之外，除了空虚的宇宙空间外什么都没有。他坚信，那些神秘的旋涡星云只是这个“卡普坦宇宙”中的额外的“居民”。可以想象的是，宇宙中还可能有其他的看不见的“居民”——暗物质。

卡普坦是首个对银河系的形状和大小进行描述的人，这一描述包含了暗物质的角色。这一时刻被记录在了《天体物理杂志》1922 年 5 月的一篇著名论文中。他给自己的论文起了一个谦逊的标题——《关于恒星系统的排列和运动理论的第一次尝试》[3]，但是仔细想一下，这一尝试一点儿也不谦恭。在天文时标上一眨眼的工夫前，有一个人降生在绕着一颗不起眼的平凡恒星运转的极小行星上，他试图解释世间万物的结构及其演变。相当有野心。

至于说暗物质，继开尔文勋爵之后卡普坦意识到，通过绘制恒星的运动并应用牛顿的万有引力定律，我们有可能确定恒星系统的质量分布[4]。毕竟，引力是最大的“宇宙舞蹈指导”，它支配着宇宙的动力学。但是卡普坦和英国天文学家詹姆斯 · 金斯（James Jeans）的早期粗略估计指出，可见恒星的数量不足以产生足够的引力来解释恒星的运动。正如卡普坦在他一篇 26 页长的论文中所写：“顺便说一句，当理论完善时，或许有可能根据引力效应来确定暗物质的数量。”他还在论文中写道：“因此，我们有办法估计宇宙中暗物质的质量。”[5]

方法，有。精确的结果，尚未得出。卡普坦没能完善他的理论。在这篇里程碑式的论文发表后 6 周，他于阿姆斯特丹逝世，享年 71 岁。

死亡总是来得太早，考虑到这是那个时期极其重要的天文工作，这就令人尤为难过，死神不会再推迟 10 年。就在卡普坦去世 16 个月后，埃德温·哈勃（Edwin Hubble，哈勃空间望远镜就是以他的名字命名）发现旋涡星云其实是“岛宇宙”，也就是说，它们是银河系外遥远的星系。6 年后，基于斯里弗、米尔顿·胡马森（Milton Humason）及其他人提供的数据，哈勃和比利时宇宙学家乔治·勒梅特（Georges Lemaître）研究了这些其他的星系离我们远去的速度，由此，他们宣称我们居住在一个膨胀的宇宙中。1932 年，卡普坦的学生扬·奥尔特基于他导师的工作得出结论：我们银河系的中心平面中包含大量的暗物质。卡普坦如果还在的话，一定会很赞成这个观点。

在 20 世纪 20 年代，主要通过哈洛·沙普利（Harlow Shapley）的大量工作，天文学家还发现银河系远比卡普坦宇宙所描述的要更大、更平坦——相比面包，更像一张土耳其发面饼，而且太阳和地球与银河系中心相距 2.5 万光年。此外，奥尔特于 1927 年证明，银河系在旋转，其中心附近旋转得快一些，而外面的边缘旋转得慢一些。这些恒星成员像旅鼠一样的运动被整个系统的引力指挥着。

奥尔特是 20 世纪最伟大的天文学家之一。作为射电天文学之父，他为多个领域开辟了道路，比如星系的转动、超新星爆发、超星系团，还有彗星的起源。[6] 奥尔特生于 1900 年 4 月 28 日，在莱顿附近一个叫作乌赫斯特海斯特的城镇长大。1917 年，他决定在 200 千米以北的格罗宁根学习物理学和天文学。这趟旅行很值得，正如奥尔特所说，“卡普坦在这里”。奥尔特在漫长的一生中，都对卡普坦和他的工作表达了极大的赞美。作为一个非常聪明的学生以及狂热的划桨手和溜冰手，奥尔特对高速运动的恒星尤其感兴趣，这些银河系中稀有的胆大者，不知什么原因，在其他恒星缓慢运行的时候全速行进。到处都是动力学，这与卡普坦的研究方向非常一致。

这最终成了奥尔特 1926 年博士论文的题目。[7]

1922 年 9 月，在导师去世不久后，奥尔特搬到耶鲁大学与美国天文学家弗兰克·施莱辛格（Frank Schlesinger）一起工作。接着，在 1924 年，奥尔特返回荷兰永居。他在莱顿天文台度过了余生，在银河系的转动特性上做出了突破性的工作。这项研究最终引向了前述提到的 1932 年工作。这篇文章发表于《荷兰天文研究所公报》，它有一个谦逊的标题：《恒星系统在垂直于银河系平面方向上施加的力及一些相关问题》[8]。这篇文章作为“暗物质文章”而为人所知。

这是一篇长达 38 页的难读的文章，其中有大量的表格、图片及公式。奥尔特基本上应用了 10 年前卡普坦描述的技术，并总结道，银河系的中心平面含有非常多的看不见的质量——这是 1922 年金斯和 1926 年瑞典天文学家贝蒂尔·林德布拉德（Bertil Lindblad）已经暗示的东西。

奥尔特的创新性方法是研究恒星相对银河系中心平面的“上下”运动。基于这种运动，他可以推测出平面中引力物质的总量。恒星围绕银河系的中心转动，比如说太阳每 2.25 亿年完成一圈转动。但是恒星还在缓慢地上下摆动，就像旋转木马一样。这使得银河系在纵向延伸了大约一千光年。引力阻止了大多数恒星在平面上下“冒险”得太远：中心平面上的大多数物质，无论是可见的还是不可见的，最终都会把漂移的恒星拉回来。

通过绘制太阳附近恒星的垂直分布图并测量它们向上和向下的速度，我们可以计算出银河系平面上的引力物质的局部密度。将其与可见恒星的数量和估计质量进行比较，就可以得出暗物质的数量。

奥尔特得出的局部物质密度仅有 0.000 000 000 000 000 000 000 006 3 克每立方厘米（6.3×10^{-24}g/cm^3），加上正负 20% 的误差。这是一个

极小的数值，毕竟，宇宙的大部分空间是空的。但是，它是恒星和星际气体云所占比例的约 3 倍。奥尔特发现，银河系中的质量比人眼看到的要多得多——这是大量暗物质的标志。奥尔特还得出结论，暗物质的分布与可见物质不同。正如他在论文总结中所写的那样："有迹象表明，与可见的恒星相比，不可见的质量更加集中在银河系的平面上。"

奥尔特的研究亮相于一份荷兰出版物（尽管是用英文出版的）上，一段时间之后，这篇论文才被广泛阅读。尽管如此，瑞士留美天文学家弗里茨·兹威基可能在 1933 年就知道了，当时他在后发星系团中偶然发现了大量暗物质存在的证据。在奥尔特的论文出版一年之后，兹威基的论文出现在另一本不起眼的欧洲期刊上，但其中的证据更有说服力也更令人担忧。事实上，兹威基的结果是如此令人不安，以至于大多数天文学家都选择了忽略它们，只是盼望问题会自行消失。几十年来，兹威基关于暗物质的发现一直是宇宙学研究室中看不见的大象。

兹威基于 1898 年 2 月 14 日出生在保加利亚黑海海岸的瓦尔纳[9]。不过，他的父母都是瑞士人，从 6 岁起，弗里茨就和他的祖父母住在瑞士东部阿尔卑斯山区的格拉鲁斯村。他在苏黎世的瑞士联邦理工学院学习数学和物理，阿尔伯特·爱因斯坦曾于 1900 年在那里获得教学文凭。1925 年，兹威基搬到了加州理工学院，以协助罗伯特·密立根（Robert Millikan），他是固态物理学领域的伟人，于两年前获得诺贝尔奖。然而，不久之后，兹威基就对固体物理学失去了兴趣，转而研究天文学。位于帕萨迪纳的加州理工学院就在威尔逊山天文台的山脚下，天文台里有世界级的研究人员和望远镜。很快，兹威基就与当时天文学界的热点人物一起工作，包括黑尔、哈勃和沃尔特·巴德（Walter Baade）。兹威基是一个才华横溢、风趣、直言不讳、敢于打破传统的人，他自己也将成为闪耀的明星。

兹威基 1933 年的论文使用了天文学中的一项关键性观测技术：红移测量。红移是我们从一个快速远离的光源中接收到的光的轻微波长变化。一个物体远离我们的速度越快，它看起来就越红。这与我们都体验过的救护车经过时的多普勒效应类似。尽管警报器一直在发出同样的声音，但当救护车接近时，我们听到的音调较高（波长较短），而当它远离我们时，音调较低（波长较长）。我们感知到的波长变化与救护车驶向或驶离我们的速度成正比。光波也有类似的表现：如果一个光源朝着我们移动，我们会感觉到波长变短（颜色变蓝），而后退的光源看起来会稍微变红。

到 20 世纪 30 年代初，天文学家已经测量了几十个星系的红移。令人惊讶的是，对更遥远的星系来说，其红移以及相应的后退速度更大。这一引人注目的事实使勒梅特和哈勃得出结论：宇宙距离的增加不是因为星系在星际空间中飞速远离我们，而是因为空间本身在膨胀，带着其中的星系一起飞速移动。

尽管兹威基最初讨厌宇宙膨胀的想法，但他还是花了相当多的时间研究星系红移。在星系团（由数百个星系在太空中聚集而成的巨大集合）中，单个星系团成员似乎都在飞离我们——毕竟，由于宇宙膨胀，星系团间的距离在增加。然而，星系团中的星系也在移动，就像蜂群中的蜜蜂。结果就是，它们的后退速度都略有不同。有些是朝着我们的方向移动的，因此它们的后退速度（以及红移）比整个星系团的数值要低一点儿。另一些则向相反的方向移动，在离我们而去，这使它们的后退速度及相应的红移略微增加，从而令其数值高于星系团的平均值。我们观察到的星系红移分布提供了星系团内的运动情况——它相当于一个速度分布。在这里，这些运动也是由整个星系团的引力所支配的，就像我们星系中恒星的运动是由银河系的质量所支配一样。

基于其他人用威尔逊山的一百英寸望远镜获得的观测数据，兹威基估算了后发星系团（以其在天空中的位置命名）中的星系数量。接着，他假设每个星系的质量是太阳的10亿倍，并在此基础上计算出后发星系团的总可见质量为1.6×10^{45}克。在这种情况下，考虑到星系团的空间范围，预计单个后发星系的速度分布约为每秒80千米。

图3 后发星系团。弗里茨·兹威基从这里发现了暗物质存在的证据

然而，该星系团中有8个星系的亮度足以让天文学家测量其红移，它们的红移显示出非常大的速度范围，它们彼此之间的差异每

秒高达 2 500 千米。这远远高于该星系团应有的“逃逸速度”。换句话说，1.6×10^{45} 克星系团物质的引力不足以保持住以如此惊人速度在太空中疾驰的物体。为了防止加速的星系飞向更广阔的宇宙，星系团的总质量必须更大。要大得多。

“为了得到（观测到的速度分布），后发星系团系统中的平均密度必须至少比对发光物质观测得出的密度大 400 倍。”兹威基写道，“如果这一点得到验证，它将导致一个令人惊讶的结果：暗物质的实际密度比发光物质大得多。”兹威基在一份名为《瑞士物理学报》的杂志上发表了他优雅但相当令人不安的分析。[10]这篇论文的标题翻译过来是“银河系外星云的红移”，相当低调地阐释了其中令人惊讶的发现。

不能说它难以置信，但这确实令人惊讶。雅各布斯·卡普坦曾有过这样的想法：宇宙中可能至少包含一些看不见的东西。这有些道理。扬·奥尔特认为，在银河系的平面上，暗物质的数量大约是可见物质的两倍。这个结果也许出人意料，但并非完全不可能。但是现在弗里茨·兹威基声称，宇宙中发光的恒星和星云不超过万物的 0.25%。难怪很少有天文学家关注这个结果——它似乎太离奇了。此外，后退速度和宇宙膨胀的整个概念在当时是非常新奇的。当然，对于兹威基所描述的“一个尚未解决的问题”，肯定还会有更令人满意的解释吧？

将近 90 年后，暗物质问题仍未解决。实际上，这个问题反而变得越来越复杂了。当时卡普坦、奥尔特和兹威基等人假设暗物质可能由极暗的矮星或者不发光的冷气体云组成，而如今我们意识到暗物质不可能由我们熟悉的基本粒子组成——它是物质，吉姆，但不是我们所知晓的。虽然最初关于这种看不见的物质的定量结果发表在小杂志上，并没有引起太多关注，但现在暗物质的谜团已经无处不在，吸引了数百名天体物理学家、宇宙学家和粒子物理学家的注意。

当然，卡普坦并不知道这一事态的发展。他于 1922 年去世，也就是我们现在认为的宇宙学的史前时期。卡普坦关于宇宙布局的想法是革命性的，但我们现在知道，在大多数情况下，它们大部分是错误的。

兹威基也犯了错，尽管天文学家花了一段时间才意识到这一点。他在 1933 年得出的关于星系团中存在大量暗物质的最初结论似乎被威尔逊山天文学家辛克莱·史密斯（Sinclair Smith）在 1936 年对室女座星系团中 30 个星系的红移观测所证实。兹威基自己在 1937 年对后发星系团进行的更详细的研究也为他早先的发现提供了支持。[11]他将这些结果和其他结果一起总结在了1957年的专著《形态天文学》中。[12]但我们现在知道，兹威基低估了星系团中的星系数量，以及这些星系的平均恒星质量。更何况，他对后发星系团的距离估计过高，影响了他的结果。

尽管如此，即使在考虑了兹威基的错误之后，后发星系团这样的星系团的“可见”质量和“动态”质量之间仍然存在大约 100 倍的差异。即使是 20 世纪 70 年代早期发现星系团中各个成员星系之间的空间中包含大量热的、发射X射线的气体，也存在着约 10 倍的不匹配。因此，兹威基在 1974 年突然死于心脏病时，天文学家仍然面临着他 42 岁时的那个“未解决的问题”。

那么，第三位先驱呢？第二次世界大战后，奥尔特成了莱顿天文台台长，继续从事多元化课题的研究。20 世纪 50 年代后期，他终于重新回到银河系中央平面中暗物质数量的研究上来。利用更好的数据，他得出了与 1932 年大致相同的结论。他于 1960 年在《荷兰天文研究所公报》的另一篇论文中发表了这些新结果。[13]

然而，奥尔特的结果没能承受住时间的考验。在 20 世纪 80 年代末，比利时天文学家科恩·库肯（Koen Kuijken）和他在剑桥大学时的论文导师格里·吉尔摩（Gerry Gilmore）证明，奥尔特的工作存在系统性错误，这主要是因为他不得不依赖对某种类型巨星的观测：当时唯一一类足够亮、可以进行光谱速度测量的恒星。[14]不幸的是，众所周知，要估计这些被称为“K 型巨星”的真实光度和距离是非常困难的。此外，我们现在知道它们并不能真正代表薄银盘中的恒星数量。这两个问题都影响了奥尔特的结论。

库肯和吉尔摩在澳大利亚新南威尔士州库纳巴拉布兰的 3.9 米英国–澳大利亚望远镜上使用了一台新颖且非常高效的多目标光谱仪，他们观测了 800 多颗“普通”恒星，并进行了更彻底的分析。在《皇家天文学会月刊》的三篇论文中，他们得出结论：“现有的数据……没有提供任何与银河系盘相关的缺失质量存在的有力证据。”[15]

那时，天文学家意识到，我们的银河系必须被一个扩展的、大约是球形的暗物质晕所包围（我们将在下一章再来讨论这个问题）。但显然，在我们所在星系的中心平面上并没有明显过量的暗物质。奥尔特错了。

约 1988 年，库肯在莱顿天文台的一间演讲室就他和吉尔摩的研究举行了一次座谈会。扬·奥尔特也坐在观众席中，那时的他已经年迈体衰，耳朵也聋了，他的助听器几乎直接插入了库肯的麦克风。他对新的结果非常感兴趣，后来给这位年轻的天文学家写了一封赞美信。之后，这位年轻的天文学家于 2002 年搬到莱顿，并在 2007—2012 年间担任天文台的科学主任。即使在生命的最后阶段，奥尔特也期待库肯、他的同代人以及继任者会发现什么。当我在1987年采访奥尔特时，他推测“人们在宇宙大尺度上发现的大量暗物质可能必须用……一些全新的东西来解释……但目前，我不知道在哪里可能找到（解决方案）”。[16]

没有人找到。1992年11月，奥尔特去世了，在这近一个世纪的岁月中他留下了许多宝贵的痕迹。哈勃空间望远镜在两年前发射升空，但由于镜面稍有偏差而导致视线模糊；天文学家刚刚获得了对宇宙背景辐射的首个精细的卫星测量；粒子物理学家正在设想氙探测器。暗物质研究的黄金时代即将开始。

然而，尽管过去25年人类取得了巨大的发展，但今天的科学家仍在黑暗中摸索，这与大约一个世纪前卡普坦首次在英文出版物中提出“暗物质”一词时的情况没有本质区别。

我们何时才能最终找到宇宙中最大谜题的答案呢？

04.

晕圈效应

我的丈夫说暗物质是真实存在的
不仅仅是稚嫩计算者发明的一些理论
他可以证明它存在并且无处不在

它们在万物的周围形成无形的晕圈
不知何故因为引力
将一切事物松散地聚在一起

获奖诗人艾丽西亚·苏斯金·欧斯垂克（Alicia Suskin Ostriker）在2015年写的《暗物质与暗能量》这首诗的前6行话巧妙地总结了她的配偶——理论天体物理学家耶利米·欧斯垂克的早期工作。两人都在试图理解这个谜团，艾丽西亚在白纸上精心雕琢词句，杰里则在黑板上狂热地写下公式。到目前为止，这两种方法都没有解开这个谜团。正如这首诗的第9行所说："我们不知道它是什么，但我们知道它是真实的。"[1]

杰里·欧斯垂克很着急。在不到一个小时的时间内，他必须赶去参加一个关于黑洞诞生的会议。去讨论这个谜团！但他有足够的时间来谈论他在 20 世纪 70 年代所做的关于暗物质晕的工作，不是吗？在哥伦比亚大学普平楼第十层的一间狭小但整洁的办公室里，他开始演讲，同时在记事本上潦草地写下方程式。时不时地，他走到墙上的黑板前，手里拿着粉笔，用公式和粗糙的图表支持或解释他的论点。[2]

没错儿，一个矮小、秃顶、友好且富有激情的 80 岁出头的男人，而且有点儿赶时间。欧斯垂克想要见证或者找到这一谜团的答案。在过去的几年里，他一直在思考“模糊暗物质”（fuzzy dark matter）这一新颖的猜想（更多介绍见第 24 章）。这一想法似乎很疯狂，但到目前为止，还没有人能找到一种方法来推翻它。他说，或许有 50%的可能性是正确的。但是他没有时间解释其中的细节。“看我的论文吧。”

这很有趣，因为在 20 世纪 50 年代的时候，天文学并不是他的第一选择。欧斯垂克学的是化学和物理学。但当他在《财富》杂志上读到关于伟大的天体物理学家苏布拉马尼扬·钱德拉塞卡（Subrahmanyan Chandrasekhar）的故事后，他决定申请芝加哥大学的博士项目，这位著名的印度裔美籍科学家在该大学的叶凯士天文台工作，从事恒星演变的理论研究，同时是著名的《天体物理杂志》的编辑。

钱德拉塞卡因其在白矮星方面的工作而闻名，白矮星密度极高，它们将太阳的质量装入一个与地球大小相当的体积中。几十亿年后，在生命的尽头，我们的太阳将坍缩成这样一个奇怪的、致密的天体，每立方厘米的重量相当于一辆小型 SUV（运动型多用途汽车）。在最后坍缩期间，太阳将疾速旋转。欧斯垂克的博士研究重点就在于此：

这些快速旋转的白矮星的稳定性。如果旋转得足够快，它们会不会开始损失质量、四散开来？当他前往剑桥大学做天体物理学家唐纳德·林登贝尔（Donald Lynden-Bell）的博士后时，他仍在为稳定性问题而奋斗。那是20世纪60年代中期，史蒂芬·霍金正在剑桥大学读研究生。

显然，和天文学中的大多数情况类似，你无法轻易地在实验室中检验一颗自转恒星的稳定性。问题的本质细节也不能单单通过一组简洁的方程式来分析解决。欧斯垂克不得不采用数值方法，依靠计算机模拟。这在今天听起来可能很容易，但在当时，电脑大到填满整个屋子，也没有标准的编程语言，一行行代码必须通过在纸带上打孔来手动输入。直到1968年，欧斯垂克才让他的代码正常运作。那时，他回到了美国的普林斯顿大学。1968—1973年间，欧斯垂克与天体物理学家彼得·博登海默（Peter Bodenheimer）以及其他人合作发表了不少于8篇题为《快速旋转的恒星》的论文。[3]

那么答案是什么？对于白矮星或其他任何恒星来说，自转失控会发生什么？我们回到了欧斯垂克的办公室，他又开始写方程了。角动量、惯性、黏度、势能……如果想要考虑所有的因素，那是相当复杂的。但结果总是一样的：首先，恒星的两极开始变平，就像地球或者任何其他旋转体一样。但随后奇怪的事情发生了，如果自转速率上升，恒星就会改变形状。它变长了——不再是轴对称的南瓜，而像是翻滚的狗骨头。最终，这颗恒星甚至可能一分为二。

我对方程不是特别擅长。欧斯垂克口中的“简单的物理”对我来说是很难掌握的。但当他使用朴实的语言时，信息就被传达了出来。具有大量角动量的旋转物体在像糖果棒一样拉长和像旋转指挥棒一样翻滚时会更快乐。他看了一眼他的手表，我们甚至还没有开始讨论星系晕，但是快谈到了。为什么只有恒星偏爱这样的细长形状？像我们的银河系这样的盘星系呢？

在普林斯顿，欧斯垂克在佩顿楼有一间办公室，离贾德温楼只有一箭之遥，吉姆·皮布尔斯就在那里研究宇宙背景辐射和宇宙学问题。吉姆和杰里相处得非常好，他们讨论了包括原初核合成、脉冲星、宇宙大尺度结构、宇宙射线及计算机编程在内的各种话题。哦，当然还有旋涡星系的稳定性。

出于对暗物质在星系团中的引力效应的兴趣，皮布尔斯本人也涉足数值计算。当时，普林斯顿大学还没有足够强大的计算机来处理与该问题有关的计算，所以于 1969 年，他在新墨西哥州的洛斯阿拉莫斯国家实验室待了一个月，在那里他可以使用能源部的数值运算机器。为了确保他不会干扰到秘密项目——毕竟那是政府武器实验室，而当时的皮布尔斯是加拿大公民——他必须处于监视中，监视他的通常是一个看小说的秘书。

在计算机中模拟引力是相当简单的。从“测试粒子”的初始分布开始，其中每个粒子都有一定的质量。使用牛顿定律，你可以确定每个粒子受所有其他粒子吸引的合力。接下来，你就能计算出在一定时间后，每个粒子由于这个力的作用最终会到达哪里。这样，你就得到一个新的参数配置，作为下一轮计算的输入。更大数量的测试粒子和更短的时间步长将提高模拟的精确度和可信度，但遗憾的是，它们也会大大增加所需的计算机时间。

这些我全都知道。在 20 世纪 80 年代初，我为我全新的 8 位康懋达 64（Commodore 64）家用电脑写了一个简单的BASIC（培基）程序。这个程序可以模拟两个旋转的盘星系碰撞所产生的引力混乱——我的方程计算也没有那么差。每个时间步长大约需要 15 分钟来处理。在程序运行了一天之后，我认为输出结果看起来相当令人印象深刻，尽管显示器上的图案点与现实世界之间可能没有什么联系。（我们将在第 11 章回来介绍这种被称为高分辨率引力N体模拟的建模。）

皮布尔斯在洛斯阿拉莫斯的经历激起了欧斯垂克的兴趣。要是他们稍微调整皮布尔斯的代码并用它来模拟盘星系的演化，并研究其长期稳定性或者不稳定性，会怎样呢？考虑到快速旋转的恒星可能会变形和分裂，像银河系这样由数十亿颗恒星组成的扁平的旋转圆盘似乎根本不可能保持稳定。正如南瓜状的恒星旋转得足够快就会变成狗骨头一样，你会期望土耳其发面饼很容易地就变形成潜艇状三明治。

果然，由天文学家理查德 · 米勒（Richard Miller）、凯文 · 普伦德加斯特（Kevin Prendergast）和比尔 · 夸克（Bill Quirk）在 1970 年以及弗兰克 · 霍尔（Frank Hohl）在 1971 年发表的第一批旋转的盘星系的二维数值模拟证明了这一点：最初的圆盘变成了细长的棒状结构，而星系中的恒星最终处在紊乱的椭圆轨道上——这与在银河系中观察到的有序的圆周运动非常不同。[4]在普林斯顿大学爱德华 · 格罗思（Edward Groth）的帮助下，皮布尔斯和欧斯垂克开发了一个可以在大学计算机上运行的程序，同时在模拟中增加了第三个维度。他们的结果与米勒、普伦德加斯特、夸克和霍尔的结果非常一致。正如欧斯垂克和皮布尔斯在《天体物理杂志》中所写："轴对称的扁平星系是极其不稳定的，且不可逆。"[5]

但他们这篇于 1973 年 12 月写就的颇为出名的论文又向前迈了一大步。证明有序旋转的盘星系不稳定是一回事，而解释为什么我们在宇宙中仍然看到它们的存在则是另一回事。是什么使银河系能够保持其有序的外观呢？是什么阻止它四散开来？

欧斯垂克满怀期待地从他一直涂涂写写的记事本中抬起头来，好像我必须给出个答案一样。他说，这只是简单、直观的物理学，每个人都可能想到这一点。旋转的低质量星系是不稳定的，而更多的质量会有所帮助。如果这些额外的质量也分布在旋转的圆盘上，星系就会像之前一样不稳定——毕竟，数值模拟的结果表明是圆盘这种形状本身导致了不稳定性。所以，那些额外的质量需要分布在一个巨大的、接近球形的晕中，而不是参与圆盘的有序旋转。

直觉先至，数学随后跟上。使用相同的代码以及初始分布完全不同的测试粒子进行的新的计算机模拟证实了这一预感：如果在一个球形晕中有很多的引力质量（可能高达圆盘质量的两倍半），那么扁平的旋转星系就能够保持稳定并保持其规则的外观。正如欧斯垂克和皮布尔斯在他们的论文中所写的那样："一个巨大的晕似乎是我们银河系最有可能的解决方案。"当然，对于其他的"冷"星系（即有序旋转的盘星系）来说也是如此。

每一本暗物质研究文集都会提到这篇具有里程碑意义的论文《扁平星系稳定性的数值研究：或者说，冷星系能否幸存？》。你会从中读到，欧斯垂克和皮布尔斯首次令人信服地证明，如果没有巨大的暗物质晕，像我们银河系这样的星系就不可能稳定。（后来的研究表明，星系核心处大量随机的恒星运动也可以稳定扁平的旋转盘，但大多数天文学家相信，最初的预感无论如何都是正确的。）然而，在这篇 14 页的论文中，"暗物质"这个词并没有出现过哪怕一次。如果科学家将"晕"视为神秘暗物质的来源，那么 1973 年的欧斯垂克和皮布尔斯还不愿意推进到那一步。诚然，晕中的质量很明显不可能发出大量的光，毕竟，没有观测表明旋涡星系是嵌在发光

图 4 围绕一个类似银河系的旋涡星系的不可见暗物质晕（以弥漫的云的形式展现）的艺术想象图

的球体中的。但是谁知道呢，大量非常暗淡的恒星可能会起到这样的作用。

实际上，天文学家早已知道“银晕”这一 20 世纪 20 年代首次提出的术语，并且也知道这些晕中有恒星“居民”。例如，集中在银河系的核心处的数十个“球状星团”——每个星团包含多达数十万颗恒星，它们以大致球形的分布围绕着银河系中心。因此，就欧斯垂克和皮布尔斯而言，没有任何明显的理由表明这些晕不能成为无数暗淡矮星的家园，增加晕的质量足以稳定银河系。正如扬·奥尔特在 1965 年所写：“据估计，银河系总质量的大约 5% 可能是由（橙矮星和红矮星）组成的。还有多少质量是以更暗的恒星的形式存在，属实难以估计。晕的真实质量仍然是完全未知的。”[6]

那么星系晕的质量有多大？换句话说，旋涡星系的质量有多大？这是在第一篇文章之后一年，欧斯垂克和皮布尔斯在 1974 年与以色列天体物理学阿莫斯·亚希勒（Amos Yahil，当时普林斯顿大学的客座研究员）写的第二篇更简洁的《天体物理杂志》论文的主题。[7]“事实上，这是两篇论文中更相关的一篇。”欧斯垂克说。不过，在普平楼另一侧的黑洞会议还有十五分钟左右就要开始了，我们没有多少时间详细讨论了。“读一读这篇论文吧。”他敦促道。

这是一篇大胆的文章，它有一个大胆的标题——《星系的大小和质量，以及宇宙的质量》，文章中还有相当多的大胆表述。在 1974 年，第一句话甚至就可能让一些读者感到震惊。作者写道：“有越来越多的理由相信，普通星系的质量可能被低估了，应该乘以 10 倍甚至更多。”在短短的 4 页中，欧斯垂克、皮布尔斯和亚希勒总结并回顾了各种表明“看起来瘦弱的旋涡星系实际上可能是臃肿的重量级物体”的迹象。星系质量远比根据它们外观所猜测的要大得多。

你不能把星系放在秤上称，但还有其他方法来衡量它们的质量。看看它们周边邻居的牵引力有多大就可以。我们的银河系被矮星系所包围。这些卫星星系的大小及其相对锋利的边缘受其自身内部引力和银河系质量之间的相互作用所支配。在其他地方，小型星系群和星系对的动力学使它们围绕彼此运动，这提供了有关星系质量的信息。无论你看向哪里，你都会看到同样的事情：有证据表明星系质量比根据所看到的光的总量而预测的要大得多。或者，用天体物理学家的语言来说，质量与光的比率（即质光比）相当高。

谈到牵引力：我们的银河系和邻近的仙女星系为巨大的星系质量提供了另一个巧妙的论据。尽管宇宙总体上在膨胀，但这两个旋涡星系正在以每秒 110 千米的相对速度接近彼此，作为对它们的相互引力的回应。早在 1959 年，曼彻斯特大学的弗朗茨·卡恩（Franz Kahn）和莱顿大学的天体物理学家（奥尔特早前的学生）洛德韦

克 · 沃尔彻（Lodewijk Woltjer）就得出结论：只有当这两个星系和它们之间所有物质的总质量达到一万亿太阳质量时，才能解释如此高的接近速度——同样，这是一个非常高的质光比。[8]

在更小的尺度上，还有全新的射电天文学结果（第 8 章有更详细的描述），似乎也表明旋涡星系有很高的质光比。这些尚为初步的发现似乎表明，旋涡星系最外侧区域的旋转速度出乎意料地快，这说明这些星系含有大量的质量。如果不是这样的话，它们就会在如此高的速度下分崩离析。然而，星系的可见光输出在距中心一定距离处急剧下降。所以在这里，发射出的光总量也与必须存在的质量不一致。

拉力越大，范围越大，质量也就越大。看来天文学家确实严重低估了星系的重要性——也就是低估了物质的引力。所有这些低亮度物质会藏在哪里呢？没错儿，在晕中，欧斯垂克和皮布尔斯已经证明，要解释系统的稳定性，那它就是必要的。在 1974 年与亚希勒合作的论文中，他们的意思仍然是，旋涡星系的晕可能主要由昏暗的恒星组成（第二篇论文也根本没有提到暗物质），但是如今，这一切都开始让人感到有些不安。质量增加到原来的 10 倍——真的有那么多昏暗的矮星吗？

此外，他们论文题目的第二部分是：宇宙的质量。如果你知道星系的平均质光比，并估算一定距离外可见星系的数量，那么计算本地宇宙的平均质量密度是非常简单的（甚至我也能做到这一点）。欧斯垂克、皮布尔斯和亚希勒得出的答案是每立方厘米 2×10^{-30} 克，或者说如果把所有星系中的所有质量均匀地撒在整个空间，每立方米大约有一个氢原子。在《自然》杂志上，三位爱沙尼亚天文学家扬 · 埃纳斯托（Jaan Einasto）、安茨 · 卡西克（Ants Kaasik）和恩 · 萨尔（Enn Saar）独立地得出了类似的结论。[9]

但这个数字，虽然小得令人难以置信，但似乎又大得不可思议。20 世纪 70 年代初，宇宙学家和核物理学家逐渐开始了解大爆炸期间化学元素的合成，并将这些结果与宇宙中观察到的氘（重氢）的数量进行比较，他们得知当前宇宙的质量密度要低得多。（关于这一点，第 7 章中有更多介绍。）换句话说，宇宙中似乎没有足够的原子来解释普林斯顿团队和爱沙尼亚团队得出的巨大的星系质量。

这是物质，但不是我们所知晓的物质。

欧斯垂克该走了。他给了我一本《黑暗之心》，这是他与英国天文学家和科普作家西蒙 · 米顿（Simon Mitton）在 2013 年合著的书。[10] 在电梯里，欧斯垂克跟我说起了他在 1976 年华盛顿特区美国国家科学院会议上的一次演讲，那次演讲介绍了他与皮布尔斯和亚希勒的工作。他说："很久以后，有人问我为什么我没有在那次演讲中提到薇拉 · 鲁宾的工作。"我理解地点点头——她不是第一个确定星系的外侧旋转过快的人吗？"薇拉是一位伟大的天文学家，"欧斯垂克继续说，"但当时她只有非常初步的结果。让她名声大噪的那篇论文直到 1980 年才发表。"

我离开哥伦比亚大学校园时带着一些不解。但很遗憾，我不能再和薇拉 · 鲁宾聊聊了——她在 2016 年去世了。但她的合作者肯特 · 福特应该还在某个地方，他的故事是什么呢？在百老汇对面的一家星巴克咖啡馆里，我查看电子邮件并整理笔记。在差不多半个世纪前的 20 世纪 70 年代发生了这么多事情。这么多令人惊讶的结果都指向同一个方向：我们不断膨胀的宇宙是由黑暗的神秘物质支配的，这些物质甚至与构成恒星、行星和人类的物质不一样。

外面是一月份的冷风，三五成群的学生、领着孩子的年轻家长、匆匆忙忙的商人，川流不息的汽车和出租车从人们身边经过。我们都在忙着尽可能地过好自己的生活，通常没有意识到我们在银河系中的位置，更不用说它被巨大的黑暗物质所包围。完全没有想到的是，如果没有这种神秘的物质，我们可能就不会在这里了。

它是如此重要，而我们仍然不知道它究竟是什么。

我查阅了《暗物质与暗能量》这首诗的最后几行，这首诗是艾丽西亚·欧斯垂克在她丈夫获得格鲁伯宇宙学奖的那一年写的。诗句虽然很美，但也没有提供任何答案。

每个人和每个原子
冲过被看不见的晕所包裹的空间
这个大影子——就是黑暗的暗物质

亲爱的，而星系
在大量猛烈的保护性气泡中
互相凝视着

无法停止地
骄傲地
后退

05.

拉平曲线

有一种甲壳虫以肯特·福特的名字命名。

Pseudanophthalmus fordi 是由弗吉尼亚自然遗产部的汤姆·马拉巴德（Tom Malabad）在弗吉尼亚乡村众多喀斯特洞穴中的两个洞穴中发现的。由于拉塞尔保护区洞穴（Russell's Reserve Cave）和威瑟罗洞穴（Witheros Cave）都属于福特的财产，因此这个新物种就以这位退休天文学家的名字命名。

福特在我访问前准备了一些要给我看的展示品，其中包括一块写有命名出处的牌子和一张罕见甲虫的照片。这位 88 岁的友善老人已经秃顶，身形魁梧。他面前有一张咖啡桌，上面摆着一摞书和文件。墙上、梳妆台和沙发上都摆放着装裱起来的大幅黑白照片。[1]

"这是薇拉在DTM的测板机旁。"他说道，DTM是华盛顿特区卡内基科学研究所的地磁部门。"这是她在基特峰的望远镜旁。这是我的显像管的特写。而这张是很久以后的了：我们在卡内基座谈会上见面时互相拥抱。"

他的视觉记忆之旅的核心是著名的仙女星系的旋转曲线图。福特与薇拉·鲁宾一起证明了仙女星系外侧部分的旋转速度比科学家预期的要快得多。这一发现通常被誉为暗物质存在的第一个令人信服的证据。“直到鲁宾的工作，暗物质才被证实。”卡内基科学研究所就她于 2016 年 12 月 25 日去世所写的媒体通稿上这样写道。

图 5　薇拉·鲁宾坐在华盛顿卡内基科学研究所地磁部门的一台测板机前

位于华盛顿特区的DTM是福特自 1955 年申请暑期工以来度过整个职业生涯的地方。就是在这里，他帮助研发了卡内基显像管，这种电子装置使天文学家能够研究比用老式照相版所能研究的更暗的天体。那都是几十年前的事了。

我拜访时，艾伦·福特已经 81 岁了，她告诉了我前往他们夫妇位于荒野外的红色农舍的行车路线：经过米尔博罗商行和风湾教堂，沿着一条碎石路行驶，然后经过一个大马厩。她穿着雨靴和风衣，别着一个对计划建设的大西洋海岸管道说“不”的徽章，站在前廊迎接我。在屋子里，她准备了芥末火腿三明治——这是肯特的最爱。

我们坐在被老照片包围的客厅里，听肯特·福特说，不，这里并不孤单。但他怀念DTM的午餐俱乐部，科学人员轮流准备饭菜，每周只允许吃一次汉堡包和热狗，在那里，所有可能的话题都可以讨论。1965 年，正是在一次这样的午餐会上，福特和射电天文学家伯纳德·伯克（Bernard Burke）向大家介绍，鲁宾是他们的新同事——信不信由你，这是DTM科学团队中的第一位女性。

这不是鲁宾第一次遭遇男性在科学领域的主导地位。在 1948 年获得天文学学士学位后，她想去普林斯顿大学读研究生，但这所大学不接收女性天文学研究生——这种公然的性别歧视一直持续到 1975 年。于是，她转而去了康奈尔大学，随后于 1954 年于乔治敦大学获得博士学位，并于 1962 年成为天文学助理教授。尽管如此，她也很难在南加州帕洛马山天文台的大型望远镜上获得观测时间。那里之前没有过任何女性观测员。

从鲁宾家步行即可到达DTM，这很方便，因为她的 4 个孩子中最小的一个在 1965 年只有 5 岁。在DTM，鲁宾需要选择她想与谁共用办公室：伯尼·伯克（即伯纳德）还是福特。她被福特散落在办公桌上的显像管光谱仪的精密部件迷住了。“她选择了光谱仪。”福特笑道。他们二人在这间办公室内共事了 15 年。

这台显像管光谱仪（如今陈列于美国国家广场的国家航空航天博物馆）是使鲁宾和福特的突破性观测成为可能的设备。天文学家使用光谱仪来研究恒星或星云的运动，它采用三棱镜或者光栅将光色散成彩虹的颜色。所得光谱中的暗线，即各种化学元素的“指纹”，会稍微向红色或蓝色端移动，具体取决于物体是在后退还是靠近，其波长的变化取决于物体的运动速度。1912 年，维斯托·斯里弗采用了同样的多普勒技术来检测由宇宙膨胀所引起的星系表观后退速度（见第 3 章）。

然而，要在照片底板上记录暗淡星云的光谱需要极长的曝光时间：有时候长达两个晚上。卡内基显像管——由福特设计并最终由电子公司RCA制造——被用作图像增强器，它可以更快地记录亮度较低的物体。我们无须知道过多的技术细节，只须知道光子击中设备的阴极端子就会释放电子。接着，真空管内部的级联过程会产生更多的电子。最终，电子束在荧光屏上产生一个比原始光子亮得多的发光像素。同样的技术也应用于军用夜视设备。

使用这种新颖的设备，只要几个小时的曝光时间就足以记录昏暗天体的光谱，这是一个巨大的进步。斯里弗是第一个获得整个星系光谱并推导其速度的人。如今有了福特的光谱仪，就可以对星系中的单个天体进行同样的测量，至少在星系距离不太远的情况下可以。这可以提供关于旋涡星系的宝贵信息，即旋转速度和银心距的函数关系。而这反过来又会告诉你银河系的质量及质量分布的方式。

人们在宇宙中许多其他扁平的旋转结构中也发现了相似的旋转速度和质量之间的关系，从土星环和整个太阳系，到围绕新生恒星的原行星盘。在所有这些情况下，就像银河系和仙女星系这样的盘星系一样，运动通常受引力支配，而速度测量会告诉你旋转系统中的质量分布。

以我们的太阳系为例。如果你知道一颗行星的轨道速度和轨道半径（行星与太阳之间的平均距离），就可以很容易地计算出太阳的质量。因此，即使我们不知道太阳的大小或者它的组成，甚至即使我们从未真正见过太阳，仅仅通过观察行星的运动，也可以直接确定它的质量。

太阳系总质量大约 99% 集中在太阳本身。然而，对于像仙女星系这样的盘星系，情况有点儿不同：其质量分布更加分散。因此，离中心一定距离处的恒星，其轨道速度不仅取决于星系中心天体的质量（和银河系一样，仙女星系中心也有一颗超大质量黑洞），还取决于这颗恒星轨道内侧所有可见和不可见物质的质量。同样，如果数百万颗巨行星在木星的轨道内绕着太阳转动，那么它们的总质量将增加木星的轨道速度。

当然，轨道速度最终仍会随着与中心距离的增加而下降。毕竟，盘星系外侧的恒星密度远低于靠近核心处的恒星密度，这就是外侧部分只出现在长曝光照片上的原因。因此，如果你将轨道速度和到核心的距离绘制为一个函数，那么所得的图中应该呈现出缓慢下降的趋势，这样的图被称为旋转曲线。星系旋转曲线的形状提供了关于其质量和质量分布这两点信息，这正是鲁宾和福特在仙女星系中所寻求的。

仙女星系可能是银河系最近的大邻居，但它距离我们还有 250 万光年之遥。在这个距离上，即使使用福特的强大设备，也完全不可能记录下单个恒星的光谱。相反，这两位天文学家把注意力放在了所谓的HII区（电离氢区）：炽热的电离氢发光云，类似于著名的猎户星云，但是更大。这些HII区也以由其路径上的总质量所决定的速度绕着星系中心运行。

从 1966 年 12 月起，庞大的显像管光谱仪被安装在位于亚利桑那州弗拉格斯塔夫的洛厄尔天文台的 72 英寸望远镜上，进行通常持续几个晚上的观测。对于每个HII区，望远镜必须精确指向，以便星云微弱的光落入仪器中，以备色散成光谱。用来拍摄荧光屏上出现的光谱的是一个改良的干板照相机（plate camera），当时还没有自动电子读数这种东西。尽管显像管有神奇的强化作用，但是 2 英寸 ×2

英寸的干板仍需要曝光两三个小时。在那段时间里，操作员必须手动操纵望远镜，以确保它能准确地跟踪仙女星系由于地球自转而在天空中的缓慢运动。一切都发生在一个与外界空气一样寒冷的圆顶里，而且是在完全黑暗的情况下，这是为了避免杂散的光线破坏观测结果。

在某些情况下，在完成洛厄尔天文台的工作后，鲁宾和福特会将他们的设备装载到一辆小货车上，沿着后来被叫作“17号州际公路”的道路从弗拉格斯塔夫行驶300英里到图森，用基特峰国家天文台的84英寸望远镜进行更多的观测。最后，所有的干板都显像后，被带回华盛顿特区，在那里，鲁宾用一台特殊制作的显像镜细心地测量光谱线的波长。

听了福特谈论20世纪60年代末的这些美好时光后，摆在他家客厅里的黑白照片显得更有意义了。身着夏季长裙的迷人的鲁宾站在其中一架望远镜的下面，这张照片很明显是在白天拍摄的。还有鲁宾穿着厚厚的冬季大衣并戴着手套的照片，她的眼睛紧盯着望远镜的目镜，这显然是在寒冷的7 000英尺[①]的山顶上进行的长达数小时的曝光中的一次。还有鲁宾站在DTM的测板机旁的照片。当然，还有由此绘制的图：仙女星系的旋转曲线。

这项工作覆盖了67个HII区，它们分布在到银河系核心不同的距离上，最远延伸到大约7.8万光年。这67张光谱、波长测量、速度测定和图中对应的观测点，是近一年努力工作的收获。从来没有人在如此精细的程度和如此广泛的距离上做过类似的事情。结果有点儿出乎意料：因为即使在几乎没有星光的仙女星系的最外围，旋

① 1英尺=0.304 8米。——编者注

转速度似乎也没有像预期的那样下降。旋转曲线仍然保持平坦。

1968 年 12 月，鲁宾和福特在得克萨斯州奥斯汀举行的美国天文学会会议上展示了初步结果。仅仅一年后，即 1970 年 2 月，他们的论文《从发射区光谱调查看仙女座大星云①的旋转情况》发表在《天体物理杂志》上。[2] 根据数据，他们得出结论，仙女星系的质量是太阳质量的 1 850 亿倍，其中约 1/2 的质量位于距星系中心 3 万光年的范围内。

最初关于质量和质量分布的目标已经达成。但很明显，这些结果只能告诉你最外侧观测点以内发生了什么。如果在距仙女星系核 7.8 万光年处的速度大致保持恒定，那么在更远的距离上会发生什么？样本中最外侧的HII区之外可能隐藏了多少质量？

鲁宾和福特决定不去猜测。他们 1970 年的论文中完全没有提及暗物质，也没有关于早期卡普坦、奥尔特和兹威基的参考文献。“超出这个最远距离的推断显然是一个品位问题。”他们如此写道。

那么，那张广为流传的照片呢？那张有旋转曲线叠加在美丽的仙女星系的黑白照片上，且数据点远远超出星系的可见边缘的照片呢？福特从沙发上站起来，慢慢走到梳妆台前，那里挂着的那幅著名的图片已经盯着我一个多小时了。“哦，好吧，”在端详了这张图之后，他说道，“这张图不是我们第一篇论文中的。它的创制时间要晚一些。最外面的点一定是莫特·罗伯茨（Mort Roberts）在（20 世纪）70 年代中期获得的无线电数据。”

直到很久以后，鲁宾和福特才提出，他们的结果可能暗示存在大量的“缺失质量”或者“不发光物质”。20 世纪 70 年代，他们开

① 仙女座大星云，为仙女星系的旧称。——编者注

始使用安装在更大仪器上的更新设备——亚利桑那州基特峰和智利托洛洛山的几乎相同的两台 4 米望远镜——来观察更遥远的、不同大小和质量的旋涡星系。

在与诺伯特·索纳德（Norbert Thonnard）共同撰写并发表在 1978 年 11 月《天文物理期刊通讯》上的一篇论文中，鲁宾和福特描述了 10 个星系的结果，并得出结论“高亮度旋涡星系的旋转曲线在距离核心 50 kpc（合约 163 000 光年）以内是平坦的”。[3]那这可能意味着什么呢？那时，理论学家欧斯特垂克、皮布尔斯和亚希勒已经提出，盘星系嵌在延伸的大质量晕中（见第 4 章）。这些新结果能否成为晕模型的观测证据？

作者保持了谨慎。他们写道：“这里展示的观测结果是……大质量晕的一个必要条件，但不是充分条件。”换句话说：没错儿，一个巨大的近乎球形的大质量晕会导致平坦的旋转曲线，但是平坦的旋转曲线也可以仅仅用星系盘中的额外物质来解释。“在球形和盘状模型之间的选择并没有受到这些观测结果的限制。”

两年半后的 1980 年 12 月，鲁宾和福特最著名的论文发表了，又是发表在《天体物理杂志》上，又是与索纳德合作。[4]这一次，他们发表了超过 21 个星系的观测结果。所有这些星系的结果——甚至 UGC 2885，一个至少是我们银河系两倍大小的庞然大物——都呈现出了平坦的旋转曲线。在某些情况下，在星系的可见边缘，轨道速度似乎略有增加。

“在可见星系外存在不发光物质这一结论是不可避免的。”鲁宾、福特和索纳德写道。至于这种不可见物质的数量，他们只能提出一个有趣的问题：“如果我们能够观测到光学图像之外的区域，特别是对于较小的星系，那么速度会继续上升吗……？发光物质只是整个星系质量的一小部分吗？”

多年后回顾，这篇发表于1980年的论文越来越被视为暗物质研究中的一场革命。天文学家华莱士·塔克（Wallace Tucker）和凯伦·塔克（Karen Tucker）在他们1988年出版的《暗物质》一书中写道：“薇拉·鲁宾将暗物质从一个主要迎合投机者的课题转化为一个高度可见的问题。[5]但是当鲁宾、福特和索纳德发表他们的结果时，旋涡星系的平坦旋转曲线并没有成为新闻报纸或大众科学杂志的头条。对于天文学而言，编辑们对美国国家航空航天局（NASA）的行星探测器“旅行者1号”在1980年11月拍摄的惊人的土星照片更感兴趣。

肯特·福特于1989年退休。他和艾伦搬到了位于考帕斯彻河岸的米尔伯勒斯普林斯的僻静红色农舍里。当然，福特与鲁宾依然保持联系，在聚会或座谈会上不时见面。但是在2011年肯特·福特过80岁生日的时候，鲁宾因为髋骨骨折没能出席。鲁宾搬到了普林斯顿，住得离她儿子近一点儿。2014年女儿朱迪去世后，她悲痛欲绝。她开始变得健忘，健康状况也恶化了。在2016年圣诞节那天，卡内基DTM打来了那通可怕的电话。

那时，暗物质这个曾经相当晦涩的天体物理学概念已经发展成为科学界最大的未解之谜之一，占据了数百名天文学家、宇宙学家和粒子物理学家的精力，而薇拉·鲁宾被许多人视为比其他任何人做出了更多贡献的、将暗物质推向科学研究前沿的人。此外，她成为女性科学家的坚定支持者，也启发了对科学、技术、工程和数学职业感兴趣的女孩们。

在2017年1月4日的《纽约时报》的一篇评论文章中，哈佛大学物理学家丽莎·兰道尔（Lisa Randall）写道：

> 在20世纪物理学的所有伟大进步中，“提出令人信服的暗物质证据”无疑应该名列前茅，使其当之无愧地获得该领域的世界最高奖项——诺贝尔奖。然而到目前为止，还没有人获奖，而且可能永远不会获奖，因为最常被归功于确定其存在的科学家薇拉·鲁宾在圣诞节去世了。

在提到其他被诺贝尔奖忽视的女科学家时，兰道尔补充道，“房间里的大象①是性别”。[6]

坐在空荡荡的房间里的沙发上，肯特·福特露出了友好的微笑。“我对此没有太多看法，”他沉思道，“我记得DTM的主任说他希望我们永远不会获得诺贝尔奖，因为所有的宣传都会让我们没有时间去做任何好的工作。好吧，不要紧，这并未发生。”现在，福特很高兴人们仍在关注40多年前的旋转曲线的工作。“坐在乡下，从《纽约时报》上读到有关它的消息，这很有意思。”

与此同时，人们不应该忘记射电观测，他指的是已经放回梳妆台上的仙女星系旋转曲线图中最外面的数据点。“你应该和莫特·罗伯茨谈一谈。”

我早已把那个名字记在了笔记本上。在我离开之前，我还向福特询问了荷兰射电天文学家阿尔伯特·博斯马（Albert Bosma）有关1978年的博士论文，1980年那篇发表在《天体物理杂志》的论文引用了它。“很抱歉，”他说，“我对此不是很熟。一直是薇拉负责绝大部分的撰写工作。”

① “房间里的大象”用来隐喻明显存在的重大问题或者有争议的问题却被集体回避。——译者注

06.

宇宙制图

“NSF Vera C. Rubin Observatory”（美国国家科学基金会薇拉·鲁宾天文台）——大型综合巡天望远镜（Large Synoptic Survey Telescope，LSST）的主任史蒂夫·卡恩（Steve Kahn）的黑色T恤上印着这样的字眼。今天是2020年1月6日，这也是卡恩穿上这件T恤的第一天。今天，在火奴鲁鲁举行的美国天文学会第235届会议期间，美国国家科学基金会天文科学部的负责人拉尔夫·高梅（Ralph Gaume）正式宣布了LSST的新名称。不久过后，几乎所有LSST的员工都穿着同款T恤。

这并不是高梅在夏威夷会议中心301房间宣布的唯一一个新名称。没错儿，这个位于智利北部的天文台以薇拉·鲁宾的名字命名，“她提供了暗物质存在的重要证据”，正如NSF在相应的新闻稿中谨慎声明的那样。但是，除此之外，这个天文台的强大望远镜从现在开始将被称为“西蒙尼巡天望远镜”，以纪念该项目的早期私人捐助者。最后，对于那些对“LSST”这四个字母的缩写有感情的天文学家来说，还有一些安慰：从今以后，这个由望远镜执行的计划被称为“空间和时间的遗产巡天”（Legacy Survey of Space and Time）。[1]

薇拉·鲁宾应该会为此感到自豪。凭借其 8.4 米的主镜，西蒙尼望远镜不会因其尺寸成为世界纪录保持者，但它将是迄今为止世界上“最快”的望远镜。每周三次观测，它的 32 亿像素电子眼——有史以来最大的数码相机——将绘制天文台上方整个可见天空的地图。专门设计的算法将搜索数量惊人的数据——每晚约 20 TB（太字节）——以寻找接近地球的小行星、微弱的超新星爆炸以及附近和遥远宇宙中的许多其他瞬变物体。

不过，最重要的是，LSST 巡天有望揭示暗物质和暗能量的奥秘。这项计划将“显著提高我们对宇宙的理解”，正如卡恩所说。所以谁知道呢，这很可能是最终解决暗物质难题的仪器。事实上，当天文学家安东尼·泰森（Anthony Tyson）第一次提出这个宏大的新设备的想法时，他将其称为“暗物质望远镜”。

那是 1996 年。泰森是新泽西州默里山 AT&T（美国电话电报公司）贝尔实验室的研究员，他那时已经是世界上首屈一指的弱引力透镜专家。弱引力透镜是一种不易察觉的现象，宇宙中较近物质的引力使远处背景星系所成的像发生轻微变形（我们将在第 13 章回到引力透镜这个话题）。泰森意识到，如果能在整个天空中精确地绘制出这些微小的影响，那就可以推断出引力物质（包括可见的和暗的）在整个空间和时间的分布。因此，暗物质望远镜的概念诞生了。

过了一段时间，望远镜的工作才开始，而在 2008 年这个项目得到了巨大的推动，当时微软的软件设计师、太空游客、亿万富翁查尔斯·西蒙尼（Charles Simonyi）通过查尔斯和丽莎·西蒙尼艺术与科学基金向后来被称为“大型综合巡天望远镜”的项目捐赠了 2 000 万美元。比尔·盖茨又追加了 1 000 万美元。两年后，LSST 被美国国家科学院的“权威性十年调查”列为天文学和天体物理学地面仪器的最优先项目，并且在2014年，美国国家科学基金会为这个极其现代的望远镜争取到了余下的资金。巨型的相机将由能源部的SLAC国家加速器实验室[①]建造。2015年4月14日，在一个传统的奠基仪式上，智利总统米歇尔·巴切莱特（Michelle Bachelet）在一座叫作帕琼峰的山上为这一新设备奠定了第一块石头。预计它将在2023年年底迎来第一道曙光。

帕琼峰位于智利海滨城市拉塞雷纳东部的山区。该地区是多个专业天文台的所在地，包括托洛洛山美洲天文台（Cerro Tololo Inter-American Observatory）、拉斯坎帕纳斯天文台（Las Campanas Observatory）和欧洲的拉西拉天文台（La Silla Observatory）。由于常年万里无云的天空、稳定干燥的大气，以及低水平的光污染，这里是真正的天文学家的天堂。近几十年来，这片地区也成了天文旅游的乐园。沿着星空之路的路标，你可以看到越来越多的公共天文台和观星点。

到达这片地区最快捷的方式是沿着41号高速公路行驶，它从太平洋向东进入相对茂盛的埃尔基山谷。然而，在2019年6月底，我开着我的四驱皮卡行驶在荒凉的D–595山路上，从萨莫阿尔托小镇慢慢向北，穿过皮查斯卡国家纪念碑。这是一次穿梭于连绵起伏的山丘之间、点缀着小块植被和纵横深谷的壮丽之旅。[2]

突然间，在塞隆村和胡尔塔多村之间，我看到了LSST短暂但令人印象深刻的景色，它高高地耸立在北部的山脊上。在建筑物旁边，我可以看到一个高耸的起重机——望远镜的建设仍在全力进行。这

---

① SLAC为其原名缩写，即“斯坦福直线加速器中心”。——译者注

里到达现场的直线距离不会超过 10 千米，但要到达那里，需要再开 100 千米的车，而且主要是在陡峭、蜿蜒的碎石路上。

穿过科顿巴拉诺山，我经过维库纳镇，那里的旅游业正在为 7 月 2 日涌入这里目睹日全食风采的游客做准备。从那里，只需 15 分钟的车程，就可以到达通往帕琼峰的蜿蜒且尚未铺设的 40 千米道路起点的控制门，这里也是 8 米的南双子望远镜（Gemini South Telescope）和 4.1 米的南方天文物理研究望远镜（Southern Astrophysical Research Telescope）的所在地。[3]

当我最终到达海拔 2 700 米的山顶时，我被LSST的巨大规模震撼了。圆柱形的望远镜外壳（“是的，我们叫它圆顶”，现场负责人爱德华多·塞拉诺这样告诉我）仍然是一个开放的钢结构，和 9 层公寓楼一样高。但这座巨大建筑的圆滑的下层部分已经完成，这一设计是为了产生尽可能少的空气湍流。目前，位于建筑物顶层的空荡荡的望远镜控制室是一个临时的办公室，也是建筑工人的住所和食堂。建筑物的底层是德国建造的用于望远镜镜面的镀膜室。的确，LSST的 3.4 米凸面副镜将在我访问的三周后涂上一层薄薄的银反射层。巨大的 8.4 米主镜于 2019 年 5 月抵达山上，并将在稍后阶段镀上铝涂层。

同时，塞拉诺说，真正的望远镜结构已经在西班牙制造完成，一旦圆顶建成就可以运往智利。“正在建造圆顶的意大利建筑公司的进度比计划晚了两年左右。”他抱怨道，抬头看着未完成的结构在水晶般清澈的蓝天下的剪影。鉴于还没有望远镜可供炫耀，他带我参观了巨大的空心混凝土墩，它的直径有 16 米，将支撑 350 吨重的仪器。他还自豪地指出，那台已经建成的巨型升降机，将在需要重新镀膜时把镜子从望远镜那层运下来。

图 6 位于智利帕琼峰的薇拉·鲁宾天文台建成后的艺术想象图

以前所未有的精细程度每周对天空进行三次测绘，这除了能更好地了解宇宙中的质量分布以及哪里可能发现暗物质外，还必然会提供许多其他的结果。至少，自从吉尔和卡普坦的《好望角照相巡天》和 20 世纪中期的《帕洛马山天文台巡天》（包含近 2 000 张夜空的摄影板）以来，大尺度的宇宙测绘工作一直是这样的。不过，尽管早期的宇宙测量者主要关注绘制天空中恒星的分布，但目标已经转移到绘制宇宙中星系的分布图。最好是三维的；如果包括时间的话，则是四维的。

绘制星系分布图的努力始于手和眼睛。从 1948 年开始，天文学家唐纳德·沙恩（Donald Shane）和卡尔·维塔宁（Carl Wirtanen）花了 11 年的时间，一丝不苟地对 1 390 张摄影板上的成百上千个星系的图像进行计数，这些摄影板是用加利福尼亚州汉密尔顿山利克天文台的 20 英寸卡内基双天体测量仪拍摄的。他们对星系在天空中分布的统计分析直到 1967 年才发表，又过了 10 年，迈克尔·塞尔德纳（Michael Seldner）才与伯尼·希伯斯（Bernie Siebers）、爱德华·格罗思以及吉姆·皮布尔斯合作，将对星系的计数转变为令人惊叹的图像。[4]他们的《百万星系图》已经成为世界各地天文部门墙上的装饰，图上复杂的丝状图案，直观地揭示了统计数字一直以来所暗示的：宇宙中星系的大尺度分布并不是平整均匀的，而是成团的。这是如何产生的？

一张二维地图只能给你这么多信息。毕竟，它只是一个三维现实的投影——在天空中看起来彼此相近的星系，实际上可能位于不同的距离。要把二维地图变成三维地图，你不仅需要知道星系在天空中的位置（相当于地球上的经度和纬度），还需要知道它有多远：你需要知道它在第三个维度上的位置。

原理上来说，这很容易。还记得吧，如第 3 章所述，来自非常遥远星系的光会由于宇宙膨胀而发生红移，红移的大小能告诉你这个星系有多远。但实际上，计算出一个遥远星系的距离是一项艰难而耗时的工作。一张照片可以同时得到成千上万个星系的天空位置，但是测量红移需要将光谱仪依次对准每个星系。此外，为了获得光谱，你需要更长的曝光时间，而不是单张照片就够了。

1977 年，即《百万星系图》出版的同一年，皮布尔斯曾经的学生、马萨诸塞州剑桥市哈佛–史密森尼天体物理中心（CfA）的马克·戴维斯（Marc Davis）接受了挑战。与同事约翰·胡克拉（John Huchra）、戴维·莱瑟姆（David Latham）和约翰·托里（John Tonry）一起，戴维斯确定了在一个相当狭窄天空带中的 2 400 个星系的红移和相应的距离。胡克拉是一位经验丰富的观测员，他使用亚利桑那州霍普金斯山的 1.5 米望远镜和由卡内基的斯蒂芬·谢克曼（Stephen Shectman）帮助建造的光谱仪拍摄了几乎所有的光谱。

这个团队花了 5 年的时间才完成这项开拓性的红移调查。由此得到的“宇宙切片”图于 1982 年发表，它揭示了星系在一个薄的 135 度的楔形区域内的三维分布，其距离延伸到大约 6 亿光年。[5]该图明确显示，星系聚集在相对较薄的壁中，其周围环绕着巨大的、几乎空的空间。对星系的聚集性质更详细的研究应该可以更有助于理解宇宙大尺度结构的形成、推动这一过程的因素，以及理解暗物质。

约翰·胡克拉上瘾了。胡克拉和哈佛大学的前同事玛格丽特·盖勒（Margaret Geller，皮布尔斯以前的另一个学生），以及法国天体物理学家瓦莱丽·德拉帕伦特（Valérie de Lapparent）合作，开始着手一项对同一楔形天区的更雄心勃勃的研究。这第二项 CfA 红移调查在 1985—1995 年间进行，绘制了不少于 18 000 个星系的三维位置图。[6]这项工作极其耗时，但绝对值得。终于，宇宙制图的时代来临了。

与此同时，多目标光谱学也日臻成熟。其想法是在望远镜的焦面上放一块铝板，在这块铝板上按照望远镜视场中星系光最终到达的精确位置钻上数百个小孔。将这些光通过数百根玻璃纤维送入光谱仪中，就可以一口气拍摄数百个星系的光谱。没错儿，对于每个新的望远镜指向都需要一块新的“钻板”，但这项技术可以节省大量的望远镜时间。

将多目标光谱学运用于3.9米英澳望远镜（科恩·库肯和杰拉德·吉尔摩在20世纪80年代末为了证明奥尔特是错误的所使用的同一台仪器），由澳大利亚国立大学的马修·科利斯（Matthew Colless）领导的一个小组进行了2度视场（2dF）星系红移巡天。1997—2002年期间，他们使用机器人定位的纤维代替钻板，确定了多达23万个星系的红移，其距离最远可达大约25亿光年[7]。百万星系的路标终于进入人们的视野：最初的《百万星系图》只是二维的；如果科学家能够研究类似数量星系的三维位置，那将是巨大的成功。

此外，2dF巡天开始计入第四维——时间。毕竟，望远镜就像一台时间机器，总能让人回望过去。来自远处天体的光到达我们需要时间；距离我们25亿光年远的星系看起来是25亿年前的样子。回望过去，令我们得以研究宇宙大尺度结构的演化。而且如果在宇宙早期，宇宙结构的增长受到暗物质引力的支配，那么深空星系巡天可能会提供关于神秘物质真正性质的线索。

迄今为止最雄心勃勃且最成功的4D（四维）测绘项目之一是斯隆化数字巡天（Sloan Digital Sky Survey），该项目于2000年开始，至今仍在运行，几乎每年都会发布大量新数据。[8]斯隆合作项目的参与者是来自世界各地几十个研究机构的数百名科学家。该巡天使用了位于新墨西哥州阿帕奇点天文台（Apache Point Observatory）的一台专用的2.5米望远镜。除了在2000—2009年间使用巨大的1.2亿像素相机拍摄的令人惊叹的照片外，斯隆数字化巡天还产出了超过400万个恒星和星系的光谱，包括所谓的类星体（具有极其明亮核心的遥远星系），距离远达几十亿光年。与马克·戴维斯在20世纪80

年代初首次CfA红移巡天的2 400个星系相比，有了很大的飞跃。

在拉塞雷纳的纪念碑大灯塔脚下的法罗海滩，我眺望着整个太平洋。再往南，在海滨大道沿线餐厅的海边露台上，游客们正在欣赏宁静的海浪和绚丽的日落。陆地航海者花了几个世纪的时间来探索这片广阔的水域，绘制出海浪之上成千上万个大小岛屿的地图。在短短40年的时间里，天文学家已经成功地绘制和研究了跨越数十亿光年的宇宙海洋中的数百万个星系，而这些星系曾被形容为“岛宇宙”。请注意，这里说的是没有离开过港口的情况。

仅仅几年后，LSST将迎来另一个宇宙制图的新时代。在为期十年的巡天期间，该望远镜预计将探测到数量惊人的星系——200亿个——并进行成像，测量它们在6个波段输出的光。对于非常遥远的星系，无须获得详细的光谱，这种能量分布就可以提供粗略的红移估计——这是另一种测量星系与观察者之间距离的指标。这些数据将使宇宙学家能够重建数十亿年宇宙历史中的结构增长。此外，LSST将对由弱引力透镜引起的星系形状的微小变形进行统计性研究，实现泰森绘制暗物质在空间和时间上的分布图的梦想。

绘制不可见的宇宙。这就好比我爬上纪念碑大灯塔，研究起伏的太平洋，并利用这些提示性的图案来了解无形的气流、地下洋流和海底隐藏的地形。对海军上校詹姆斯·库克来说，这似乎是一种魔法。

老实说，在瞥见LSST相机的规格以及读到这个新望远镜的预期科学产量时，我也有同感——这简直是奇迹。由于其独特的光学设计，这台8.4米仪器的视野是满月的7倍。这台望远镜异常灵敏，只需不到15秒就可探测到亮度仅有肉眼所见十亿分之一的恒星和星系。每次曝光后，这台巨大却非常坚固紧凑的望远镜只需要5秒钟就可以转向天空的下一个区域开始拍摄新照片。LSST 每年可以采集约 20 万帧照片，每帧包含 32 亿像素，它是名副其实的超高清宇宙电影摄像机。除了 200 亿个星系外，它还将探测到大量短时标现象和移动天体，比如遥远的超新星爆炸、附近的小行星和太阳系外的带冰质天体。在接下来的很多年里，天文学家将会被海量数据所淹没。

薇拉·鲁宾天文台将以何种方式为解开暗物质之谜做出贡献？这台新望远镜能否完全揭示这种不可见物质在宇宙大尺度结构的形成和演化中的作用？它有可能揭示这种神秘物质的物理性质吗？只有时间会证明一切，但天文学家已经迫不及待地想要找出答案。

2019 年 7 月 2 日，星期二下午，月亮的影子穿过太平洋向东飞驰。在 145 千米的宽度内，它以每秒 5 千米的速度掠过拉塞雷纳，穿过埃尔基山谷。在维库纳东部的小村庄维拉塞卡，数百名游客聚集在一起，目睹大自然最令人印象深刻的奇观：日全食。

通过日全食眼镜，我看到黑暗的月亮圆盘是如何缓慢穿过太阳明亮的表面的。日光似乎被慢慢吸走了。阴影变得锋利起来；天空变成阴沉的墨蓝色。狗儿开始吠叫，鸟儿安静了下来。在余留的纤细的月牙形阳光下，金星显现出来。然后，突然之间，我和西南大约 20 千米远的帕琼峰上的望远镜一起陷入了黑暗。

在月球墨黑色的轮廓周围，太阳炙热而缥缈的大气（通常湮没于太阳圆盘的强光中）以一顶带着银白色柔光的宏伟皇冠的形态呈现出来。在短短的 146 秒后，看不见的景象完全显露，所有人都能看到。

这是美到令人窒息的景象。

07.

大爆炸重子

1972 年 3 月，我迷上了天文学。那年，我 15 岁。维姆·盖林格（Wim Gielingh）是一位业余天文学家，也住在我长大的那个村庄。在他的后院，我第一次通过一个像样儿的望远镜看到了土星。我的心再也没有平静下来。不久后，我加入了一个青年天文社团，用铅笔画出了月球环形山，并借助《诺顿星图手册》（*Norton's Sky Atlas and Reference Handbook*）学习星座。

当时的我还不知道，就在那个时候，暗物质之谜开始浮出水面。1972 年，皮布尔斯和欧斯垂克正在分析对旋转盘星系的计算机模拟，结果发现，如果没有大量额外的物质，它们就无法稳定存在。鲁宾和福特开始测量仙女星系以外的旋涡星系的旋转曲线，结果发现，它们也旋转得太快了。尽管我正在阅读的天文学杂志还没有提到暗物质，但科学界渐渐开始意识到这是一个不会消失的问题。

我那时也没有意识到这是宇宙学成熟的时代。皮布尔斯的《物理宇宙学》（*Physical Cosmology*）是在我爱上天文学的同一年出版的。1964 年对宇宙背景辐射的探测——仅仅比我看到土星早 7.5 年——终于为大爆炸理论提供了一些令人信服的观测证据。

这些发展已经酝酿了大约 50 年。早在 20 世纪的前 20 年，美国天文学家就发现其他星系似乎在远离我们的银河系。不久之后，比利时的乔治·勒梅特提出了一个膨胀宇宙的想法，这个宇宙诞生于他喜欢称之为“原始原子”或者“宇宙蛋”的地方。科学已经制定了它自己的《创世记》版本，但天文学家并没有顺从地接受这种说法作为独一无二的真理，而是很快开始充实它，检查它的含义，并且如果可能的话，对其进行观测检验。

当时的科学家不知道的是，他们的努力最终（更准确地说，在 20 世纪 70 年代早期）带来了一条完全独立的暗物质存在的证据线——暗物质粒子。

如果宇宙不是 6 000 年前由某个神创造的，或者它不是永远存在的，你就不能再忽视它为什么以及如何演变成现在这样的问题了。特别地，20 世纪的物理学家开始对宇宙的化学成分感到好奇。

1925 年，25 岁的塞西莉亚·佩恩（Cecilia Payne）在一篇出色的博士论文中指出，太阳（以及宇宙中的每颗恒星）主要由自然界中最轻的元素氢组成。[1]佩恩可以被看作薇拉·鲁宾的先前版本。佩恩年轻时在英国学习化学和物理。但由于剑桥大学不授予女学生学位，她于 1923 年移居美国，成为第一位获得哈佛大学宇宙学博士学位的女性。

佩恩的开创性工作最初遭到了很多反对，反对声尤其来自有影响力的男性天体物理学家。但在短短几年内，大家都信服了。在 20 世纪 30 年代末，卡尔·弗里德里希·冯·魏茨萨克（Carl Friedrich von Weizsäcker）和汉斯·贝特（Hans Bethe）展示了质子（氢原子的原子核）如何在太阳核心的巨大温度和压力下聚变成更重的氦原子核。在这个过程中，能量被释放，就像著名的英国天体物理学家亚瑟·爱丁顿（Arthur Eddington）在1920年提出的那样。在一篇非常有说服力的论文——发表于《自然》杂志的《恒星的内部结构》——中，爱丁顿写道，“恒星中的亚原子能正被自由地用来维持它们的大熔炉”，尽管他一开始并不知道太阳是由什么构成的。[2]

太好了，所以氢可以变成氦，这是第二轻的元素。随后的核反应也可能产生许多其他轻元素，包括碳、氮和氧。那么元素周期表中许多更重的化学元素呢？比如硫、铁、金和铀？在宇宙尺度上，它们可能没有那么丰富，但你仍然需要解释它们来自哪里。

第二次世界大战刚刚结束，天文学家和物理学家提出了两种截然不同的解释。一种观点认为，自然界可观的化学多样性是炽热而致密的原始物质核聚变的结果。毕竟，新生宇宙中的条件与太阳核心中的条件非常相似，所以你会预期有类似的反应发生。这一观点是在1948年一篇发表在《物理评论》上的著名论文中提出的，这篇论文被称为αβγ论文（这篇论文发表于愚人节，但这一定是巧合）。[3]

我多次听到和读到关于这篇论文（名为《化学元素的起源》）的故事。我知道美籍俄裔核物理学家、爱开玩笑的乔治·伽莫夫（George Gamow）与他的博士生拉尔夫·阿尔弗（Ralph Alpher）一起撰写这篇论文的故事，他在作者名单中加入了他的同事兼好友汉斯·贝特的名字，凑出一个听起来像希腊语前三个字母的名字。但直到最近，我才真正查阅这篇论文。令我惊讶的是，αβγ论文不过像是一个简短的注释：大约600个单词、两个方程和一张图表。

相比之下，认为“所有重元素都在恒星内部产生的”这一有竞争力的观点产出了很多综合性论文，由敢于打破传统的英国天文学家弗雷德·霍伊尔（Fred Hoyle）撰写或合著。霍伊尔从不相信勒梅特的原始原子或宇宙蛋，或者人们叫的任何其他名字。在1949年3

月 28 日一次BBC（英国广播电台）的电台采访中，他甚至试图通过将其称为“大爆炸”来取笑这个理论，这个新创的词事后被证明是如此贴切，至今没有人为宇宙的开端想出过比它更好的名字。

霍伊尔并不认为宇宙中的所有物质都是在数十亿年前一下子产生的，他认为，新的氢原子不断地产生，尽管宇宙在不断膨胀，但宇宙的整体密度保持在一个恒定水平。在 1948 年与剑桥同事托马斯·戈尔德（Thomas Gold）一起发表的“稳恒态模型”中，原初火球中没有核合成（新原子核的产生）的空间。相反，所有比氢重的原子都是在恒星炽热的内部产生的。

1946 年，也就是阿尔弗和伽莫夫发表αβγ论文的两年前，霍伊尔已经在《皇家天文学会月刊》上写了一篇 40 页关于恒星核合成的论文。8 年后，他在《天体物理杂志增刊》上的一篇长达 25 页的论文中提供了更多细节。最终，他与美国物理学家威利·福勒（Willy Fowler）以及留美英籍天体物理学家玛格丽特·伯比奇（Margaret Burbidge）和杰弗里·伯比奇（Geoffrey Burbidge）合作，这次合作的结果是在《现代物理评论》上发表了一篇具有里程碑意义的论文。[4]

1957 年 10 月发表的《恒星中的元素合成》有一个一般为人所知的名字——B^2FH论文，以 4 位作者名字的首字母命名。这是天体物理学史上的又一座里程碑，也是另一个古怪的缩写绰号。αβγ论文只有 6 个段落，B^2FH论文却长达 108 页，有 13 个章节，每一章都是密密麻麻的插图、方程、表格以及核反应的图示。

我们现在知道，阿尔弗和伽莫夫声称氦是在大爆炸期间产生的，这是正确的，随后的恒星核合成只增加了少量的氦。但是，伯比奇夫妇、福勒和霍伊尔的论断一针见血地指出，碳、氮、氧、钠、铝、硅、氯、钙，甚至铁等元素都是在恒星内部的核“大锅”里煮出来的——爱丁顿的大火炉。

B^2FH论文以莎士比亚《李尔王》中的一句话作为开篇：“是星星，是我们头顶的星辰掌管着我们的境遇。”它们确实如此，但不是以占星学的方式，而是以最直白的方式：我们必需的物质——肌肉中的碳原子、骨骼中的钙，以及我们血液中的铁——都起源自恒星。正如民谣歌手乔尼·米切尔在她 1969 年的民谣《伍德斯托克》中写道：“我们是星尘，10 亿年前的碳。”

好吧，正如那篇非常全面的B^2FH论文所描述的那样，恒星核合成理论告诉了我们关于周围已知的熟悉世界的起源：老鼠、摩托车和大山的原子构成部分。但是，为了更多地了解宇宙中的神秘暗物质，我们需要再次关注那篇简短的αβγ论文，正如皮布尔斯在发现宇宙背景辐射后立即意识到的那样。

阿诺·彭齐亚斯和罗伯特·威尔逊于 1964 年的发现（在第 1 章中有简要描述）是霍伊尔和戈尔德的稳恒态模型棺材上的第三枚，也是最后一枚钉子。第一枚钉子是我们逐渐认识到宇宙中包含大量的氦——宇宙总原子质量的大约 24% 以这种第二轻的元素的形式存在（宇宙中大约 75% 的原子质量是氢，除氢和氦外所有其他元素加起来不足 2%）。是的，氦也是在恒星炽热的内部产生的，但数量不会这么大，只有大爆炸的核合成符合要求。

大爆炸理论的第二条支持线出现在 20 世纪 60 年代初。射电天文学家发现，遥远宇宙中的星系与我们附近宇宙中的星系有着不同的特性。由于遥远星系的光可能需要数十亿年才能到达我们这里，这一观测结果意味着星系在过去与现在看起来是不同的。换句话说：宇宙并非处于稳定状态，而是确实在演变，与大爆炸理论一致。

宇宙背景辐射也被称为宇宙微波背景，因为它的峰值波长约为1毫米。这一发现最终敲定了对大爆炸模型的支持：这种辐射被正确地称为“创世余辉”。（我将在第17章再讨论宇宙微波背景的特殊性。）罗伯特·迪克问他的加拿大博士后：“那么吉姆，你何不深入研究一下这背后的理论呢？”这个时候，皮布尔斯明白，深入研究早期宇宙将会揭示宇宙的化学构成。除了研究炙热黏稠的粒子和辐射汤在高密度和低密度下的传播外，他还研究了宇宙诞生后最初几分钟内的核反应结果（特别是氘的数量），是如何取决于不断降低的宇宙物质密度的。

这不是一本关于大爆炸的书，所以不要指望我讲得太详细，但这里最重要的一点是，当宇宙诞生大约一秒的时候，被称为夸克的基本粒子结合成了第一批核子（质子和中子，它们是所有原子核的组成成分）。由于它们的质量，质子和中子也被称为“baryons”（重子），这个词来自希腊语，意思是“重”。

起初，质子的数量几乎与中子的数量相等，但不久之后，情况发生了巨大的变化。由于新生宇宙的极端温度，孤立的重子还不能结合成原子核。虽然原子核中的中子是稳定的，但自由中子一定会缓慢地衰变为质子。在短短几分钟的时间内，中子的数量明显减少，而质子则变得越来越多。

当温度下降到约10亿摄氏度（低到足以让原子核开始形成）时，宇宙中只有1/8的重子质量以中子的形式存在；其余的是质子。通过各种核反应，大部分中子最终变成了由两个质子和两个中子组成的氦核。剩下的质子作为氢原子核留了下来。几乎没有比氦更重的原子核可以形成，而在经历了短暂但能量极高的核合成期后，早期宇宙的温度和密度进一步下降，聚变反应停止了。

现在，我们可以很直接地计算出这一原始核混乱的结果。如果计算得当，你会发现宇宙总重子质量的 3/4 以氢的形式存在，而大约 1/4 的质量以氦的形式存在，这与两种元素在宇宙中的丰度测量结果完全一致。换句话说：大爆炸核合成为观测到的宇宙化学组成提供了一个干净利落的解释——这是稳恒态模型（或者所谓的“神圣的创造”）未能完成的。

那么，氘和宇宙密度是怎么回事？这与皮布尔斯的工作有何联系？好吧，氦核的形成不是一蹴而就的。不是说两个孤立的质子和两个孤立的中子碰巧在完全相同的时间碰到了一起。相反，有许多可能的中间步骤，而氘是其中最重要的，也是我们在这里所关注的。

氢原子核只有一个质子，而氘原子核（有时称为氘核）则由一个质子和一个中子组成，通过强核力结合在一起。它仍然是氢（化学元素是由其原子核中质子的数量来定义的），但其质量几乎是氢的两倍，因此俗称“重氢”。在形成之后不久，氘核就参与了另一系列的核反应，最终导致氦的产生。但是没有太多时间留给这些反应：由于宇宙的膨胀，温度迅速下降，大爆炸核合成停滞不前，导致一些氘未被利用。

在 1966 年 11 月发表在《天体物理杂志》上的一篇论文中，皮布尔斯指出，宇宙中氘的相对含量关键依赖于短暂核合成时期的核物质（重子物质）的密度。[5]密度越高，核反应进行得越有效，残留的氘就越少。相反，如果在这个关键时期密度较低，则会导致较高的氘丰度。类似的论点适用于一些其他的稀有原子核，包括氦-3，它包含两个质子但只有一个中子，但是这种依赖关系对氘最为明显。

因此，测量宇宙的当前氘丰度将提供有关大爆炸核合成期间宇宙密度的信息。由此推断，不难计算出在经历了上百亿年的宇宙膨胀之后宇宙中重子物质的当前密度。换句话说：精确的氘测量可以告诉我们主要由原子核（重子）组成的“正常”物质的平均密度。

在皮布尔斯发表他的计算结果5个月后，加州理工学院的罗伯特·瓦格纳（Robert Wagoner）和威利·福勒在另一篇发表于《天体物理杂志》上的（更详细的）论文中证实了这些结果，霍伊尔也参与了该项工作，他仍然对大爆炸持批判态度，不过还是对这个观点做出了重要的理论贡献。[6] 1973年1月，当时在康奈尔大学的瓦格纳发表了最新的论述《重新审视大爆炸核合成》。[7] 看来科学家已经真正解决了原始火球中轻元素起源的棘手问题。现在，他们只需要测量氘的相对丰度就可以知道宇宙当前的重子质量密度。

直接测量氘的宇宙丰度很难，但空间科学前来营救。1972年8月21日，就在我第一次用望远镜看土星的几个月后，NASA发射了第三个轨道天文台（轨道天文台3号），它的别名是“哥白尼”，因为这位波兰天文学家的500周年诞辰即将于1973年年初到来。哥白尼天文台上的其中一个仪器是一台80厘米的紫外线望远镜兼光谱仪，它是在普林斯顿研发出来的。亮星精细的紫外线光谱（在地面上无法获得）可以揭示星际中氢和氘的吸收线：它们过滤掉特定波长的紫外线。从它们的相对吸收量中即可计算出氘的丰度比例。

1973年12月，皮布尔斯的普林斯顿同事约翰·罗格逊（John Rogerson）和唐纳德·约克（Donald York）基于哥白尼对南天亮星半人马座β的观测，在《天体物理杂志》上发表了第一批结果。[8] 他们的结论是：星际空间中每7万个氢原子核中只有一个氘原子核。

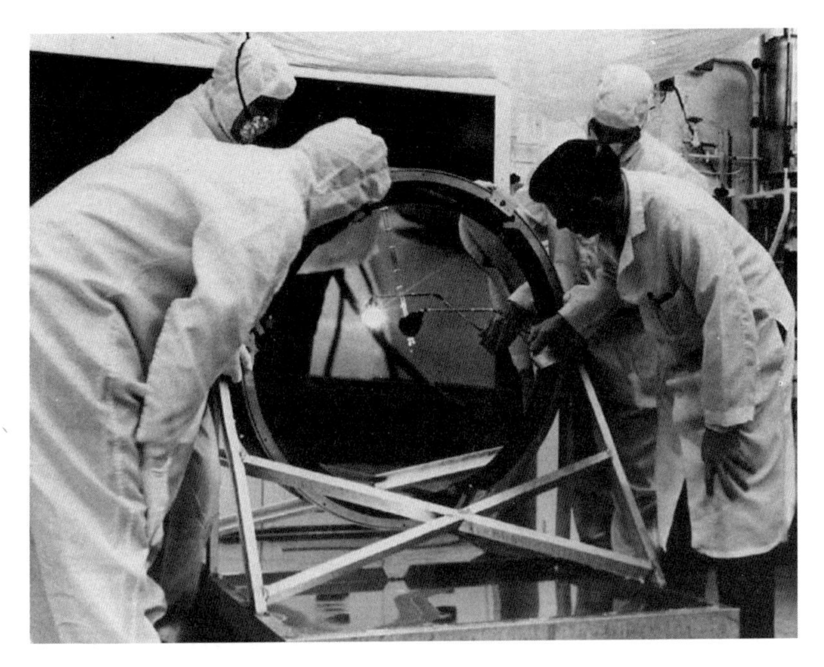

图7 技术人员正在测试将装载于NASA哥白尼卫星上望远镜的81厘米的镜面。1972年发射时，它是有史以来最大的空间望远镜

这是从新生宇宙核反应中遗留下来的微小的部分。通过这个测量值，就可以推出宇宙中的重子物质（基本上是原子核）的数量。

使用瓦格纳的最新计算，罗格逊和约克得出宇宙重子的平均密度为 1.5×10^{-31} 克每立方厘米。1976年一篇基于对另外4颗恒星（包括角宿一，室女座中最明亮的恒星）的紫外线观测的论文得出类似的结论。[9]终于，天文学家对宇宙中“正常”物质的总量有了一个可靠的估计。而这一结果对我们关于暗物质的想法产生了可怕的影响。

皮布尔斯、欧斯垂克和亚希勒在撰写他们1974年的论文《星系的大小和质量，以及宇宙的质量》时非常清楚哥白尼卫星的结果。或许你能够回想起在第4章中，他们使用各种各样的动力学观测和论据来确定星系的平均质光比。接着，通过估算在特定空间体积中可见星系的数量，他们计算出了宇宙的平均质量密度：2×10^{-31} 克每立方厘米，这比罗格逊和约克的发现要大 12 倍。

如果当前的宇宙密度的确比罗格逊和约克得到的数值高这么多的话，那么大爆炸核合成时期的密度也必须更高。那就会导致氘的宇宙丰度要远比哥白尼所测到的要小。

除非……

你又遇到这样的情况了。除非宇宙中大部分的质量不是由重子构成的。氘的丰度只告诉了我们原子核的密度，那是参与核反应的"正常"物质的基石。如果宇宙包含大量的非正常物质，会怎样呢？那就可以解释动力学观测，而且不与氘的测量相矛盾。

这看起来是一次巨大的信念上的飞跃，欧斯垂克、皮布尔斯和亚希勒没有直接下定论。也许一些其他过程可以在大爆炸后的几十亿年里产生多出的氘量，尽管从未有人提出一个可行的机制。又或许他们高估了本地宇宙中的星系数量。的确，同样于 1974 年发表的一项由理查德 · 戈特（Richard Gott）、詹姆斯 · 古恩（James Gunn）、戴维 · 施拉姆（David Schramm）和比阿特丽斯 · 廷斯利（Beatrice Tinsley）完成的独立分析得到了稍微不那么令人不安的结果。[10]但是这些年来，宇宙学家开始逐渐感觉到，大自然确实在告诉我们一些非常重要的事情。如果，不知何故，宇宙的总质量密度远比从大爆炸核合成计算中得到的值要高，那么我们就必须承认宇宙中存在大量的非重子物质。黑暗而怪异。

卡普坦、奥尔特和兹威基，皮布尔斯和欧斯垂克，还有鲁宾和福特——他们都找到了大量暗物质存在的间接证据。但是，他们的结果本身没有暗示其中的"暗"意味着"神秘"。他们的发现可以用大量昏暗的暗星、巨大的冷星际气体云，甚至看不见的黑洞群来解释。随着大爆炸理论变得更加令人信服，这种情况也发生了变化。在数十亿年的漫长宇宙历史中，大爆炸本身为暗物质的审判带来了一个新的法庭证据：它不是某种天体，而是一种奇怪的、未知的粒子。突然间，旧的想法（那些简单的解释）似乎不复存在了。非重子暗物质，我们最好能习惯它。

戈特、古恩、施拉姆和廷斯利以罗马诗人和哲学家卢克莱修的一段话作为他们那篇关于宇宙质量密度的综合性论文的开头："不要因为推理令人不安的新颖性，而把它从你的头脑中排除。相反，要用辩证的判断力来衡量它。然后，如果它看起来是符合事实的，那就屈服吧。"

好吧，除了屈服还能做什么呢？

他们不妨加上《星际迷航》中那句令人不安的名言："抵抗是徒劳的。"

08.

射电回忆录

沮丧吗？

阿尔伯特·博斯马只需要思考片刻。随后，他果断答道："我不是容易受挫的人，但我会记录每一件事。谁知道呢，也许有一天我会写一本书。"

他的大多数射电天文学家同事以及暗物质历史学家都同意，博斯马在 20 世纪 70 年代中期的发现是第一个真正敲定星系中存在暗物质的案例。但在专业圈子之外，他几乎不为人所知。相反，薇拉·鲁宾的名字则随处可见。博斯马怎么可能不感到沮丧呢？

我是在荷兰德伦特省人烟稀少的韦斯特博克射电天文台的技术楼里见到这位矮小、长发、留着大胡子的天文学家的。[1]这个天文台建在前纳粹集中营旁边。1942—1944 年间，有 97 776 名犹太人、罗姆人和辛提人（包括年轻的安妮·弗兰克和她的家人）从这里乘坐火车被驱逐到奥斯维辛和索比堡，他们几乎全部在那里被杀害。如今，这个地区被用来和平地研究宇宙的奥秘。这是一个寒冷而细雨绵绵的 11 月的早晨，但太阳时不时地穿透云层，照亮了外面那排一公里长的 14 个口径为 25 米的无线电天线。

虽然已经过了退休的年龄，博斯马却依然是法国马赛天体物理实验室的一名活跃的射电天文学家。他刚刚从中国旅行归来，正在荷兰探望家人。德伦特的斯尼尔德小村庄是小阿尔伯特长大的地方。正是在这里，他的数学老师科诺博士激发了他对天文学的兴趣，而韦斯特博克天文台是他在格罗宁根大学的博士研究中进行突破性观测的地方。很多人都没有听说过这些观测结果。

是的，你可以选择参与战争，他说，但你最终可能一无所获。

有一点是肯定的：第 5 章中描述的 1970 年鲁宾和福特关于仙女星系的那篇论文并没有证明暗物质的存在。它做不到。正如澳大利亚天文学家肯 · 弗里曼（Ken Freeman）和科学教师杰夫 · 麦克纳马拉（Geoff McNamara）在他们 2006 年出版的《寻找暗物质》(*In Search of Dark Matter*）一书中所写："平坦的光学旋转曲线很难为暗物质提供确凿的证据，因为它们离星系中心的距离不够远。"[2]

鲁宾和福特也不是最早注意到盘星系的旋转存在特殊情况的天文学家。30 多年前，霍勒斯 · 巴布科克（Horace Babcock）——后于 1964 年成为帕洛马山天文台台长——已经发现仙女星系的可见盘边缘的旋转速度比天文学家预期的要快。[3]沃尔特 · 巴德和尼古拉斯 · 梅奥尔（Nicholas Mayall）在 1951 年得到了类似的结果。[4]

此外，就在鲁宾和福特发表仙女星系研究结果的同一年，弗里曼也发现，一些星系所含的物质似乎比根据目视观察所估计的要多。弗里曼分析了 36 个星系盘中星光的分布，并推导出这些系统的预期旋转曲线，假设它们只包含恒星。当时只有少数几个星系的旋转数据可用，并且在至少两个案例（M33 和 NGC 300）中，测量的旋转曲线与计算的旋转曲线存在偏差。[5]"如果（数据）是正确的，"弗里曼在他的《天体物理杂志》论文中写道，"在这些星系中一定有未被发现的物质……它的质量必须至少与所探测星系的质量一样大，而且它的分布一定与……光学星系的分布完全不同。”

所以，一些令人惊讶的事情正在发生，但没有什么奇怪的事情足以有说服力地表明星系被嵌在大型暗物质晕中。毕竟，光学观测只能显示出星系可见部分的质量分布。正如鲁宾和福特在他们1970年的论文中所指出的，“显然，超出这一距离的推断是一个品位问题”。

或者是波长的问题。因为在星系的明显边缘之外，存在着稀薄的、不可见的冷氢气云，只有在无线电波段才能观察到。

从肯特和艾伦夫妇在米尔伯勒斯普林斯的农舍出发，再往西北方向走60英里，穿过阿勒格尼山脉，进入西弗吉尼亚州的波卡洪塔斯县，即可到达古老的格林班克天文台（Green Bank Observatory）。格林班克天文台最初由美国国家射电天文台（NRAO）管理，拥有世界上最大的全可动射电望远镜。它也是科学史学家的瓦尔哈拉。[6]

就在天文台的入口处，摆放着一台物理学家卡尔·扬斯基（Karl Jansky）的直径30米的“旋转木马”天线（该天线在1931年首次探测到宇宙无线电波）的全尺寸复制品。在入口处的道路对面是经过整修和新刷过漆的9.4米天线，它是6年后由无线电工程师格罗特·雷伯（Grote Reber）在他母亲的后院建造的——这是有史以来第一个绘制了粗略的无线电天空图的仪器。在天文台的宿舍楼休息室里有一块牌匾，用以纪念1961年11月，在这里任职的天文学家弗兰克·德雷克（Frank Drake）提出了他著名的同名方程（德雷克方程估计了我们银河系中地外文明的数量，我们有可能从中探测到它们的无线电辐射）。

现场有一个稍微不那么显眼的展品——事实上，是它使得博斯马和他的射电天文学同事后来的观测成为可能，那就是哈佛大学研究生多克·艾文（Doc Ewen）和他的论文导师爱德华·珀塞尔（Edward Purcell）用来探测中性氢发射线（具有 1 420.4 兆赫兹特定频率的无线电波，对应 21.1 厘米的波长）的天线。这一标志性的发现发生在 1951 年 3 月 25 日（这是一个复活节星期日；当时艾文正在每周 7 天每天 24 个小时地工作），最终使得绘制遥远星系的外部图成为可能。由于多普勒效应对无线电波的作用与对可见光的作用相同，对 21 厘米谱线的精确观测揭示了氢气的运动学，包括远远超出星系可见盘的气体云的变化，那里几乎没有星星。

艾文和珀塞尔的搜寻工作是受到荷兰天文学家亨克·范德胡斯特（Henk van de Hulst）的预测的启发，范德胡斯特是奥尔特在莱顿的学生。1944 年，在第二次世界大战期间，荷兰著名儿童读物作家的儿子范德胡斯特应他富有远见的论文导师要求，检查新发现的宇宙射电“嘶嘶声”是否可能以某种方式包含关于星际空间中无处不在的冷中性氢的信息。经过一些文献研究和手写计算，这位 25 岁的学生得出结论，在 21 厘米的波长处应该有微弱的氢信号。

战争刚刚结束后，莱顿研究组将一个 7.5 米的（德国人留下来的）雷达天线改装成一个射电望远镜，开始搜寻 21 厘米谱线。但是由于他们的接收器起火而造成的延误（部分原因），他们在艾文和珀塞尔（他们知道范德胡斯特的预言）的发现后约 7 周才获得成功。不久之后，澳大利亚的无线电工程师克里斯·克里斯蒂安森（Chris Christiansen）和吉姆·欣德曼（Jim Hindman）完成了第三次独立探测；所有这三项结果都发表在 1951 年 9 月 1 日的同一期《自然》杂志上。[7]

那时，奥尔特正在忙于为即将短暂成为世界上最大的射电望远镜的项目筹措资金：25 米的德温厄洛射电望远镜（Dwingeloo telescope）。该仪器于 1956 年 4 月投入使用，它将通过提供我们银河系旋涡结构的第一张精细绘图来创造历史。不过，德温厄洛的首次 21 厘米观测不是对着我们的银河系，而是对着仙女星系。在范德胡斯特的指导下，天文学家雨果·范沃登（Hugo van Woerden）和恩斯特·雷蒙德（Ernst Raimond）根据HI观测首次获得了另一个旋涡星系的旋转曲线。（HI是中性氢；你可能还记得第 5 章里的内容，HII 是电离氢。）

那是射电天文学的早期。对于每个单独的 15 分钟测量，所需的巨大的天线盘和笨重的谱线接收机都是手动准备的。指向改正必须手工计算。数据由笔式记录器写在一卷纸上。当他们不观测或是调试硬件时，范沃登和雷蒙德就睡在莱克斯·穆勒（Lex Muller）的客房里，穆勒是望远镜的设计师和管理员，他的房子就在天线旁边。穆勒夫人为他们提供早餐、午餐和晚餐。

德温厄洛对仙女星系的观测结果于 1957 年 11 月发表在《荷兰天文研究所公报》上。[8]在 2020 年的一次采访（在他去世之前不久）时，范沃登回忆道，旋转速度确实没有随着离星系中心距离的增加而减少，但是当时，没有人对此感到太过惊讶。“那完全不是事儿。”他说。当其他天文学家获得我们最近的星系邻居的详细射电观测，以及其他盘星系的HI旋转曲线后，情况才慢慢地开始发生变化。[9]

其中的一位天文学家是赛斯·肖斯塔克（Seth Shostak），他后来成为美国加利福尼亚州山景城SETI研究所（SETI全称意为“地外智慧生物搜寻”，不过还未曾找到）的一名高级天文学家。[10] 20 世纪 60 年代末，作为博士研究的一部分，肖斯塔克在加利福尼亚州大派恩附近的隶属于加州理工学院的欧文斯山谷射电天文台（靠近内华达州）度过了很长一段时间。在那里，他研究了中性氢在三个星系（包含NGC 2403）中的分布和动力学，这些星系要比仙女星系远大约 3.5 倍。[11]

在肖斯塔克进行研究工作的同时，射电天文学家已经建造出比荷兰 25 米德温厄洛射电望远镜或者欧文斯山谷中的天线大得多的望远镜。英格兰北部的卓瑞尔河岸天文台（Jodrell Bank Observatory）运行着一台 76 米望远镜（如今叫作洛弗尔射电望远镜，以天文台的第一任台长伯纳德·洛弗尔的名字命名）；在澳大利亚新南威尔士州的帕克斯有 64 米的仪器，别名“天线”（The Dish）；还有格林班克天文台以其巨大的 90 米望远镜保持着世界纪录。虽说欧文斯山谷中的小天线在尺寸和灵敏度上不占优势，但它们具有灵活性和更高的角分辨率，可以对大量看到的细节进行测量。

肖斯塔克使用的两个相同的天线只有 27.4 米的直径，但它们可以在轨道上移动，而且它们获取的数据被精确地结合（关联）成一组观测，相当于这两个仪器是一个更大的虚拟天线的一部分。这种观测系统叫作干涉仪，它不仅比单天线有更高的角分辨率，还更加高效。射电望远镜的视场通常很小，就好像是通过一根吸管观看天空一样，因此只能通过多次连续性观测才能得到更大的“画面”，这通常需要几天甚至几周的时间。相比之下，干涉仪可以通过一个被称为孔径合成的过程在不到一天的时间里建立起一个二维的无线电图像。

更多的时候，肖斯塔克是天文台里唯一的人，在控制室里度过漫长的夜晚，听着外面的天线发出阴森的摩擦声。他不禁想到更广阔宇宙中的众多星系、恒星和行星，以及其中一些遥远的世界可能有外星文明居住的可能性。使用射电望远镜窃听他们的星际通信不是很好吗？在 1959 年《自然》上的一篇论文中，物理学家朱塞佩·科科尼（Giuseppe Cocconi）和菲利普·莫里森（Philip Morrison）就提出了这个想法。[12]你如果知道去哪里找，就很容易看出肖斯塔克是什么时候开始对SETI充满热情的。在他 1972 年博士论文的结尾，他写道："这篇论文献给NGC 2403 和它的居民，可以按成本价向他们提供副本。"

1971—1973 年间，肖斯塔克和他的论文导师戴维·罗格斯塔德（David Rogstad，他搬到荷兰格罗宁根使用新的韦斯特博克望远镜工作）发表了关于总共 6 个星系的论文，其中包括NGC 2403、M101（也称风车星系）和M33——我们的银河系和仙女星系所属的"本星系群"中的第三大成员。在每种情况下，他们都发现远离星系光学边缘的冷氢气云的旋转速度比预期快得多，这暗示了"这些星系的外部区域存在低亮度物质"，他们在一篇 1972 年 9 月发表于《天体物理杂志》上的论文中这样写道。[13]

与此同时，NRAO的天文学家莫特·罗伯茨正在研究仙女星系中的中性氢，使用当时世界上最大的射电望远镜——格林班克望远镜，该望远镜于 1962 年投入使用。在范德胡斯特、雷蒙德和范沃登开创性的德温厄洛观测的基础上，罗伯茨于 1966 年发表了他的第一批结果——就在薇拉·鲁宾开始与肯特·福特在卡内基研究所地磁学部门共用办公室一年后。[14]鲁宾和福特在 1970 年发表的关于仙女星系的论文中引用了罗伯茨的论文。"我很了解薇拉，"罗伯茨在他位于弗吉尼亚州亚历山大市的家中接受Zoom视频会议采访时告诉我，"她是一个非常和善的人，很高兴找到一位男性天文学家倾听她。"[15]

20 世纪 70 年代初期，罗伯茨开始得到越来越好的仙女星系结果，并在 1975 年与罗伯特·怀特赫斯特（Robert Whitehurst）合著的一篇论文中达到了顶峰，这时，罗伯茨给鲁宾打了一通电话。[16]“我有一些有趣的事情和你分享，”他告诉她，“你这周在附近吗？”几天后，他驱车120英里从位于弗吉尼亚州夏洛茨维尔的NRAO总部前往华盛顿特区的卡内基DTM实验室，在那里他会见了鲁宾、福特，还有他们的同事诺伯特·索纳德和桑德拉·法贝尔（Sandra Faber）——她是哈佛大学的一名博士生，住在华盛顿特区，鲁宾为她提供了一个临时的DTM办公桌。

“请给我一本《哈勃星系图集》（*The Hubble Atlas of Galaxies*）。”罗伯茨向法贝尔请求道。法贝尔顺理成章地去图书馆取来了这本1961年的代表性图书，这本书以其数十个星系的精美黑白照片而闻名。回到会议室后，罗伯茨打开图册，翻到仙女座旋涡星系的那一页。他用描图纸绘制了他最新的氢速度测量结果，距离延伸到大约95 000光年——远远超出了书中所描绘的范围。即使在那里，星系的旋转曲线仍然是平坦的。房间里的每个人都陷入了沉默。法贝尔问道：“那又怎样？平坦的旋转曲线有什么意义？”所有人都转向她。“你没看到吗？那里没有光！”

从那时起，仙女星系的旋转曲线通常将罗伯茨的HI在星系外部的速度包含进去，尽管他认为那张著名的以仙女星系为背景的图像（我在肯特·福特家看到的那张）直到1987年才发表。

我并不清楚鲁宾、福特和索纳德是否也知道罗格斯塔德和肖斯塔克的工作，他们在1978年和1980年的论文中没有提到它。但是，肖斯塔克无法想象他们不知道这件事。“1972年，多亏了莫特·罗伯茨，我在NRAO找到了一份博士后工作，”他说，“薇拉20岁的女儿朱迪是那里的暑期学生之一，后来她自己也成了一名天文学家。我相信她一定和她母亲讨论过我们的工作。薇拉直到几年后才得到平坦的旋转曲线，而我们几年前就完成了。”

不过，对于大部分天文学家来说，射电天文学还是一个新兴且陌生的技术，据罗伯茨说，当时并没有太多人认真看待这些结果。“有些人完全持怀疑态度，”他说，“大多数人至少非常谨慎。当然没有人将其与早期弗里茨·兹威基的星系团工作联系起来。”暗物质仍然需要赢得更多的皈依者。

结果，改变游戏规则的大人物——至少就旋转曲线而言——是荷兰的韦斯特博克综合孔径射电望远镜（Westerbork Synthesis Radio Telescope），这是一种类似于欧文斯山谷的干涉仪，但不是两个天线，而是 14 个天线，每个天线的直径为 25 米。[17]它于 1970 年 6 月 24 日落成，最初有 12 个天线，扬·奥尔特的这个新创意吸引了许多国外的科学家，最终其中大多数科学家来到了格罗宁根大学卡普坦天文实验室工作。罗格斯塔德花了几年时间指导学生（包括阿尔伯特·博斯马）数据分析和计算机技术。罗伯茨前往格罗宁根与阿诺德·罗茨（Arnold Rots）一起对旋涡星系M81 进行 21 厘米的观测。肖斯塔克于 1975 年抵达，他在那里待了 13 年。

有一次，博斯马将格罗宁根的射电天文学家描述为“卡普坦实验室的土耳其人”。1973 年，在英格兰剑桥的一次会议中，他们的年轻同事厚颜无耻地吹嘘韦斯特博克望远镜比老式的剑桥干涉仪好得多。著名的英国射电天文学家和天文台台长马丁·赖尔（Martin Ryle，他或多或少地发明了孔径合成）写了一封正式的信件给奥尔特，抱怨这组人的俗气行为。随后，“韦斯特博克牛仔”若想参加在瑞典昂萨拉举行的会议，必须由年长的人员陪同，以免事情再次失控。

图 8　位于荷兰的韦斯特博克综合孔径射电望远镜，阿尔伯特·博斯马使用它测量旋涡星系外部区域的旋转曲线

话又说回来，正如博斯马的博士研究所展示的，韦斯特博克望远镜确实非常强大。博斯马利用了一项新技术：受罗格斯塔德的启发，格罗宁根天文学家罗恩·艾伦（Ron Allen）开发了一种新型光谱仪，可以在稍有不同的波长下同时进行 80 个观测。使用这台 80 通道的滤波器组接收器，博斯马研究了一个又一个星系，测量了光学边缘内和远超光学边缘处的多普勒频移，绘制了各处的速度图以及中性氢的扩展分布图，并发现了氢盘最外层的扭曲。

这一切似乎证实了早期罗格斯塔德和肖斯塔克，以及罗伯茨和怀特赫斯特得到的不太精确及灵敏的结果。最终，不少于 25 个星系的旋转曲线在距离核心很远的地方都是平坦的，这表明在光学盘之外存在着大量不可见的质量。博斯马在 1976 年和 1977 年的会议上展示了初步结果，但他的全部工作内容直到他的博士论文《各种形态类型的旋涡星系中的中性氢的分布和运动学》于 1978 年发表后才变得清晰。[18]同年晚些时候，鲁宾、福特和索纳德描述了他们基于光学观测对仅仅 10 个星系的研究结果。

那么，博斯马感到沮丧吗？

他说，至少读到这么多不同的故事是很了不起的。例如，理论天体物理学家凯瑟琳·弗里兹（Katherine Freese）在她 2014 年出版的《宇宙鸡尾酒》（*The Cosmic Cocktail*）一书中写道："正是鲁宾和福特的工作为星系中的暗物质提供了有力证据。他们的观测结果说服了天文学家，暗物质必须存在……他们两人应该为这一发现获得诺贝尔奖。"[19] 同样，普林斯顿的天体物理学家内塔·巴考尔（Neta Bahcall）在《自然》的讣告中称她是"平坦旋转曲线和暗物质之母"，并指出"她的开创性工作证实了暗物质的存在，并证明了星系是嵌在暗物质晕中的，现在我们知道它包含了宇宙中的大部分质量"。[20]

没错儿，博斯马给编辑写了一封信来回应巴考尔写的讣告。[21]这封信解释了为什么说巴考尔的文章"过度简化了暗物质问题"：你确实需要无线电数据来探测星系的最外层区域。然而，我们不可能对每一份不完整或有偏见的出版物都一一做出回应——射电天文学还有那么多有趣的事情要做。"很多人重新诠释了暗物质的发现历程，"他说，"而且其中很多是完全错误的。我只是记录下大家的想法。但是，我对写书有点儿犹豫，我没有足够的时间。"

肖斯塔克也有复杂的感受。"我对阿尔伯特很有好感。"他告诉我。但"我并没有感到非常难过"。不过，"薇拉确实来晚了。所有关于诺贝尔奖的讨论，以及现在一台大型望远镜以她的名字命名……这让你感到有点儿奇怪。”然后，他又补充道，她自己从未声称过优先权。的确，正如我之前所指出的，博斯马的论文在鲁宾、福特和索纳德于 1980 年的出版物中被引用。而在他们 1978 年的论文中，作者明确表示：“莫特 · 罗伯茨和他的合作者首次引起了对平坦旋转曲线的关注，这应当得到承认。”

与通常的情况相反，后来成为加州大学圣克鲁斯分校杰出教授的桑德拉 · 法贝尔认为，鲁宾目前在历史上的记录正是得益于她是一名女性这一事实。这是一个反性别不平等的显著例子。“博斯马的博士论文非常精彩。”她沉思道，“200 年后人们肯定会意识到他的贡献是多么重要。”

希望不会花那么长时间。

第二部分

象　牙

09.

探入冷

现在你可能在想，这本书什么时候能抛开过去，面向现在。毕竟，我们的故事已经进行了 1/3，而我们似乎仍然停留在 20 世纪 70 年代。别担心，我们会讲到现在的。如果你想了解对暗物质之谜的解决方案，你首先需要知道这个问题是如何产生的。正如我们在第 3 章看到的，尽管这个谜团已诞生了将近一个世纪之久，但碰巧几乎所有最重要的发展都发生在轰轰烈烈的 20 世纪 70 年代。

让我们来快速回顾一下，我们已经了解到星系是不可能稳定的，除非它们嵌在巨大的物质晕中。此外，星系的质量比根据其可见物质猜测出来的要大得多。旋转速度不会随着距星系中心距离的增加而减小，而是基本保持恒定——这暗示了星系中的物质比通过望远镜看到的要多。宇宙微波背景的相对平滑性表明，在大爆炸后的瞬间，奇怪的粒子一定已经开始形成一个黑暗的巨大脚手架，它稍后才会将我们熟悉的重子物质拉进去。最后，大爆炸不可能产生足够多的重子物质来解释动力学观测和宇宙结构的生长，这表明宇宙中的大部分引力质量必须是某种不熟悉的非重子形式。

如果这一切让你感到困惑，即使事后看也依然觉得困惑的话，你能想象 20 世纪 70 年代的科学家有多么困惑吗？人们对不同的证据细节的了解程度是不同的，一个人也不见得能了解全部证据；有些观测结果比其他观测结果更可靠；习惯于用光学望远镜研究恒星和星系的天文学家突然不得不为射电天文学和粒子物理学的错综复杂的问题绞尽脑汁。因此，无知、谨慎和怀疑的态度无处不在就不足为奇了。很多事情在同一时间发生，而许多科学家选择袖手旁观，静待尘埃落定。

这始于 1979 年，感谢桑德拉·法贝尔和约翰·加拉格尔（John Gallagher）在《天文学和天体物理学年度评论》上发表的一篇长达 52 页的有影响力的评论文章。[1]这篇题为《星系的质量与质光比》的论文对所有关于暗物质存在的现有证据进行了有序的总结，包括上一章中提到的阿尔伯特·博斯马的观测。这些作者集中讨论了星系的动力学和质量，第一句话是“星系中有比眼睛看到的（或照片上看到的）更多的东西吗？”法贝尔和加拉格尔写道，他们“特别关注‘质量缺失’问题的现状”，并得出一个直言不讳的结论：“在重新审视了所有的证据之后，我们认为，宇宙中存在不可见质量的证据是非常有力的，而且越来越有力。”

你可能还记得，大约 8 年前，当莫顿·罗伯茨向薇拉·鲁宾展示他的仙女星系射电观测结果时，法贝尔还是一名研究生，对平坦的自转曲线不以为然。在 1972 年搬到加州大学圣克鲁斯分校及其位于汉密尔顿山的利克天文台后，法贝尔继续她在哈佛大学的博士研究，研究椭圆星系（巨大的扁圆形或扁长形的随机移动的恒星集合）的动力学和演化。[2]

椭圆星系缺乏一个明显的、有序的旋转盘。它们的外围没有中性氢气体云。因此，为它们绘制自转曲线要困难得多。作为替代，法布尔研究了它们的速度离散——对椭圆内恒星速度离散的一种测量。尽管在椭圆星系周围存在不可见质量的证据不如旋涡星系那样令人信服，但有几条证据支持椭圆星系也被嵌在巨大的暗物质晕中的观点。

当欧斯垂克访问加州大学圣克鲁斯分校谈论他与皮布尔斯和亚希勒的工作时，法贝尔对暗物质之谜的兴趣变得更加强烈了。最终，她与伊利诺伊大学的天文学家约翰·加拉格尔合作撰写了那篇1979年发表于《天文学和天体物理学年度评论》的论文。加拉格尔曾是欧斯垂克的学生，后来成为亚利桑那州弗拉格斯塔夫洛厄尔天文台台长。这是大家一直在期待的文章：清晰、实事求是、可读性强、权威、完整，并且有坚定的结论。天文学界终于相信，暗物质是真实存在的。正如作者所写："没有人提出过任何有效的替代解释。"不久之后，暗物质在大学教科书中出现了。

5年后，即1984年10月，法贝尔成为发表于《自然》杂志的另一篇开创性论文的共同作者。这一次，主要问题不是"暗物质是真实的吗？"而是"我们在谈论什么样的暗物质？"此外，该论文还讨论了暗物质在宇宙大尺度结构的起源和星系形成中的作用。在不到10年的时间里，这个神秘的东西已经从奇怪的、假想的宇宙成分演变为物质世界的总设计师，没有它，可能就不会有星系、恒星、行星，或者像你和我这样的人。

"什么样的暗物质？"这个问题乍一看可能会让你大吃一惊。我们不是刚刚得出结论，它必须是非重子的吗？毕竟，大爆炸从来没有产生足够多的原子核来解释从动力学论证中得出的当前宇宙的质量密度，对吧？确实如此，但非重子粒子可以有各种各样的特性。首先，它们可以有非常大的质量（对粒子而言），这意味着它们会相对迟缓地移动；或者它们可以非常轻，在这种情况下，它们会以接近光速的速度飞驰。

例如，电子是低质量、快速移动的粒子，由于它们不是由夸克组成的，它们并不正式属于重子家族。显然，暗物质不可能由这些带负电的电子组成：如果暗物质粒子带有电荷，我们早就发现它们了。但是，我们也知道一种没有电荷的非重子粒子：中微子。中微子可以构成暗物质吗？

你将在第 23 章中看到更多关于中微子的内容。现在，你需要知道的是，它们不是原子和分子的一部分，而且大爆炸期间一定产生了大量的中微子。中微子是否能构成暗物质，取决于它们是否有质量，哪怕是很小的一点。如果是这样的话，它们这十足的数量就可以解释从星系动力学中推断出的宇宙的高质量密度。

在深入研究中微子的质量之前，我需要提供一些关于粒子质量的背景知识。物理学家通常以能量单位来表示粒子的质量。毕竟，根据阿尔伯特·爱因斯坦的著名方程式$E = mc^2$，质量（m）和能量（E）可以相互转换。例如，一个电子的质量（9.11×10^{-31} 千克）相当于 511 000 电子伏特（eV）的能量。相比之下，质子的质量要大得多：一个质子的重量是一个电子质量的 1 836 倍，相当于 9.383 亿电子伏特。（顺便说一下，一个电子伏特是单个电子通过一伏特的电势差加速时所获得的动能；它相当于 1.6×10^{-19} 焦耳。）如果这些对你来说太详细了，你只需要记住，一个质子的重量很小（大约是典型细菌质量的万亿分之一），而一个电子的质量要更小——几乎只有质子的 1/2 000。那么，中微子呢？

好吧，中微子在我们毫无觉察的情况下自由地在宇宙中穿梭，根据粒子物理学的标准模型，它们的质量实际上应该为零。但没过多久，我们发现，之前的科学理论又错了。

约 1980 年，理论物理学家雅可夫·泽尔多维奇（Yakov Zeldovich）是大质量中微子作为暗物质候选者的主要拥护者。（大质量是指它们具有非零质量，而不是指它们特别重！）泽尔多维奇曾是第二次世界大战期间苏联核武器计划的关键人物，他也是第一批计算出当前宇宙的大尺度结构——星系、超星系团和虚空——是如何仅通过引力从原始汤中的微小密度波动形成的。他想知道，这个过程会不会是从中微子聚集在一起时开始的？中微子会是暗物质吗？

就在泽尔多维奇所在的莫斯科罗蒙诺索夫国立大学东南 5 000 米处是一所理论和实验物理研究所，他的同事瓦伦丁·柳比莫夫（Valentin Lyubimov）和叶夫根尼·特列亚科夫（Evgeny Tretyakov）自 20 世纪 70 年代中期以来就一直试图测量中微子的质量。1980 年，他们宣布了激动人心的结果：没错儿，中微子有质量，尽管非常小。根据他们的实验，中微子的重量相当于 14~46 电子伏特的能量，大约仅为电子的 1/17 000。

这是一个非常小的质量，但考虑到宇宙中遗留中微子的数量非常多，这刚好是解开暗物质之谜的数量。星系晕中看不见的东西，阻止星系和星系团飞散的神秘物质——它可能就是我们熟悉的朋友——小中微子！

可以理解，泽尔多维奇有多高兴。在 1981 年 4 月于爱沙尼亚塔林举行的会议上，他在讨论新成果的宴会演讲上说："观测者彻夜不眠地努力收集数据；理论学家解释观测结果，他们经常出错，然后纠正错误并再次尝试；但澄清问题的时刻非常稀少。今天就是这样难得的时刻之一，我们有一种了解自然奥秘的神圣感觉。"[3]

可惜，这种神圣的感觉并没有持续多久。苏黎世和新墨西哥州洛斯阿拉莫斯国家实验室的两个竞争团队无法证实柳比莫夫和特列亚科夫的结果。相反，他们得出结论，中微子可能没有质量，而且肯定不会重于 10 电子伏特——其质量翻一倍也不足以充当暗物质粒子。还有一些其他问题。首先，如果聚集的中微子形成了最初的“种子”，那么宇宙大尺度结构的形成将是一个自上而下的过程。最早形成的结构将是超星系团的大小；直到很久以后，它们才会开始分裂成星团大小的高密度团，并最终分裂成单个星系。然而，约 1980 年，天文学家就已经知道，星系在宇宙历史上很早就形成了。

因此，这就是 20 世纪 80 年代初宇宙学家和粒子物理学家面临的问题：天文观测表明宇宙比看起来要重得多。大爆炸理论告诉你，这个“缺失的质量”（“缺失光”也许会是一个更好的标签）不可能由普通的原子核组成。但是，我们所知道的唯一不带电的非重子粒子——中微子——并不符合这个条件。现在该怎么办？

这就要讲到乔尔·普里马克（Joel Primack）了。[4]普里马克曾是哈佛大学的一名粒子物理学家，20 世纪 70 年代末他决定转换课题。他违背了大多数同行的建议，他们警告说转入天体物理学对他的职业生涯来说是危险行为。但是，普里马克喜欢天体粒子物理学这一新兴领域的复杂性，尤其是关于它的困惑。这是一个研究前人没有想到的东西的机会。粒子物理学的标准模型已经全部制定出来，并被粒子对撞机带来的大量发现所证实；现在，是时候为宇宙学做同样的事情了。

普里马克去了加州大学圣克鲁斯分校。他的办公室就在天文学家乔治·布卢门塔尔（George Blumenthal）的楼下，他们与洛克菲勒大学的粒子物理学家海因茨·帕格尔斯（Heinz Pagels）合作进行一个新项目。1982 年 9 月，这三位科学家在《自然》杂志上发表了一篇题为《由比中微子更重的无耗散粒子形成的星系》的简短论文。[5] 其论点非常简单：如果中微子因其低质量和相应的高速度不能聚集成星系大小的团块，那么更大质量的粒子可能可以做到。的确，这些作者表明，如果暗物质由 1 000 电子伏特重的粒子组成（1 000 电子伏特，这仍然只是电子质量的 0.2%），那么最初形成的质量团将差不多与星系大小相当，其典型质量为 10 000 亿个太阳质量。

太好了，所以如果暗物质由质量仅为 1 000 电子伏特的中性非重子粒子组成，那么新生的宇宙就会自动聚集成星系。问题解决了。除了一个重要的细节：我们不知道有任何质量为 1 000 电子伏特的中性非重子粒子。去检查标准模型中的所有粒子——它就是不存在。那么，布卢门塔尔、普里马克和帕格尔斯是否编造了一种粒子来满足他们的需求？

图 9　1984 年桑德拉 · 法贝尔（左）、乔治 · 布卢门塔尔（中）和乔尔 · 普里马克（右）在利克天文台。墙上的照片展示了邻近的旋涡星系 M33

好吧，可以说是，也可以说不是。的确，没有任何观测或实验证据表明存在具有这些特性的粒子。但普里马克和帕格尔斯知道一个标准模型的假设性扩展，在扩展后的模型中，自然界为一系列新粒子提供了空间，包括具有合适属性的所谓的“引力微子”。这一大胆的想法被称为超对称性，在下一章有更详细的描述。事实上，普里马克从20世纪70年代初期超对称理论被提出以来就一直在研究它。（又是轰轰烈烈的20世纪70年代！）

在1982年那篇《自然》论文的摘要中，布卢门塔尔、普里马克和帕格尔斯写道：“在此我们提议，由引力微子主导的宇宙可以通过引力不稳定性而产生星系，同时避免与中微子主导的宇宙相关的几个观测困难。”这是一种礼貌的说法，实际它的意思是：忘掉中微子吧，引力微子可以解决你所有的问题。

同年，吉姆·皮布尔斯在《天文物理期刊通讯》上发表了一篇论文，在这篇论文中，他描述了由一种质量更大的粒子主导的宇宙——超过1 000电子伏特。[6]他的动机是什么？平滑度问题。在整个天空中，宇宙微波背景具有相同的温度，至少在万分之一的精度上是如此。显然，在宇宙大约38万年时，当重子物质从大爆炸的高能辐射中分离时，它的分布一定非常均匀。然而，正如皮布尔斯根据最早的星系分布图（包括第6章中所描述的《百万星系图》）得出的结论，当前的宇宙非常不平滑。

皮布尔斯对平稳性问题的解决方案是，相对重的“移动缓慢的”非重子粒子几乎不（甚至完全不）与光子发生任何相互作用。由于这些假想的粒子不会像重子那样与早期宇宙中浓密与高能的辐射耦合，它们可以在宇宙背景辐射释放之前就开始慢慢聚集在一起。如今，我们意识到，其结果将会是一个三维的暗物质超密度网，质量与矮星系基本相当。一旦重子（原子核）也可以在空间中自由移动，它们就会被这些“暗物质晕”所吸引并开始掉入这些“暗物质晕”中，使得密度变得高到足够开始恒星形成的过程。稍后，所产生的原星系将合并成越来越大的结构，最终形成像我们银河系这样巨大的旋涡星系以及巨大的椭圆星系。

皮布尔斯的计算表明，这种大质量、弱相互作用的粒子能够很好地将宇宙当前的大尺度结构与 138 亿年前大爆炸的余辉联系起来。弱相互作用的粒子可以在星系分布中产生合适的团簇，同时将宇宙背景辐射中的温度波动保持在观测到的极限之下。令人惊讶的是，与布卢门塔尔、普里马克和帕格尔斯不同，皮布尔斯根本没有推测他提出的这种粒子的特征——它们完全是假设的。难怪后来，当他的建议得到越来越认真的对待时，他有时会想：“嘿，大家伙儿，我只是想解决平滑度问题，而这是我能想到的符合观测结果的最简单的模型。是什么让你们觉得这个模型是对的？”

无论如何，皮布尔斯 1982 年的论文被普遍认为是冷暗物质理论的诞生宣言，这里再提醒一句，“冷”是物理中对“缓慢移动”的说法。[7]时机成熟了。10 多年来，科学家一直在努力研究暗物质的概念（不包括 20 世纪 30 年代的早期探索），并且就像古老的印度寓言中的盲人一样，他们一直在研究同一头大象的不同部位。现在，终于有一种理论可以解释这一切，每个人都为之倾倒：射电天文学家、粒子物理学家、银河动力学家、宇宙学家、核物理学家、宇宙制图师、数值模拟程序员、科学作家以及大学教师。

那么，1984 年法贝尔参与合著的那篇《自然》论文又如何呢？那篇论文很可能提高了广大科学界对冷暗物质理论的认识，而且完全不是因为其四位作者之一是著名的英国天体物理学家马丁·里斯

（Martin Rees）。

1983年春天，里斯和普里马克都参加了在法国阿尔卑斯山库尔舍韦勒–莫里昂德滑雪胜地举行的跨学科物理学国际会议。会议日程为喜爱运动的科学家留下了充足的空间，让他们踏上滑雪板，在三个山谷的山坡上滑行。普里马克之前从未尝试过滑雪，但经历了一天的课程以及不停跌倒后，他认为这不适合他。里斯也不会滑雪，所以他们最后在度假村的一家高档的酒吧里讨论起了物理学和宇宙学。很快，冷暗物质论文的想法就诞生了，普里马克请他在圣克鲁斯的同事布卢门塔尔和法贝尔帮助将其变成现实。

这篇题为《冷暗物质形成星系和大尺度结构》的论文没有回避一些相当基本的问题，而且它承诺提供令人满意的答案。[8]“为什么会有星系，”作者们直白地问道，“为什么它们会有我们观测到的大小和形状？”

> 为什么星系会分层次地聚集在星系团和超星系团中，并被几乎完全没有明亮星系的巨大空隙所分隔？我们在星系和星系团的引力作用下间接探测到，但在任何电磁辐射波段下都无法直接看到的不可见的质量，或者说暗物质，其本性是什么？在现代宇宙学的巨大谜团中，这三个谜团可能是最有待解开的谜团。

他们认为，冷暗物质是最有可能的答案。尽管皮布尔斯没有推测这些神秘物质的真实性质，但布卢门塔尔、法贝尔、普里马克和里斯列出了一系列潜在的候选项，包括轴子、光微子、原初黑洞和夸克块。（我将在后面的章节中回到轴子和原初黑洞；其他候选项都是猜测的，你可以马上忘记它们。）作者详细地描述了星系的起源以及它们随后是如何聚合成星系团和超星系团的，他们甚至推测了矮星系和球状星团的形成，后者是由数十万颗恒星组成的球形集合体，它们围绕在主星系的周围。

在论文的结尾，作者们总结道："我们已经证明，一个拥有大约10倍于重子物质的冷暗物质的宇宙与观测到的宇宙非常吻合。"冷暗物质这一设想"似乎是现有的最佳模型，值得认真审查和测试"。

黑暗的、冷的、中性的、看不见的、非重子的、大质量的（指粒子必须至少有重量——毕竟，它们通过引力的影响暴露了自己）。不受电磁力或强核力的影响。可能通过微弱的弱核力相互作用。科学家们终于掌握了暗物质的特性。现在唯一要做的就是找出"罪魁祸首"。

看上去，好像最终的答案就在转角处了。

10.

神奇的WIMP

这是法国的圣吉尼斯–普伊村庄一个安静而阳光明媚的日子。这里靠近瑞士边境，在日内瓦西北仅 10 千米。孩子们在斯塔尔夫人大街上一座华丽的独栋房子前玩耍，这条街以 18 世纪颇具影响力的作家和政治活动家的名字命名。远处是汝拉国家自然保护区的热门滑雪胜地。总之，这是一派祥和的景象。

但在下面，一场核大决战正在进行中。在村庄地下约 60 米处有一条 4 米宽的隧道。它在狮子体育馆的下方，横穿福西尔街，然后一直延伸向城外。穿过圣吉尼斯–普伊村庄，隧道向北弯曲，穿过吉克斯、维尔森尼克斯、费尼–沃尔泰尔和梅林等同样宁静的村庄下面，完成一个周长 27 千米的完整圆圈。两个非常窄的质子束——质子是氢原子的核——正以相反的方向穿过隧道环中心的真空管。这些带电粒子被描述为相对论性质子，因为它们被加速到光速的 99.999 999%，每秒可旋转超过 11 000 圈。这些质子被 1 200 多个巨大的超导磁铁保持在它们的圆形轨道上，被冷却到绝对零度以上 1.9 度——比外太空还冷。就在孩子们玩耍处的西北方向几百米处，是 4 个“战区”之一，在这里，两束质子大军以高达 13 万亿电子伏特

（万亿电子伏特即太电子伏特或TeV）的能量相撞，在之后产生了大量的亚原子碎片。

好吧，我承认：我在2019年6月访问该地区时，欧洲核子研究中心（CERN）的大型强子对撞机（LHC）正在关机进行维护和升级。[1]对我来说这是一件好事，因为我有机会真正进入地下，进入装有巨大粒子探测器的洞穴。而到了本书出版的时候①，被称为Run 3的下一个大型的LHC实验将会如火如荼地进行：相对论性质子将再次正面碰撞，而科学家将热切地研究从碰撞能量中产生的粒子，它们遵从爱因斯坦的标志性方程$E = mc^2$。

大型强子对撞机是有史以来最强大的粒子对撞机，它自2008年开始运行。[2]但是，CERN的历史比它要悠久得多，可以追溯到1952年。大约40年前，在1983年，由意大利物理学家卡洛·鲁比亚（Carlo Rubbia）和荷兰加速器工程师西蒙·范德梅尔（Simon van der Meer）领导的CERN团队使用另一个小得多的粒子加速器，即超级质子同步加速器（Super Proton Synchrotron），发现了W玻色子和Z玻色子。这些是弱核力的大质量“载体粒子”。2012年，科学家在LHC圆轨上的两个最大的探测器ATLAS和CMS的数据中发现了难以捕获的希格斯玻色子——这是一种为其他粒子提供质量的粒子。（ATLAS是一个人造的首字母缩写词，代表A Toroidal LHC ApparatuS，即“一个环形的LHC装置”；而CMS则是Compact Muon Solenoid，即“紧凑型μ子螺旋管”。）在那以后的几年里，CERN实验继续为新型奇异强子——由两三个甚至四五个夸克组成的粒子——提供证据。

---

① 指本书英文版的出版时间，即2022年5月。——编者注

图 10　CERN的大型强子对撞机，它建在瑞士日内瓦附近的一个隧道中，形成一个周长 27 千米的环形

电弱玻色子、希格斯粒子，甚至四夸克态——它们都是成功的粒子物理学标准模型的一部分，就像K介子、π介子、粲Ξ粒子和双底Ω粒子一样。当然，你不会经常遇到它们，毕竟，我们的物质世界仅由质子、中子和电子组成。但这些陌生的个体都是同一个粒子动物园的成员。只是它们中的大多数寿命都非常短暂：在不到 1 秒的时间里，它们就会衰变成更熟悉的粒子。然而，如果有足够的能量可用，就像在快速移动的质子碰撞中那样，那么这些奇异粒子就可以经常产生，并且会在巨大粒子探测器中的质子碰撞点周围留下泄露行踪的痕迹和指纹。

这就引出了一个问题：如果暗物质粒子真的存在，它们是否也能在大型强子对撞机中产生？原则上，答案是肯定的——要么直接从两个对撞质子的能量中产生；要么间接产生，作为某些中间粒子的衰变产物。

遗憾的是，没有人知道暗物质粒子在质子碰撞中产生的频率，更不用说它们的质量有多大了，所以没有人知道该期待什么。此外，暗物质粒子本身不会衰变成其他粒子：如果它们内在是不稳定的，它们就不可能构成宇宙的大部分质量！而且，由于暗物质粒子几乎不与“正常”物质相互作用，所以它们几乎不可能被发现。事实上，唯一的办法是尽可能详细地研究LHC质子对撞的结果，并仔细检查实验记录，包括新产生的中微子的预测数量，这些中微子也是未被发现的。如果能量或动量的数字不一致，那么显然缺少某些东西，而这些东西很可能就是暗物质。

到目前为止，像ATLAS和CMS这样的探测器还没有发现任何令人信服的暗物质的踪迹。但是，粒子物理学家不会轻言放弃，对于暗物质，他们相信有充分的理由继续寻找。这是因为对弱相互作用大质量粒子（WIMP，物理学家们非常喜欢缩写）的探测可能不仅会解开暗物质之谜，还会为超越标准模型的激动人心的物理指明方向。特别是，WIMP的存在可以验证一种流行的理论框架，即“超对称性”。[3]

我在上一章简要地提到了超对称性，你可能会好奇，如果标准模型像我断言的那样完整和成功，为什么物理学家还要扩展它？但超对称性是在 1971 年被首次提出的，当时“标准模型”一词甚至还没有被提出。我们关于基本粒子和自然界基本力的综合性理论在 1983 年才获得普遍接受，当时发现了W玻色子和Z玻色子，事实证明它们完全符合标准模型所预测的特性。虽然科学家已经接受了标准模型的语言，但他们也意识到，他们对物理世界现有的数学描述不可能是最终答案。毕竟，标准模型没有考虑暗物质或者中微子的微小质量——根据该理论，中微子应该是无质量的。而这些只是其中两个最突出的问题。

总之，超对称性（还有一个亲昵的称呼“SUSY”）的想法是在20世纪70年代上半期由4组物理学家（每组两名物理学家）几乎同时且很大程度上独立提出的。[4]他们都好奇同一个令人费解的事实：为什么基本粒子分为费米子（物质粒子，即夸克、电子和中微子）和玻色子（载力粒子）两大类。自然界中是否存在一些总体性的对称性，能够将这两个群体用一个描述联系在一起？在这种情况下，费米子和玻色子将真正成为同一枚超对称硬币的两面。对于每种已知的费米子，都会有一个相应的玻色子，反之亦然。

如果你不是一名粒子物理学家，那么这一切听起来都有点儿刻意。但这就是物理学经常前进的方式：寻找模型，构想出一些潜在的组织原则，并在你的理论基础上预测新的发现。德米特里·门捷列夫就是这样在1869年提出了元素周期表的想法。早在科学家们开始了解原子的复合结构之前，他就已经能够预测尚不为人所知的化学元素的存在。这也是量子色动力学——强核力理论——的由来。美国物理学家默里·盖尔曼（Murray Gell-Mann）和他的博士生乔治·茨威格（George Zweig）在亚原子粒子的性质中发现了一种诱人的数学模式，从而使他们提出了夸克的存在。4年后的1968年，夸克被实验证实。

超对称性的好处在于，它不仅提供了费米子和玻色子之间的自然联系，而且解决了许多粒子物理学中的棘手问题。鉴于这不是一本关于粒子物理学的书，就不用过多提及超对称性了，所以我在此不进行详细介绍。但有一点要提，超对称性为大统一理论铺平了道路。正如谢尔登·格拉肖（Sheldon Glashow）、阿卜杜勒·萨拉姆

（Abdus Salam）和史蒂文·温伯格（Steven Weinberg）在 20 世纪 60 年代所展示的那样，电磁力和弱核力可以用单一理论来描述。但是强核力难倒了他们。或许超对称性可以提供将所有这些力整合到一个统一理论的方法。甚至，超对称性还是弦论的必要组成部分，弦论是一种很有前途的量子引力理论，尽管它具有高度的推测性和假设性。超对称性也自然地解释了为什么希格斯粒子的重量在 1 000 亿~1 500 亿电子伏特。如果没有超对称性，希格斯粒子的质量可能会大得多。

最后，超对称性对实验学家们很有吸引力，因为它预测的新物理应该在碰撞能量远高于当前可产生的极限值 13 万亿电子伏特时发生。这个极限值很重要，因为能量等同于质量，反之亦然：碰撞的能量越大，产生粒子的质量也就越大。随着对更大质量粒子的努力探测，科学家已经将机器的功率提高到了 13 万亿电子伏特。然而目前，研究人员探测到的最重的基本粒子是顶夸克，它是在 1995 年被发现的，其质量“恰好”为 1 730 亿电子伏特。在那个数字和今日的极限值之间的能量上尚没有发现任何东西。如果超对称性是正确的，实验学家就需要不断地将极限值向上推，最终新粒子就会出现。

CERN 是扩大我们实验可达范围的机构之一。它的主要场所靠近日内瓦机场，是一个由办公室、机库、仓库和高科技实验室组成的庞大园区，道路纵横交错，以著名的物理学家命名，比如玛丽·居里路、费曼路和伽利略·伽利雷广场。在这片科学乐土上，来自世界各地的数千名研究人员正在协力工作，希望揭开自然界最基本的秘密。

ATLAS 大楼装饰着一张三层楼高的探测器剖面图。乘电梯下到隧道层时，我被这台仪器的庞大尺寸震惊了：ATLAS 几乎是巴黎圣母院的 1/2，和埃菲尔铁塔一样重。它大得令人难以置信，以至于我几乎没有注意到在探测器内部安装新设备的那些渺小的技术人员。[5]

ATLAS是 2012 年首次发现希格斯玻色子的地方。物理学家希望在这里找到超对称性的证据。这里也是暗物质有朝一日可能被创造和追踪的地方。因为这是超对称性的另一个好处——该理论的提出者在 20 世纪 70 年代从未想过：超对称粒子中的某个很可能就是构成我们宇宙主体的稳定的WIMP。

原因如下。让我们回想一下，根据超对称性理论，每个已知的基本粒子都有一个超对称伴子。所有这些SUSY粒子必须比我们已知的“正常”粒子更重，否则它们早就应该在对撞机实验中产生并被检测到了。此外，与标准模型中的大多数粒子相似，超对称粒子预计是不稳定的，而且会衰变成更轻的粒子，包括标准模型的成员。

但是这里有一个陷阱。在超对称性的许多可行版本中，如果一个超对称粒子发生衰变，那么至少其中一个质量较小的衰变产物也必须是超对称的。出于复杂的原因，如果不是这样，那么我们的好朋友质子就会不稳定，并在一年内分崩离析，甚至可能在几分之一秒内就衰变成其他粒子。幸运的是，对我们来说，质子出奇地稳定，所以我们必须假设，超对称粒子确实不能仅仅衰变成标准模型粒子而没有任何其他东西。

但这意味着最轻的超对称粒子，也被称作LSP，必须是稳定的！根据理论，最轻的超对称粒子是所谓的“超中性子”。顾名思义，它不带电荷，也感受不到强核力。它稳定、中性、规模大且受弱力影响——没错儿，LSP很可能是构成宇宙中暗物质的WIMP。

正如我们在上一章中看到的那样，在 20 世纪 80 年代初期，天文学家和宇宙学家得出结论，他们的“缺失的质量”（当时仍有人这么叫）很可能由移动较为缓慢的粒子组成，那就是冷暗物质。候选粒子之一是假想的轴子，我将在第 23 章中回过头来讨论它。轴子尽管质量极小，但运动速度很慢，因此被认为是冷暗物质的一种可能组成部分。但不久之后，质量大得多的WIMP——尤其是它的超对称版本——成了大家最喜欢的暗物质候选者。谁知道呢，作为标准模型的一个有前途的扩展，超对称性可能会引领我们通往大统一理论，同时解决令人头疼的暗物质之谜。

接着是“WIMP 奇迹”。通常情况下，科学家不相信奇迹，但这个奇迹似乎好得不能再好了，不容忽视。

要理解WIMP奇迹，你需要回顾一下，非常早期的宇宙是一个由高能光子和短寿命粒子组成的沸腾大锅，是能量和质量的翻滚。在大爆炸之后，$E = mc^2$ 无处不在，$m = E/c^2$ 也是如此。换句话说，粒子–反粒子对不断地从纯能量中创造出来，在它们出现后的一瞬间，它们又相互湮灭了，物质又变回辐射，然后又产生新的物质。

但随着新生宇宙冷却，光子的能量变得越来越低。结果，最重的粒子对的自发产生停止了。与此同时，早期宇宙的膨胀正在迅速稀释早期形成的粒子和相应的反粒子，因此它们不再像之前那样频繁地相遇。重粒子及其对应反粒子的相互湮灭仍然可能发生，但初始存量的一小部分在冲击中幸存了下来。

利用大爆炸的方程（基本上是一团膨胀和冷却的气体，所以高中物理知识就足够了），可以比较直接地计算出某类粒子的剩余“遗迹密度”是多少。如果对WIMP（它们可能是自己的反粒子）进行数学计算，你会发现，结果得到的密度几乎与天体物理学家和宇宙学家为他们的冷暗物质推导出来的完全一样。很神奇，对吧？

由于它们通过弱核力相互作用（当然还有引力），WIMP的质量预计为几十万电子伏特，比质子大几百倍。但要让WIMP奇迹奏效，质量的精确值并没有那么重要。如果它们更重，成对产生会在更早的阶段停止，那时年轻宇宙的密度仍然非常高。因此，相互湮灭的效率更高，残留的遗迹粒子也就更少。相反，如果WIMP的质量较轻，成对产生就可以持续更长的时间，而当它最终停止时，宇宙密度更低，有更多的粒子逃脱湮灭。但是最终——较少的大质量粒子或者较多的轻质粒子——总是会让你得到差不多相同的平均质量密度，而且惊人地接近吉姆·皮布尔斯、桑德拉·法贝尔和乔尔·普里马克等人发现的宇宙中暗物质数量的值。

让我们停下来回顾一下。银河系动力学告诉你，宇宙中的物质一定比我们看到的多。大爆炸核合成揭示了这些物质不可能都是重子构成的。此外，非重子物质可以解释宇宙的成团性，而不与宇宙微波背景的平滑性相矛盾。考虑到这一切，物理学家寻找非重子粒子是有意义的，但这些粒子也必须是电中性的，因为如果暗物质由带电粒子组成，它们就会很容易被发现。我们知道的唯一中性的非重子粒子是中微子。但是中微子的质量不够大，不足以成为暗物质粒子，所以我们需要寻找未知种类的物质。然后呢？快速移动的粒子不能在恰当的尺度上聚集在一起，以解释星系的早期形成，所以暗物质必须是冷的。弱相互作用大质量粒子则完全符合要求，如果它们存在的话，则有望产生恰到好处的质量密度。而超对称性预测了一种特定的WIMP的存在：最轻的超对称粒子，也被称为“超中性子”。

在20世纪80年代中期，下一步应该是什么已经很明显了：找到那个该死的东西。粒子物理学家于1975年在斯坦福直线加速器中心（现为SLAC国家加速器实验室）发现了τ子（电子的一个短寿命的重质量表亲），于 1983 年在CERN的超级质子同步加速器发现了W玻色子和Z玻色子。一台更强大的机器肯定会成功发现WIMP，并同时确认超对称性，不是吗？

遗憾的是，事情并没有这样发展。正如皮布尔斯常说的那句话，大自然并不总是仁慈的。

我在CERN遇到的绝大多数物理学家在 20 世纪 80 年代中期还在幼儿园或尚未出生，当时他们的前辈挖了一条 27 千米长的隧道，建造了大型正负电子对撞机（Large Electron-Positron Collider），去寻找神秘的粒子，但是没有发现WIMP的踪迹。随后，更强大的LHC出现了，但研究人员仍然没有中过WIMP大奖，也没有发现SUSY的任何证据。发现希格斯粒子当然很好，了解更多像五夸克态这样的怪异粒子或者可能充满早期宇宙的夸克胶子等离子体是很令人兴奋的。但是，此时此刻，经过几十年的努力，我们不曾遇到标准模型以外的物理学，这让人感到挫败。

在我访问期间，我在CERN理论物理部一间小得惊人的办公室里见到了约翰·埃利斯（John Ellis）。埃利斯自 20 世纪 70 年代以来一直在欧洲实验室工作，从一开始就一直是超对称性的积极支持者。[6]早在 1984 年，他与约翰·哈格林（John Hagelin）、迪米特里·纳诺普洛斯（Dimitri Nanopoulos）、基斯·奥利弗（Keith Olive）和马克·斯雷德尼基（Mark Srednicki）在一篇发表于《核物理B》的论文中率先展示了最轻的超对称粒子如何成为暗物质的候选者。[7]虽然截至写作时还没有任何发现，但埃利斯仍然认为，WIMP比轴子更有希望作为暗物质粒子。那么他对缺乏实验证据有什么看法呢？

“这只说明，我们需要更努力地寻找，”埃利斯回答道，“WIMP可能比我们假设的质量更大。”他补充道，这样做的问题是，如果粒子太重，WIMP奇迹就会落空。“选择是有限的。在质量约为10万亿电子伏特（质子质量的1万倍）时，你就没有回旋余地了。但是，为了探测这个质量范围，我们需要一个比LHC还要大的探测器。我不知道我们什么时候能找到答案。”

埃利斯说的是“什么时候”，而不是“是否”。

从1930年预测中微子，到1956年发现中微子，中间经历了26年的时间。对于希格斯玻色子，等待持续了48年。引力波——时空结构中的微小涟漪——是爱因斯坦在1916年预测的，直到将近一个世纪后的2015年才被发现。诚然，CERN的暗物质搜寻工作比我们预期的要久。但是，缺少证据并不是它不存在的证据。谁知道下一代对撞机会发现什么呢？谁知道大型强子对撞机第三运行阶段“Run 3”会揭示什么呢？

也许这就是暗物质的真正问题所在。我们不知道我们寻找的到底是什么，所以总是有充分的理由继续寻找。想想陆地寻宝吧。如果你知道某个神话之城的确切位置，你就可以直接去那里探索。如果你没有找到那个城，你会得出结论，这只是一个神话，并结束搜寻。但是，如果你在四大洋上航行，寻找一个可能位于地球任何一处的神奇岛屿，你就不应该仅仅因为觉得时间太长就停止探索。据我们所知，这个岛可能就在地平线之外。

WIMP的发现也可能就在视野之外。只有时间会告诉我们答案。时间、智慧，以及毅力。

11.

模拟宇宙

起初，宇宙混沌虚无，黑暗笼罩着深渊。

然后，我见证了暗物质粒子分布中的微小密度变化如何开始演化成三维网状结构。更熟悉但数量较少的氢原子和氦原子紧随其后，它们不由自主地被这些奇怪的、看不见的东西的庞大引力拉入同样的大尺度结构中。

在我周围，我看到了气体沿着蜿蜒的纤维状结构流动，最终到达这些宇宙触须交汇的高密度区域。气体云被引力卷起，并被无处不在的磁场扭曲，变得比它们凝结于其上的不可见的暗物质基底更加湍动。数亿年的时间在短短几秒钟内过去，气体开始聚集在近乎球形的看不见的暗物质晕的核心。缓慢，但确定无疑，宇宙诞生了一个小型星系团。

在远处，在星系团的核心，我看到暗淡的矮星系——暗物质团块的痕迹——是如何碰撞而合并成了一个不断增长的整体。与此同时，就在我的眼前，一个巨大的气体云在其自身的重量下进一步坍缩，开始旋转得越来越快，并在这个过程中慢慢变平。它吞噬了较小的卫星系统，并演变成一个美丽的旋涡星系。

在我的右边，两个旋涡星系相互碰撞，甩开了星系碎片的“潮汐尾巴”。冲击波和密度波制造了一场新的大质量恒星的“婴儿潮”。最终，星系合并稳定下来，形成了一个巨大的椭圆星系，周围环绕着同心气体层。在我的左边，另一个盘星系的进一步增长被其旋臂中的高能超新星爆炸及其核心的强大外流所抑制，在那里，一颗超大质量黑洞正在吞噬掉落的气体并将其中的一些气体吹回太空。

放大眼前这个相对安静的旋涡星系，接下来是 90 亿年的加速的宇宙时间的流逝，我简直迫不及待地看着这一切。在这段时间里，一颗黄色的普通恒星将从一小团气体和尘埃中诞生，就在其中一个旋臂内侧边缘的某个地方。围绕这颗不起眼的恒星运行的将是一颗微小的岩质行星——宇宙海洋中的一粒灰尘。不久之后，从外太空降临的碳氢化合物将把这个贫瘠的地方变成一个肥沃的世界，充满了生命。10 亿年前的碳。

但这些只发生在我的想象中，因为我看到的不是真实宇宙的演化。我已经迷失在名为IllustrisTNG（The Next Generation，下一代）的三维计算机模拟的视频画面中。[1]

IllustrisTNG并没有模拟生命的起源，但它仍然令人印象深刻。140 亿年的宇宙演化、膨胀宇宙中的结构形成、带有暗物质晕的旋涡星系——它包罗一切，而且看起来非常逼真。这很难让人摆脱它只是真实宇宙一个加速版本的印象。就像站在陪审团面前的一名检察官以分钟为单位地精细重现犯罪过程，这场模拟是如此逼真而具有说服力，让人忍不住认为宇宙演化一定是这样发生的。

今天，计算机模拟是天体物理学家的工具箱中不可或缺的一部分。然而，大约 40 年前，情况并非如此。物理学以及天体物理学在很大程度上是分析性的，并且通常通过代数求解复杂的多项式或微

图 11 IllustrisTNG 计算机模拟宇宙大尺度结构增长的静态图像

分方程来取得进展。事实上，霍金曾经说过，用计算机来解决广义相对论中的问题会破坏物理学的美。

因此，20 世纪 80 年代初，当四位年轻而大胆的天文学家开始在电脑上模拟整个宇宙时，他们遭到怀疑也就不足为奇了，但这一尝试最终对暗物质的可能本质产生了深远的影响。如今，马克·戴维斯、乔治·埃夫斯塔修（George Efstathiou）、卡洛斯·弗伦克（Carlos Frenk）和西蒙·怀特（Simon White）被视为大胆的先驱，但是，他们的同行最初是持怀疑态度的。[2]他们对宇宙大尺度结构演化的数值模拟是今天 IllustrisTNG 等项目的基础。

你如何模拟一个宇宙呢？或者更准确地说，你如何模拟宇宙中的结构？这其实没有那么复杂。他们四人专注于非重子暗物质（宇宙的主要物质成分），它不发射或吸收任何光，不加热或冷却，也不对磁场做出反应。唯一产生作用的是引力，所以你可以使用吉姆·皮布尔斯和杰里·欧斯垂克对盘星系的演化和稳定性进行计算机模拟时所采用的方法（见第4章）。这完全取决于测试粒子的初始分布，每个粒子代表一定量的暗物质。计算机代码以递增的时间步长计算测试粒子的相互引力。在这里也是，更多的测试粒子和更短的时间步长会提高结果的可靠性。这种系统被称为N体模拟：一个关于大量物体（在这种情况下，暗物质粒子的数量）如何在相互间引力的影响下相互作用的模型。

当然，你不能对整个宇宙都这样做。你能做的是，设想一个足够大的立方体膨胀空间块，假设它代表整个宇宙。“膨胀”是这里的一个关键词：随着时间步长的累积，立方体空间块会增大一些，测试粒子之间的距离会增加，它们之间的引力将会变弱一些。最终，大尺度结构形成，这是引力和宇宙膨胀之间拉锯战的结果。

测试粒子初始分布的平滑度至关重要。如果分布非常平滑，那么在你这个不断膨胀的空间块中就不会发生什么，所以你需要以微小的密度波动开始。由于宇宙的膨胀，暗物质密度略高于平均水平的区域会随着时间的推移扩散和稀释，但这一过程的发生速度比密度低于平均水平的区域慢得多。最终结果是相对密度的变化趋于增加——随着时间的推移，高密度和低密度区域之间的对比会增强。

最后，模拟还需包含我们正在考虑的暗物质类型。正如我们之前看到的，像中微子这样的热（快速移动的）粒子和像WIMP这样的冷（移动相对缓慢的）粒子在行为上有很大的不同：热粒子只能在非常大的尺度上聚集，而冷粒子会聚集成更小的团块。

由此产生的暗物质分布将决定星系的形成位置，因为宇宙中较少的重子物质（主要是原子核）预计将流向非重子物质密度最高的区域。换句话说：星系预计会在暗物质聚集最强烈的地方形成。

所以最后，许多假设（或者，如果你愿意的话，可以称之为初始条件）进入了你对宇宙的模拟：整体物质密度、暗物质的类型（热或冷）、初始密度波动的光谱、宇宙膨胀率等。但是，一旦你将所有的刻度盘都设置为所需的值，你只需要按下开始按钮，等待着经过数十亿年的演化，看看这种特定的初始条件选择会产生什么样的宇宙。

20 世纪 70 年代末，四人中最年长的马克·戴维斯已经知道应该产生什么样的宇宙了。1977 年，在哈佛大学，戴维斯与约翰·胡克拉、戴维·莱瑟姆和约翰·托里一起开始了天体物理学中心的红移巡天（见第 6 章）。他们的第一张“本地”宇宙中星系分布的原始 3D 图直到 1983 年才公布，但初步结果表明，星系聚集在巨大的星系长城和纤维状结构中，被相对空洞的空间包围。任何可信的宇宙理论或计算机模拟应该至少能够解释或产生这种特定类型的大尺度结构。

当时，大多数天体物理N体模拟仅限于大约 1 000 个测试粒子的范围。[3]在 3D模拟中，这相当于一个只有 10 × 10 × 10 个粒子的立方体，粒子数量远远低于模拟一个宇宙所需的数量。但在 1979 年，戴维斯了解到了可以做得更好的新的计算机代码。他当时正在去爱沙尼亚塔林参加国际宇宙学会议的路上，去那里最简单的方式是从芬兰赫尔辛基乘坐渡轮穿越波罗的海。在船上，他遇到了同去参加会议的乔治·埃夫斯塔修。埃夫斯塔修是一名年轻的英国研究生，是塞浦路斯移民的孩子。戴维斯请囊中羞涩的埃夫斯塔修吃了晚饭，他们成了一辈子的朋友。

埃夫斯塔修曾经接触过正在研究原子晶格熔化过程的凝聚态物理学家。这一领域与宇宙学全然不同（比如，引力在原子尺度上不发挥任何作用），但这些科学家已经开发出了可以处理 32 × 32 × 32 个元素的立方体计算机代码——可处理粒子数高达 32 768！埃夫斯塔修正忙于将这一代码进行转换从而用于宇宙学。或许这将最终实现足够详细的模拟，可以与CfA红移巡天进行比较，那是当时唯一可靠的真实的宇宙 3D图。

戴维斯早些时候在剑桥大学学术休假期间认识了四人小团体中的又一名成员——西蒙·怀特。怀特本来是一名应用数学专业的研究生，在镇中心一座大学教学楼的一个闷热、没有窗户的地下室里学习。但在参观了剑桥大学位于城西的天文学研究所，看过那里阳光充足的房间和栽满水仙花的草丛后，他决定转换领域。两人在加州大学伯克利分校再次相遇，怀特自1980年起成为那里的高级研究员，而戴维斯则于 1981 年获得了该校的一个终身职位。那时，把数学和天文学结合起来的怀特正在开发计算机代码来模拟星系团中的引力相互作用。他会对模拟整个宇宙的尝试感兴趣吗？当然！

与此同时，在英国，埃夫斯塔修与研究生卡洛斯·弗伦克成了朋友。弗伦克是一名德裔墨西哥籍医生和一名音乐家的儿子。弗伦克在剑桥同怀特一起做科研，并于 1981 年获得博士学位，随后，弗伦克去了伯克利，成为戴维斯第一批博士后中的一员，从事CfA红移巡天结果分析。曾在伯克利从事博士后研究但已回到剑桥的埃夫斯塔修，则会定期飞往加利福尼亚州与他的朋友会合，帮助实现模拟宇宙结构增长的宏伟目标。

那时候，功能强大的计算机体积庞大又运行缓慢，而且数量很少。伯克利的机器——一台迪吉多VAX–11/780 型号超级计算机——占据了房间的大部分空间，但它仅靠 16 兆字节（MB）的内存运行。跑一次模拟动辄就要耗费一天以上的时间。相比之下，当前一台现成的苹果笔记本电脑能够在不到 30 秒的时间内完成任务。

利用计算机网络Starlink——英国各地天文研究中心相互连接的

VAX计算机，埃夫斯塔修和弗伦克使用了他们能够接触到的每一台机器。当发现一次最多只能使用Starlink两个小时，之后必须申请更多的计算机时间时，埃夫斯塔修写了一个脚本，巧妙地驳回了这个限制。当然，其他研究人员抱怨他们无法访问网络，但还有什么比模拟宇宙演化更重要呢?

怀特、弗伦克和戴维斯于1983年发表的第一批模拟结果显示，热暗物质（例如中微子）不能再现真实的宇宙。[4]模拟表明，快速移动的粒子会缓慢地在非常大的结构中聚集在一起，其大小与超级星系团相当。这些结构需要在星系形成之前分裂成更小的团块。由于这种自上而下的情况，最小的物质浓度——星系的种子——只能在超星系团大小的结构中找到。在模拟过程中，超星系团之间的空隙仍然是空的。

相反，观测表明星系形成于宇宙历史的很早的时期，早于超星系团的形成。此外，空隙并不是完全空的：它们也包含一些孤立的星系，尽管数量很少。这正是冷暗物质模拟的结果，这很快成了该团队的唯一关注点。由于粒子的速度较低，冷暗物质先聚集成小的暗物质晕，大小与矮星系差不多。一旦第一批小星系（通过吸积重子物质）形成了，它们中的大多数将开始合并成更大的星系，接着这些星系聚集成群、星团，最终形成超星系团——这一过程在宇宙中仍在进行。

美国加州大学伯克利分校的天体物理学家克里斯·麦基（Chris McKee）给他们起了“四人组”的绰号。“四人组”在1983年年底的圣诞假期和1984年在圣巴巴拉举行的为期4个月的宇宙大尺度结构研讨会期间疯狂地工作。1985年5月，他们在《天体物理杂志》上发表了第一批结果和结论。[5]论文的标题说明了一切：《由冷暗物质主导的宇宙中大尺度结构的演化》。“值得注意的是，观察到的星系分布的许多方面都非常如实地反映在CDM的分布中，”作者写道，“这似乎好得令人难以置信，也许它暗示着，我们终于接近了缺失的质量这一问题的正确解决方案。”

10月，他们在《自然》杂志上发表了一篇较短的后续论文，在文章中展示了模拟结果，显示了单个暗物质亚晕的形成和偶尔的合并，结果得到了相当逼真的盘星系（具有平坦的自转曲线）和椭圆星系的分布。[6]冷暗物质真的解决了天文学家们一直在努力解决的所有谜题吗？看起来确实如此。而从来没有观测到冷暗物质粒子的事实似乎突然间成了次要的细节。“这些人都是魔法师。”普林斯顿大学的天体物理学家理查德·戈特评论道，他是这篇《自然》论文的审稿人。

“魔法师”还没有结束。在1987年和1988年，他们又发表了三篇论文——两篇发表在《天体物理杂志》上，一篇发表在《自然》上，他们在这些论文中对早期的工作进行了拓展。[7]总而言之，“四人组”五篇里程碑式的著作——被统称为DEFW论文，即戴维斯、埃夫斯塔修、弗伦克和怀特姓名中的首字母缩写组合——坚定地将非重子冷暗物质作为宇宙主要成分的唯一候选者。CDM似乎能够解释一切。

然而，一个重要的问题仍然存在：宇宙包含多少暗物质？在他们最初的绝大多数模拟中，计算机“魔法师”假设宇宙的总体质量密度等于临界密度，即最终会使宇宙膨胀停止而不会逆转为坍缩的引力物质的数量。由于大爆炸核合成产生的重子物质仅占临界密度的5%，非重子冷暗物质必须构成剩余的95%——这种不平衡的程度大得惊人，远超人们从星系动力学中推断的。

这四位天文学家开始意识到，临界密度的宇宙其实只是一个“美学上令人愉悦的想法”，他们是这么说的。（我们将在第 15 章回过头来讨论这一点。）当然，大自然没有不可抗拒的理由来满足人类的审美需求，那么如果宇宙的总质量密度远低于临界值，并且更符合欧斯垂克、皮布尔斯和亚希勒，戈特、古恩、施拉姆和廷斯利，以及法贝尔和加拉格尔的早期质量估计，那会怎么样呢？

的确，怀特和弗伦克以及胡里奥·纳瓦罗（Julio Navarro）和奥古斯特·埃弗拉德（August Evrard）在 1993 年得出结论，要么我们不了解大爆炸核合成，要么宇宙的密度不可能为临界密度。他们在《自然》那篇论文中的论点非常直截了当。[8] 回到后发星系团（弗里茨·兹威基在 1933 年发表的备受忽视的论文的主题），他们首先从星系团成员星系的速度推导出星系团的总动力学质量，这与兹威基采用的方法相同。接下来，他们确定了重子质量，不仅考虑了可见的星系（恒星和星云），还考虑了X射线望远镜在星系团之间发现的大量极热气体。通过比较这两个质量估计值，作者发现，后发星系团的重子质量占总引力质量的 1/6。对于其他星系团，他们也发现了类似的数值。

但是，如果重子仅占临界密度的 5%——这是大爆炸核合成告诉我们的——而且宇宙确实存在临界密度，那么宇宙中的非重子暗物质就必须是“普通”原子形式的重子物质的 19 倍，而不是 6 倍。况且，考虑到星系团在膨胀的宇宙中应有的形成方式（基于“四人组”开创的那种计算机模拟），它们得到的重子的比例不可能比宇宙平均值高出 3 倍多。换句话说，像后发座这样的星系团的高重子比例一定反映了宇宙的平均值，而在这种情况下，宇宙不可能达到临界密度。

随着 1998 年宇宙加速膨胀的发现——归因于另一种被称为“暗

能量”的神秘宇宙成分，将在第 15 章中讲述——很明显宇宙的总质量密度远低于临界密度：大约为临界密度的 27%。自那时起，有关宇宙结构增长的计算机模拟就使用这个值作为宇宙中引力物质的数量，并将暗能量也考虑在内。由于计算能力的惊人提升，这些模拟当然比“四人组”那时做的模拟要精细得多，而现代模拟与真实宇宙之间的密切对应极大地促进了今天所说的“宇宙学协调模型”被学界普遍接受。

为了让你了解自 20 世纪 80 年代初以来所取得的进展，让我们来看看 2005 年由“室女座联盟”（Virgo Consortium）成员运行的突破性的“千禧模拟”（Millennium Simulation）项目。[9]该项目也被称为“千年运行”，由德国加兴的马克斯·普朗克天体物理研究所的福尔克尔·施普林格尔（Volker Springel）领导，关于“千禧模拟”的第一篇《自然》论文是怀特（施普林格尔的论文导师）、弗伦克、纳瓦罗、埃弗拉德等人共同撰写的。[10]怀特和弗伦克一开始做的模拟仅仅在一个 32 × 32 × 32 的立方体中用了 32 768 个粒子，而“千禧模拟”则追踪了不少于 100 亿（2 160 × 2 160 × 2 160）个暗物质测试粒子间的相互引力。而且，施普林格尔和他的同事们用的不再是只有 16 MB 内存的VAX计算机，而是一台拥有 1 TB（1 TB为 100 万 MB）内存的IBM Regatta超级计算机。每秒进行 2 000 亿次浮点运算，这台怪物机器花了 28 天（共计 34.3 万个处理器小时）完成了模拟，并产生了 27 TB的存储数据，所有这些数据都提供给了科学界。

与最初的“四人组”模拟一样，“千禧模拟”只处理了暗物质的聚集，这相对容易，因为只需要考虑引力。但是重子物质呢？我们熟悉的原子是如何聚集在非重子暗物质的无形骨架上的？真正的星系是如何形成的？这是更加复杂的问题，因为原子核（和电子）不仅受引力控制，还受到辐射、碰撞气体阻力和磁流体动力学过程的控制，而这还只是几个不友好的例子。此外，由于重子物质与光相互作用，它可以通过吸收或发射能量而升温和降温。

最近，天文学家成功地开发出了将所有这些复杂情况都考虑在内的庞大计算机模拟。通过使用各种各样的数学技巧，他们现在能够模拟复杂的问题，比如冷却流、大质量恒星（超新星）爆炸引起的星系风，以及星系核心的超大质量黑洞的能量效应。

2014 年年底和 2015 年年初，两个相互竞争的小组发表了来自这种丰富模拟的结果，同时考虑了非重子和重子物质。这两个模型——揭示计划（Illustris）和EAGLE（星系及其环境的演化和组装），都带你在空间和时间上进行了一次令人难以置信的旅行，从早期宇宙最早的密度扰动一直到不规则的矮星系、雄壮的旋涡星系以及庞大的椭圆星系的形成。[11]在我撰写本书时，最先进的技术是Illustris的新版本，即 2017 年的IllustrisTNG模拟，它可以跟踪数量超过 300 多亿的测试粒子（包括暗物质和气体）在一个立方体空间中的行为，目前该空间的大小扩展到了将近 10 亿光年。

EAGLE模拟的结果于 2015 年在《皇家天文学会月刊》的一篇论文中发表，杜伦大学的共同作者理查德·鲍尔（Richard Bower）说："计算机生成的宇宙就像真实的一样。到处都是星系，它们拥有我用世界上最大的望远镜看到的所有形状、大小和颜色。这太不可思议了。"[12] EAGLE项目负责人、莱顿大学的乔普·沙耶（Joop Schaye）说，目前我们还没有看到尽头——原则上，你可以永远继续下去，更详细地观察恒星的诞生和行星的形成。

没有人期望我们能够很快模拟出生命的起源。然而，在IllustrisTNG模拟中飞过数十亿年和亿万秒，见证暗物质密度的微小变化如何演变成宇宙的大尺度结构，然后放大位于一个稠密星系团外围的一个萌芽中的旋涡星系，会让你对自己在时间和空间中所处的位置有一个独特的视角。事情可能就是这样发生的。大爆炸后将近 140 亿年，在围绕一个光点旋转的一粒沙子上，一个好奇的物种开始思考它的宇宙根源，以及它与广袤宇宙的神奇联系。

如果没有充满宇宙的大量冷暗物质，我们可能就不会在这里了。尽管我们对暗物质的真正本质一无所知，但现在我们完全可以肯定，这种神秘的物质是我们存在的基础。

或者说，我们可以肯定吗？

12.

异教徒

我一直对科学的反叛者感到同情。那些选择逆流而上的人。“大家都说X是对的？那么我相信Y是对的。”他们都是富有创造力的人，不会因为强烈的反对甚至嘲笑而轻易气馁。不，我指的不是那些“宣称金字塔是由外星人建造的”或者“不切实际地研究永动机”的伪科学家。我说的是真正的学者，用独到的思想和扎实的论据质疑甚至攻击盛行的知识的，打破传统的人。

因此，当我在10多岁时读到由荷兰教师兼科普作家特约姆·德弗里斯（Tjomme de Vries）所著的第一本天文学图书时，我就喜欢上了弗雷德·霍伊尔和他的稳恒态模型的故事，该模型对关于宇宙起源的传统认为的大爆炸理论提出了异议。而在20世纪80年代中期，作为一名初出茅庐的科学记者，我被哈尔顿·阿普（Halton Arp）和玛格丽特·伯比奇的理论吸引了，他们认为，星系和类星体可能并不像你从它们的红移推断出来的那样遥远。“如果这些持异见者是对的呢？”

在那之后不久，我就看到了以色列物理学家莫尔德艾·米尔格龙的工作——可能是在1988年由华莱士·塔克和凯伦·塔克出版的

《暗物质》一书中。[1]有人对这一令人烦恼的宇宙之谜有了新的看法。当天文学家开始相信，星系的平坦自转曲线和星系团的动力学只能通过假设宇宙由暗物质主导来解释时，“米尔格龙采取了另一种方法，”塔克夫妇写道，“他试图改变物理学定律。”现在，有了一些持不同理论的人。

仔细想想，米尔格龙的想法很有道理。星系团中星系的速度太高了，盘星系的外部旋转得太快了，星系和星系团都太重了。当然，测量结果本身没有什么问题。但是太高、太快、太重这些限定条件是怎么来的？这些都是基于我们的假设，即我们了解引力是如何工作的。然而，如果引力在宇宙尺度上的表现是不同的，那么一切实际上可能都没有问题。我们根本不需要暗物质来解释我们的观测结果。

如果米尔格龙是对的，这将不是第一次通过调整我们的引力理论来解决一个观测谜题了。这在一个多世纪前就发生了。

19 世纪上半叶，天文学家们注意到天王星偏离了其预测的轨道。显然，有什么东西在拉扯着这个遥远的星球。法国数学家于尔班·勒威耶（Urbain Le Verrier）利用艾萨克·牛顿的万有引力定律来计算罪魁祸首可能藏身的地方，果然，1846 年，科学家在预测的位置附近发现了海王星。[2]

但是，太阳系最内层的行星（即水星），也有点儿不正常。在先前成功的鼓舞下，勒威耶再次尝试同样的数学技巧，并于 1859 年提出水星轨道内侧存在一颗行星，它被称为“祝融星”。但是，祝融星从未被发现，而且我们已知它并不存在（至少不存在于《星际迷航》的宇宙之外）。相反，阿尔伯特·爱因斯坦 1915 年的广义相对论——牛顿引力的改进版——完全解释了水星的异常行为。[3]

我们对引力的理解还有哪些可能是错误的，或者至少是不完整的？例如，我们在高中时学过，两个大质量物体之间的吸引力随着它们之间距离的平方而减小。精细的实验室试验和太阳系内的观测都证实了这个“平方反比定律”。但是，我们怎么能如此肯定它在整个宇宙中都是成立的呢？

在 1937 年关于后发星系团的论文中，弗里茨·兹威基小心翼翼地指出，他关于星团质量的结论是建立在“假设牛顿平方反比定律准确地描述星系间的引力相互作用的基础上”。同样，霍勒斯·巴布科克在他 1939 年关于仙女星系的博士论文中得出结论，在星系的外部一定有大量的暗质量，“或者，也许需要考虑新的动力学”，换句话说，需要新的方法来处理引力。意大利天体物理学家阿里戈·芬齐（Arrigo Finzi）在 1963 年更进了一步，他明确提出，引力在非常大的尺度上可能是以不同的方式作用的。[4]

又过了 20 多年，莫尔德艾·米尔格龙才发表了他的修正牛顿动力学，即所谓的MOND理论。如果这一理论正确，它将破坏暗物质的必要性。截至本文写作时，陪审团仍未得出结论。有些革命进行得极其缓慢，有些革命则根本不会发生。

2019 年 9 月，我在德国波恩一个为期 5 天的研讨会上遇到了米尔格龙。[5]他身材高挑，穿着黑色T恤、黑色长裤和运动鞋，每场讲座都坐在最前排，提出问题并发起热烈的讨论。在两场演讲的间隙中，他花了相当多的时间向我讲述他的故事。

米尔格龙受过粒子物理学家的训练，自 20 世纪 70 年代以来，一直供职于以色列雷霍沃特的魏茨曼科学研究所。1980—1981 年，在访问普林斯顿高等研究院的学术休假期间，他深入研究了新兴的星系动力学领域，并了解到一个奇怪的事实：星系自转曲线似乎总

图 12 2019 年 9 月莫尔德艾 · 米尔格龙（左）在波恩 MOND 研讨会上与日内瓦大学的天体物理学家安德烈 · 梅德尔交谈

是在距离中心很远的地方变得平坦。

暗物质，对吧？每个人都这么说。但是，如果牛顿运动定律有问题，该怎么办？如果假设平坦的自转曲线是由某种非牛顿形式的引力产生的，会怎么样？起初，米尔格龙自己也很怀疑。“如果你当时问我这是否会带来有用的东西，我会说它有一丝渺茫的机会。”他如此说。不过，令人惊讶的是，他在试图弄清这些奇怪的观测结果时，并没有遇到任何理论上的矛盾。可以肯定的是，对牛顿引力的简单修改可以一举解释平坦的自转曲线。

回到以色列的家中后，米尔格龙满怀激情地安排了所有的细节——一位处于痴迷状态的 35 岁的科学家，确信他正在做一件大事。“我几乎没怎么睡。我在床边放了一个笔记本。我的妻子告诉我，大部分时间我已与外界脱节了。”他对一切都保密，以免同事说他疯了，或者更糟——窃取他的想法。“我绝对确定每个人都会接受它，这就是我的信念。”他说。

但是，当米尔格龙私下将他关于修改牛顿动力学的 3 篇论文寄给 5 位著名的理论天体物理学家，其中包括马丁 · 里斯和杰里 · 欧斯垂克时，他们都没有表示过分热情——尽管他们也不认为他完全疯了。并且，《天文学与天体物理学》、《天体物理杂志》和《自然》都拒绝了米尔格龙的第一篇论文。在米尔格龙与编辑们漫长而令人沮丧的斗争之后，《天体物理杂志》才最终接收了他的第二篇和第三篇论文，论文内容是他对星系、星系群和星系团的新想法的影响。在那之后，他说服杂志同意发表他的第一篇论文。

最终，这三篇论文在同一期杂志上连续发表，那是 1983 年 7 月 15 日的《天体物理杂志》。[6]第一篇论文的第一句话就体现了米尔格龙的自信，这种自信从未真正离开过他。“我考虑到这样一种可能性，即事实上在星系和星系系统中并不存在很多隐藏的质量，”他写道，“如果用牛顿动力学的某种修改版本来描述一个引力场（比如说星系）中物体的运动，那我们就可以重现观测到的结果，而不需要假设有明显数量的隐藏质量。”

是的，暗物质并不存在。

为了解释米尔格龙的假设，我不得不回想起自转曲线的概念。在我们的太阳系中，海王星的轨道速度比水星低得多，因为它离太阳远得多，而引力随着距离的平方反比下降——至少，根据牛顿的说法是这样。较低的引力吸引意味着较低的速度。一张轨道速度和距离的关系图展示了这一速度上的减少，这条特征性的连续曲线被称为“开普勒下降”，以约翰内斯 · 开普勒的名字命名，他于 17 世纪初第一次制定了行星运动的数学规律。

一个星系的自转曲线预计会与一个行星系统的自转曲线有些不

同。要想知道原因，请将我们的太阳系与星系进行比较。太阳系的几乎所有质量都集中在太阳，而星系的质量则分布在一个更大的体积上。事实证明，星系中一颗恒星（或任何其他天体）的轨道速度不仅由星系中心的质量决定，还由距离中心更近的质量总量决定。不过，在更远的距离上，在星系黑暗的外围，你会期待有一个接近开普勒式的下降：恒星（或氢气云）离星系中心越远，它的轨道速度就越慢。

相反，正如射电观测所揭示的（见第8章），轨道速度在星系的可见圆盘之外保持恒定。换句话说，自转曲线达到一定的终极速度后保持平坦，表明存在大量不可见的引力物质。这并不意味着星系像马车车轮这样的固体物体一样旋转：遥远的轨道的圆周更大，所以尽管靠近星系中心的恒星以相同的速度运动，但更遥远的恒星需要更长的时间才能完成一个转动周期。

然而，平坦的自转曲线引出了一个关键问题，牵涉到暗物质理论：为什么暗物质会以产生平坦自转曲线的方式精确分布，而不是其他一些比开普勒下降速度更慢的形式？米尔格龙的回答很简单。如果引力随着距离反比而非距离平方的反比而下降，你将自动以平坦的自转曲线结束。不需要暗物质，也无须弄清楚为什么它以产生平坦自转曲线的方式分布。问题解决了。

但是等等，在我们的太阳系中，引力显然不是这样的。那么是什么令星系与行星系统区分开来了呢？引力在星系中的表现为什么与在我们眼前太阳系的表现不同？根据MOND理论，这一切都与引力场的强度有关。如果引力场强低于一定限度，引力就会改变，牛顿的平方反比定律也就不再成立。在地球表面，我们的引力场是被方便地定义为1克（相当于9.81 m/s^2的重力加速度）。而在月球表面，场强仅为 0.16 克。同时，月球由于地球的引力保持在其轨道上，在月球位置上，地球的引力仅为 1/3 600 克（这是因为月球到地球中心的距离是地球表面到地球中心的 60 倍）。同样，可以很容易地证明遥远的矮行星冥王星所受到的太阳的引力场仅为 0.000 000 67 克。

对于MOND理论来说，这些都是巨大的数字。但是在星系外部区域和星系间空间，情况有所不同，那里的场强要低得多。米尔格龙的“引力点”（引力逐渐开始表现不同的地方）位于场强约 $1/10^{11}$ 克的地方（准确地说，对应于 1.2×10^{-10} m/s^2 的重力加速度）。如果地球的引力是那么弱的话，那么一个苹果从一米高的地方掉下来需要两天。

这听起来可能有点儿投机取巧，事实也确实如此。然而，几个世纪以来，科学家总是试图找到简单的数学规则和规律来尽可能地描述他们的观测和测量。而MOND成功地描述了观测到的星系的自转特性。“我不知道任何能让它有效的物理学上的原因，”米尔格龙说，“但它奏效了。”

事实上，它的效果比预期的要好。早在第二篇《天体物理杂志》论文中，米尔格龙就已经对星系的光度与其“终极速度”（外部区域的旋转速度）之间的关系做出了可检验的预测。假设一个星系的能量输出代表它的总质量（根据MOND理论，只是气体和恒星），就可以很容易地证明光度应该与终极速度的四次方成正比。换句话说：如果星系A的亮度是星系B的 16 倍，那么它的自转曲线最终会达到星系B的两倍。

1977 年，天文学家布伦特·塔利（Brent Tully）和理查德·费舍尔（Richard Fisher）已经发现了旋涡星系的光度和旋转特性之间的简单数学关系。从暗物质的角度来看，塔利–费舍尔关系有些令人惊讶，因为星系的能量输出显然是由恒星主导的，而它的动力学应该主要由暗物质的量控制。为什么这两者总是在密谋产生相同的关系？

MOND理论提供了一个简洁的解释，虽然塔利–费舍尔关系在20世纪80年代初期没有得到精确校准，但随后的观测表明它确实符合米尔格龙的四次方预测。同样，MOND自然地再现了椭圆星系的类似关系（被称为法贝尔–杰克逊关系）。

但是，MOND并非万能药。即使我们接受米尔格龙的修正引力，星系团中的星系的移动速度也算得上太快了。我们仍然需要可观的额外物质，尽管不是暗物质理论学家所提出的巨大数量。而根据MOND理论，这些物质当然都是我们熟悉的物质。最初，一些MOND科学家认为中微子可能符合要求，但其他形式的物质也可以。X射线天文学家已经发现星系团中充满了稀薄的热气体，而且这种星系团间的气体的质量远大于星系团中所有星系的总质量。谁知道呢，可能还有相当数量的暗而冷的气体，在任何波段都是看不见的。

关于MOND理论的一个更严重的反对意见是，它不是一个相对论理论，至少在其最初的化身中不是。MOND是牛顿动力学的延伸，而不是广义相对论的延伸。换句话说，它对爱因斯坦的广义相对论中描述优美的宇宙膨胀、引力透镜（光在引力场中的弯曲，是下一章的主题）、黑洞以及其他现象，完全没有提及。

直到2004年，米尔格龙的以色列朋友兼同事、耶路撒冷希伯来大学的雅各布·贝肯斯坦（Jacob Bekenstein）才编写了相对论版本的MOND，叫作“TeVeS”（张量–矢量–标量的缩写）。[7]不过，在其最初的公式表述中，TeVeS复杂得令人抓狂，它缺乏广义相对论的自然美。而且，因为与最近的引力波观测不一致，TeVeS失去了科学家的宠爱。[8]那么我们应该以何等的严肃程度对待MOND呢？对戴维·斯佩格尔（David Spergel）和迈克尔·特纳（Michael Turner）这些顶级的理论天体物理学家和粒子物理学家来说，回答是根本不可能，几十年来，他们一直在抨击这个想法。乔尔·普里马克曾经说过："如果其他宇宙学家想把时间浪费在MOND上，那很好，这意味着我的竞争对手减少了。"而杰里·欧斯垂克说过："MOND理论是错的，除了星系的自转曲线，但这只是一个证据而已。我向来懒得写一篇论文来解释为什么MOND不可能是正确的。那就像要解释为什么人类不能飞行一样。"

2019年波恩研讨会的约80名参会者显然有着不同的看法。这个名为"星系的功能：牛顿和米尔格龙动力学的挑战"的研讨会的主要参与者是MOND的拥护者——一群来自世界各地的、以男性为主的科学家，他们坚信暗物质不会是最终的答案。甚至，其中一位捷克科学院物理研究所的康斯坦丁诺斯·斯科迪斯（Constantinos Skordis）提出了一种新的MOND相对论理论。[9]

在反对暗物质独断主义的堪称异端的英勇斗争中，米尔格龙从来不是孤身一人。几乎从一开始，他就得到了他人的大力支持，包括早期改变观念的格罗宁根大学的罗伯特·桑德斯（Robert Sanders）和克利夫兰凯斯西储大学的斯泰西·麦高（Stacy McGaugh）。"而且情况越来越好。"米尔格龙说。没错儿，老一代的天文学家的信仰和信念已经变得非常根深蒂固。麦高告诉我："当我问人们我能提供什么证据来说服他们相信MOND时，他们经常说'什么都不行'。"但是，波恩研讨会吸引了很多年轻人，其中许多人在1983年MOND被首次提出时还没有出生。这些研究人员对这个非传统的想法的态度更加开放。毕竟，鉴于粒子物理学实验至今未能探测到暗物质，无论如何科学家都不得不考虑替代理论。突然之间，修改牛顿动力学听起来不再那么疯狂了。

麦高已经成为MOND最有力的支持者之一。[10] 2020年，他为开放性期刊《星系》(*Galaxies*)撰写了一篇综述文章，列举了MOND对旋转星系动力学的预测随后被观测证实的大量案例。[11]在大多数情况下，暗物质迄今未能做出类似的成功预测。正如麦高总结的那样，“MOND在观测之前就做出了所有这些正确的预测，因为这其中有道理”。

迄今为止，MOND理论最令人印象深刻的成就是它对盘星系自转曲线的详细预测，它纯粹是基于观察到的重子物质（恒星和气体）的分布。这太不可思议了。你只需要向这些人给定任何星系——无论大的还是小的，致密的或是弥漫的，极其规则的或是高度混乱的，然后使用所谓的“径向加速度关系”，他们就可以为你计算出该星系的自转曲线。对于数百个单独的星系，这些预测结果与观测到的自转曲线精确吻合。

从米尔格龙理论的观点来看，自转曲线与恒星和气体分布在数学上的精确关系是世界上最自然的事情。毕竟，根据MOND理论，星系动力学只受重子物质的支配。但是对于暗物质理论学家来说，这种关系不亚于一个奇迹。当然，对于每个单独的情况，你可以假设产生观测自转曲线的一种特定的暗物质分布，但为什么这些自转曲线应该与重子物质的分布如此精确相关，这完全是一个谜。“如果我想预测星系中的速度，我会用MOND，”麦高说，“这是唯一有效的方法。MOND完全起作用这一事实对暗物质来说是一个问题。为什么这个愚蠢的理论能做出正确的预测？”

在我们回到波恩大学阿格兰德天文学研究所的大礼堂参加下一

场讲座之前，米尔格龙还有一件重要的事情要说。"暗物质永远不会被证伪，"他说，"如果人们没有找到它，他们就总是可以声称是他们找得不够仔细，只要你有足够的自由参数，你总是可以假设暗物质的分布恰如你需要解释观测结果的方式那样。相比之下，MOND很容易被证明是错误的——例如，如果我们对某个星系的自转曲线的解释所预测的重子物质比实际观测到的少。但这从未发生过。"

或者至少，在其他天文学家认为MOND已经被排除的少数情况（我们将在后面的章节中再讨论这些情况）下，米尔格龙和他的异端伙伴们总是能够想出一个拯救修改引力的解释。此外，宇宙学协调模型也有其问题（见第22章），但没有人说这是足以完全抛弃该理论的理由。"归根结底，这始终是哪个理论最合理的问题。"米尔格龙说。

2007年，当我为《天空与望远镜》杂志采访他时，MOND的奠基人预计这个问题会在20年左右的时间内得到解决。[12]当时，米尔格龙已经61岁了，采访中他提到希望有生之年可以看到答案。我也希望如此，这不仅仅是为了他，但我不确定是否可以看到。即使暗物质不存在，它也对大多数天体物理学家和宇宙学家的思想有着强大的影响力。正如罗伯特·桑德斯在他的《暗物质问题》一书中所写，科学本质上是一种社会活动，如果整个共同体都被误导了，那传统思想就很难改变。[13]

有人会说MOND是一个愚蠢的、人造的想法，就像以太或平坦的地球一样。但它也可能是一个伟大的新概念，比如日心说或大陆漂移说。此时此刻，我们都处于黑暗之中。

13.

透镜背面

不到 20 年前，通往世界上观测力最强的天文台的道路仍然是一条 80 千米长的布满岩石和砾石的坑坑洼洼的道路，从智利 5 号公路向西南偏南延伸，穿过一片诡异的、类似火星的景观。我们的汽车缓缓前行，车上的乘客都摇摇晃晃——其中有天文学家、政府官员以及记者。

那是 1999 年 3 月 5 日，我们正在参加欧洲南方天文台甚大望远镜（VLT）的落成典礼，这是一个由四台相同的仪器组成的装置，位于智利极度干燥的阿塔卡马沙漠中海拔 2 635 米的帕拉纳尔山的顶峰。这四台望远镜的每一台都被一个 30 米高的圆柱形外壳包裹着，它们可以单独运行，也可以通过干涉测量法（从射电天文学继承的技术）联合观测从而得到更清晰的宇宙图。

在落成典礼（由当时的智利总统唐·爱德华多·弗雷·鲁伊斯–塔格莱主持，他乘坐直升机抵达）上，天文学家和工程师们已经用 1 号镜（UT1）进行了测试观测。此时，它首次真正的科学运行即将开始。与此同时，2 号镜（UT2）刚刚看到第一道光，3 号镜（UT3）也即将完工，而 4 号镜（UT4）的外墙仍在建设中。

这是一个有趣的聚会，有美味的食物和美酒，但由于他们的科学收获，前几天甚至更加美好。在帕拉纳尔以北约 140 千米处，在繁华的港口城市安托法加斯塔的北方天主教大学，数十名研究人员聚集在一起参加为期四天的“VLT时代及以后的科学”研讨会。在这里，天文学家讨论了新设施丰富的视野和大有可为的前景，并展示了UTI调试阶段的第一批结果，这激起了天体物理学家和宇宙学家的兴趣。

其中一个报告是西班牙天文学家罗瑟·佩罗（Roser Pelló）带来的，题为“用透镜星系团探测遥远星系”。佩罗描述了对南部天区一个极其遥远的星系的光谱观测。正如她所解释的那样，对大约 115 亿光年远的天体进行红移测量是可能的，前提是这个星系的暗淡图像被前景中叫作 1E 0657−558 的大质量星系团的引力所扭曲和增强——这一现象被称为“引力透镜”。

我不知道，20 年后，由于其引力透镜特性，这个星系团会作为神秘暗物质存在的有力证据被写进几乎每一本天文学教科书中。事实上，1E 0657−558，也就是众所周知的“子弹星系团”，通常被描述为MOND棺材上的钉子——尽管不是每个人都这么认为，正如你在阅读了前一章后所预料到的。

作为时空曲率的结果，引力透镜的概念由来已久。阿尔伯特·爱因斯坦在 1912 年首次想到引力能够使光路弯曲，这比他写出广义相对论早了 3 年。他的预测在 1919 年 5 月 29 日的日全食期间得到了著名的证实，当时英国天文学家亚瑟·爱丁顿发现，靠近太阳日食盘的恒星略微偏离了它们的预期位置，就像通过放大镜看到的一样。

很久以后，爱因斯坦从一个意想不到的来源获得了一个提示：一个名叫鲁迪·曼德尔（Rudi Mandl）的捷克移民和前工程师，他靠在华盛顿特区的一家餐馆洗碗谋生。在访问普林斯顿期间，曼德尔请爱因斯坦计算一下，如果两颗恒星和地球完美地排列在一条线上，引力光线弯曲的结果将会是什么样的。当然，从较远的恒星A直接射向地球的光不会到达我们这里，它会到达前景星B的背面。但是，据曼德尔推断，从A发出的光以稍微不同的方向传播时，可能会经过B的附近，被B的引力偏折，最终到达地球。

出于好奇，爱因斯坦做了一些计算，并在1936年将结果发表在《科学》杂志的一篇简短的笔记中。[1]爱因斯坦写道："根据光线偏折效应，恰好位于中心线AB延长线上的观测者将会看到一个围绕B中心的发光圆环，而不是一个点状的恒星A。"换句话说：背景恒星将表现为一个环绕前景星的微小光环。

可惜的是，爱因斯坦的计算还表明，实际上，这种"最稀奇的效应"永远不会被看到：光环的表观直径太小了。但是，就在一年后，弗里茨·兹威基认为，观测恒星以外的天体时，这种现象可能是可以看到的。尤其是星系（他继续称之为"星云"）提供了观测引力光线弯曲的良好机会，这一效应的强度和几何形状则取决于前景天体的质量。

在写给《物理评论》编辑的一封信中，兹威基描述了他的想法，并创造了"引力透镜"这一术语。[2]他还意识到了引力透镜对暗物质研究的潜力。别忘了第3章中所描述的他关于后发星系团的工作，那表明星系的质量可能比基于可见成分猜测的要大得多。根据兹威基的说法，"对'星云'周围光线偏折的观测可能会提供最直接的'星云'质量测定，并消除……差异"。

数学计算表明，一个完美的光环（即"爱因斯坦环"）只有在背景发光天体和前景透镜天体是精确对齐的点光源的条件下才会出现。在其他情况下（例如，星系等扩展物体不完美对齐时），你最终可能会得到一个天体的多个图像，或者弧形状的圆环片段。然而，几十年来，这一切都只是理论预言。直到 1979 年，也就是兹威基去世 5 年后，英国射电天文学家丹尼斯·沃尔什（Dennis Walsh）和他的同事才偶然发现了第一个引力透镜：看上去是大熊座中的双类星体。[3]

类星体（类星射电源）是遥远星系的明亮核心。它们遍布天空，但两个非常相似的源在如此近的距离上是很难找的。这对双胞胎距离地球数十亿光年，但视距离却小于 6 角秒，就像 300 千米外汽车的一对前灯。由于这种情况不太可能，沃尔什和他的同事不敢确定他们实际上观测到的是两个单独的类星体。在发表于《自然》杂志上的发现论文中，他们也没有对观测对象妄下结论。

后来的观测证实了他们的直觉：实际上，这两个类星体是同一个天体，其实是由于位于类星体和地球之间一个暗淡星系的引力透镜效应而变成两个像。自那以后，用大型望远镜拍摄的长时间曝光的照片揭示了这个非常暗淡的星系。

在发现第一个引力透镜后的几年里，天文学家发现了更多的引力透镜，包括爱因斯坦十字（单一背景源的 4 个图像）、拉长的光弧（遥远星系的极度扭曲图像），乃至完整的爱因斯坦环。今天，天文学家会定期观测这样的强引力透镜，特别是用灵敏的哈勃空间望远镜观测。这些强引力透镜中的大多数是在丰富的星系团中发现的，其中星系团的结合质量完成了大部分的光线弯曲，而单个星系则对所产生图像的特有细节负责。

但图像倍增、光弧和光环只是冰山一角。除了强引力透镜之外，还有弱引力透镜，它对背景星系的像产生的扭曲较小。这可能是各种干预引力物质的结果，例如，由于存在布满整个星系际空间的稀薄气体，因此时空永远不会完全“平坦”。天文学家詹姆斯·古恩早在 1967 年就已经意识到，其结果是每个遥远星系的图像都出现了一定程度的扭曲。[4]

通过弱引力透镜，科学家可以估算出特定空间区域的引力质量，包括暗物质。那是因为前景质量稍微放大和拉伸了遥远的背景星系的模糊的像，而扭曲的程度可以告诉你引力透镜的质量是多少。不过，这并不像听上去那么简单。即使没有引力透镜，星系也有细长的形状，这是因为它们通常是扁平的，而且我们并不总是看到它们的正面。因此，仅凭一个星系，不可能分辨出所观测到的伸长有多少是由弱引力透镜造成的。作为替代，天文学家研究了尽可能多的背景星系的图像，寻找与预期的星系伸长随机分布的微小偏差。

因此，一般的想法是这样的：观测数百（数千甚至数百万）个昏暗的背景星系。检查是否有偏离随机方向的情况。利用这些偏离来绘制造成微小扭曲的弱引力透镜效应的强度。然后推导出前景相应的质量分布。瞧，你刚刚得到了宇宙一部分的质量图。由于宇宙的大部分引力质量是暗物质，你所制的图基本上绘制了沿着视线方向的暗物质——这是AT&T贝尔实验室的安东尼·泰森和他的同事在 1984 年首次实现（尽管精确度相当低）的壮举。[5]

2000 年 10 月，哈佛–史密森尼天体物理中心的马克西姆·马克维奇（Maxim Markevitch）在使用新发射的钱德拉X射线天文台观测位于南天船底座的遥远的子弹星系团时，并没有过多地考虑暗物质及其质量分布图。但最终，与弱引力透镜研究相结合时，这项研究将促生新的暗物质知识。

星系团 1E 0657–558，即子弹星系团，是一个明亮的X射线源，这说明它一定含有大量的极热气体。此外，早期的观测显示，它由两个独立的子星系团组成，可能正在合并。这个理由足以让NASA

的新旗舰X射线卫星对其进行详细的跟踪。的确，2002年发表的钱德拉X射线图像超出了所有的预期。它清楚地展示出，炽热的X射线发射气体并不像星系团通常的情况那样包围着最大的星系聚集区。相反，这些气体集中在两个子星系团之间。此外，该图像展示了马克维奇和他的同事所说的“弓形激波的一个教科书般的例子”。[6]弓形激波在一团子弹状的气体云前面传播——这一特征正是这个双星系团那广为人知的昵称的灵感来源。

解释很简单。这两个较小的星系团肯定几乎是正面相撞，彼此的速度超过每秒4 000千米。两个星系团中的单个星系并没有受到碰撞的太大影响：星系团因引力而减速，但组成它们的星系通常相隔数百万光年，很容易擦肩而过，就像两个稀疏的蜂群朝着不同的方向移动。然而，每个星系团中星系之间的空间充满了大量炽热、稀薄的星系团内气体，这两个气体云一定发生了碰撞，子弹状的弓形激波就是证据。由于产生的冲击压，气体被冲出两个星系团并聚集在它们之间的区域。

截至目前，一切都很好。但是，应该也存在于两个碰撞星系团中的看不见的暗物质呢？这两个星系团中的暗物质是否也像重子气体粒子一样发生碰撞、相互作用呢？如果是这样，你会期望暗物质被卷走并转移到两个星系团之间的区域。但如果暗物质粒子是“无碰撞的”呢？如果它们没有注意到彼此，就像两个星系团中的单个星系或者嗡嗡作响的蜜蜂一样擦肩而过呢？大多数理论学者预计，暗物质会继续伴随着星系的聚集存在，即使两团星系间气体云各奔东西。

马克维奇和他的同事意识到，子弹星系团提供了一个研究暗物质性质的理想实验平台。“子弹星系团的两个子星系团的质心与其气体之间存在明显的偏移，”他们写道，“如果测量子星系团暗物质密度峰值的位置（例如，通过弱引力透镜……），就可以确定暗物质是否像星系一样是无碰撞的，或者它是否像气体一样经历了类似的冲击压。”

遗憾的是，马克维奇对弱引力透镜并没有太多了解。对许多天文学家来说，这种技术似乎仍然有点儿像魔术。但是在2002年在中国台湾举行的一次关于星系团的会议上，他碰到了波恩大学博士后研究员道格拉斯·科洛（Douglas Clowe）。[7]科洛是当时世界上仅有的10多位弱引力透镜专家之一。他是否有兴趣弄清楚子弹星系团的质量分布呢？当然，科洛抓住了这个机会。

要进行令人信服的弱引力透镜分析，你需要研究至少数百个昏暗的背景星系的精确形状。这只有使用利用大型光学望远镜获得的高分辨率照片才能实现。科洛认为，在一台8米级望远镜上申请观测时间既困难又很耗时，所以他决定在天文存档中搜索这个星系团已有的图像。就这样，他发现了在欧洲甚大望远镜1号镜调试阶段拍摄的星系团照片。这正是1999年3月我在安托法加斯塔举行的VLT开幕研讨会上，在罗瑟·佩罗的演讲中看到的那张。

科洛对弱引力透镜的细致分析没有给暗物质的性质留下什么疑问。1E 0657–558的质量分布图清楚地显示了两个突出的峰，与两个星系团相吻合。显然，大部分的引力质量（也就是暗物质）仍然聚集在星系团周围，表明这些神秘的东西确实是无碰撞的。很好，暗物质的行为似乎与大多数理论学家对WIMP等非重子粒子的预期一样。

但研究还没有结束。约2001年，科洛参加了斯泰西·麦高关于MOND的讲座。在进行弱引力透镜分析的时候，科洛就意识到，子弹星系团可能是反驳MOND理论的关键。如果宇宙中根本不存在神秘的暗物质，就像MOND理论断言的那样，那么星系和星系团内的气体就是全部。而由于热的X射线发射气体的总质量大大超过了可见星系的总质量，你会期望弱引力透镜的质量峰值与气体吻合，而不是与星系吻合。

在2004年4月发表于《天体物理杂志》的一篇论文中，科洛、马克维奇和佛罗里达大学的安东尼·冈萨雷斯（Anthony Gonzalez）大胆地认为，子弹星系团的质量重现为暗物质的存在提供了直接证据。[8]即使MOND是真的，也仍然需要大量的非重子暗物质来解释这些观测结果。作者们总结道："虽然这些观测结果不能推翻MOND，但它们消除了其避免暗物质概念的主要动机。"

2006年发表的一项更彻底的分析得出了大致一样的结果。[9]这一次，科洛和他的同事使用了2004年在智利拉斯坎帕纳斯天文台的6.5米麦哲伦望远镜，以及哈勃空间望远镜上的高级巡天相机进行的新的星系团观测。由于新数据的质量要好得多，现在结果的统计显著性达到了以前的3倍。

与2004年发表的原始论文相比，哈勃望远镜的观测结果及其影响引起了更多关注。2006年8月，NASA的一份新闻稿援引了科洛的话："这些结果是证明暗物质的存在的直接证据。"[10]在没有提到MOND的情况下，这份新闻稿声称弱引力透镜的结果"使科学家更加确信，在地球和太阳系中熟悉的牛顿引力也适用于巨大尺度星系团"。许多报纸和科普杂志上都刊登了由钱德拉望远镜和哈勃望远镜生成的彩色组合图像，并讲述了关于这一引人注目结果的欢快故事。几十年来，我们一直假设宇宙是由暗物质支配的；现在，我们有了无可辩驳的证据。

是这样吗？子弹星系团的引力透镜结果是否扼杀了MOND理论？根据修正引力的信徒们的说法，根本没有。没错儿，MOND理

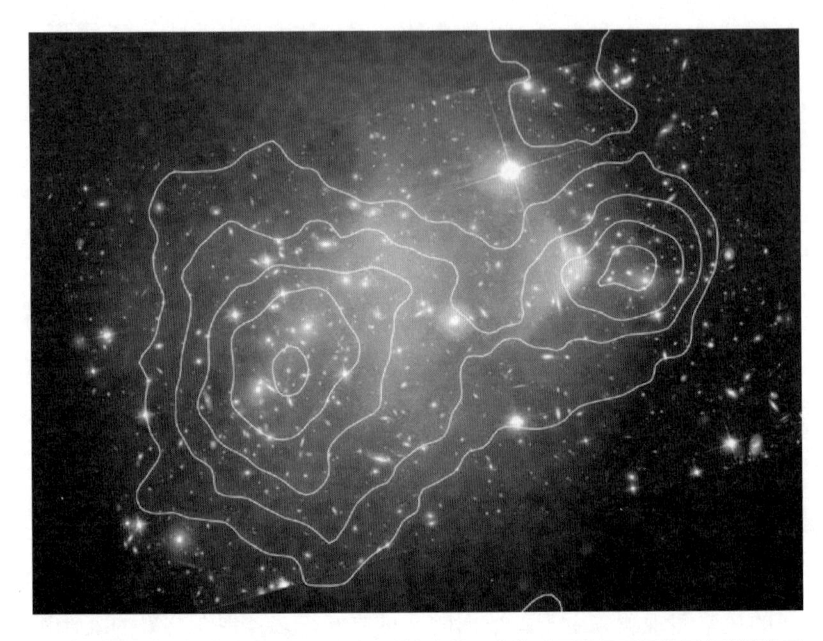

图 13　热的星系际X射线发射气体（漫射光）堆积在构成子弹星系团的两个碰撞的子星系团之间的空间中，而暗物质（等高线，来自弱引力透镜测量值）仍然聚集在星系团的周围

论也需要某种不可见的引力物质，但它可能是以中微子的形式，或者冷的致密物体，它们像碰撞星系团中的星系一样，没有碰撞。此外，苏格兰圣安德鲁斯大学的赵红生博士在2019年的波恩研讨会上告诉参会者，一些类MOND理论为子弹星系团观测到的质量分布提供了相当自然的解释。

格罗宁根大学的天体物理学家罗伯特·桑德斯将子弹星系团证明了暗物质这一炒作很大部分归因于他所说的NASA的强大公关机制。桑德斯在他2010年出版的《暗物质问题》一书中写道："我们应该记住，一个隐含的基本假设是广义相对论是符合这些尺度上的引力理论……；与自转曲线一样，所推断出的暗物质的存在并不独立于假定的引力定律。”换句话说，暗物质仍然是一个梦想中的理论概念，是为了让另一个理论——我们关于引力运作的想法——能够有意义地存在。基于引力透镜分析的发现与暗物质的存在是一致的，但它们并不能确定这些东西必须是真实存在的。桑德斯总结说：“非重子暗物质存在的证明只能通过对它的直接探测来实现。”[11]

这并不是说引力透镜在暗物质的研究中不重要。恰恰相反，在2010年《物理学进展报告》(*Reports on Progress in Physics*)的一篇综述文章中，英国天文学家理查德·梅西(Richard Massey)、托马斯·基钦(Thomas Kitching)以及约翰·理查德(Johan Richard)将引力透镜描述为“研究暗物质最有效的技术”。[12]例如，对强引力透镜的观测(多个像和光弧)可以与对前景星系团内质量分布的详细预测进行比较。这样的检查可以用来区分不同的理论模型——这一点已经在“哈勃前沿领域计划”中在6个大质量星系团上成功完成了。[13]

接着，还有星系–星系弱引力透镜，其中背景天体形状的微小扭曲不是由整个星系团的引力造成的(就像子弹星系团的情况一样)，而是由单个大质量前景星系的光路弯曲造成的。这种类型的透镜可以告诉天文学家关于他们所认为的围绕可见星系的暗物质晕的信息。截至目前，观测结果似乎支持这些暗物质晕的存在。

另一种形式的弱引力透镜是“宇宙剪切”，它使天文学家能够绘制出整个可观宇宙中暗物质的分布图。正如詹姆斯·古恩在1967年预测的那样，当背景光穿过空间中不均匀分布的物质时，就会产生宇宙剪切。这些宇宙的大尺度结构——星系团、超星系团、星系长城，以及广阔的、大部分是空的空间——轻微影响着穿过太空深处的每条光线的轨迹。这就像不平坦的地板会导致玻璃珠沿着弯曲的路径滚动，而不是直线滚动。当遥远星系的光到达我们的望远镜时，即使它前面没有星系或星系团，它的形状也会稍微扭曲。这种扭曲提供了有关可见物质和暗物质沿光线路径分布的信息。

为了观测宇宙剪切，你需要从统计学角度分析广阔天空中数百万个遥远星系的形状。这件事在一种叫作电荷耦合器件（CCD）的新的数字图像传感器技术出现后才成为可能。不少于四个独立的天文学家小组首次观测到了宇宙剪切，并于2000年5月发表了他们的观测结果。[14]通过测量宇宙中不同距离的星系中的宇宙剪切，天文学家还可以应用一种叫作“宇宙断层扫描”的技术，产生类似于宇宙中所有质量的三维磁共振成像扫描。宇宙断层扫描使我们可以检查不同距离之间重子和非重子物质的大尺度结构，对应于不同的时间节点，这一点我们将在第22章看到。

在我们生活的宇宙中，光被引力偏折，光子在时空涟漪中冲浪，星系被扭曲，一切都不是看起来的样子。然而，天文学家为了窥探宇宙奥秘而建造的太空巨眼开始展现宇宙真正的情况。2018年9月，我最近一次访问甚大望远镜期间，天文台的工作仍在如火如荼地进行，而此刻距它落成已经将近20年。引力透镜的研究也是如此，它已成为宇宙学观测的一个重要方向。我们尚未解开暗物质的所有谜团，但我们正在取得进展，正在使用的望远镜发挥到极限后，更强大的仪器将接过“接力棒”，最终在这个过程中揭示暗物质的大尺度分布。

从VLT观景台向东望去，穿过20千米的贫瘠沙漠，我可以很容易地看到阿尔马索内斯山的平坦山顶，欧洲南方天文台正在那里建造它的下一个旗舰设施：欧洲极大望远镜（Extremely Large Telescope）。[15]在未来的几十年里，这架拥有近40米宽主镜的巨大的多功能望远镜将成为地面上详细研究引力透镜的最佳工具。

我想参加它的落成典礼，迫不及待。

14.

MACHO文化

好吧，所以宇宙中的大部分引力物质是黑暗的。正如我们所见，证据是压倒性的。此外，可见宇宙的组成（特别是它的氘含量）告诉我们，重子物质（原子）太少了，无法解释这个谜团。看来，案子结了。

但是等一下。暗物质不可能都是重子的这一事实，并不一定意味着所有的暗物质都必须是非重子的。在更小的尺度上，我们不能完全排除更熟悉的不可见物质的形式。例如，极其暗淡的矮星，甚至是星际行星，可以像银河系一样填充星系扩展光晕，正如杰里·欧斯垂克、吉姆·皮布尔斯和阿莫斯·亚希勒在1974年提出的理论。

至少，这是20世纪80年代晚期许多天体物理学家的观点。也许他们只是保持理性保守，小心翼翼，不想在倒洗澡水的时候连婴儿一起泼出去。无论如何，他们认为，也许星系的平坦自转曲线不是由假想中“懦弱无用”的弱相互作用基本粒子产生的，而是由天体物理学中更庞大、质量更大的天体产生的。它们不是WIMP，而是MACHO——大质量致密晕天体。

MACHO可能是红矮星——不起眼的小恒星，它们比太阳小得多、温度低得多，也暗淡得多。或者它们可能是褐矮星：更小的气体球，其质量和温度都不足以在其核心中聚变氢。年老的白矮星也符合要求，它们是类太阳恒星的致密残留物，会随着时间的增长而缓慢冷却，变得暗淡。超高密度的中子星或者小黑洞也是如此，它们是大质量恒星的残骸。大爆炸遗留下来的小型原始黑洞也可能属于MACHO。没错儿，还有无数孤立的类木行星，它们又小又暗，无法以任何方式被直接探测到，可能成群结队地分布在星系晕中。

但是，如果MACHO太暗以至于看不见（毕竟，我们这里谈论的是暗物质），那么天文学家怎么能证明它们的存在呢？答案令人惊讶：通过引力透镜。还记得爱因斯坦是如何计算一颗遥远恒星的光被一颗精确对齐的前景星的引力所弯曲和放大的吗？这一效应可以由看不见的前景MACHO实现。换句话说，如果银河系晕中的一个MACHO在一颗更远的（另一个星系中的）恒星前面经过，那么MACHO会以一种非常特殊的方式暂时改变背景恒星的外观。

诚然，爱因斯坦曾写过："我们没有希望直接观测到这种现象。"但是，当时是1936年。爱因斯坦对光环效应的看法是对的：对于单个恒星而言，所产生的光环太小了，即使用最大的望远镜也无法观测。1964年挪威天体物理学家斯尤尔·雷夫斯达尔（Sjur Refsdal）在《皇家天文学会月刊》上的一篇论文中指出，前景天体——引力透镜——也会放大背景恒星的光线，在接近完美对齐的情况下，这种放大可能很可观。[1]雷夫斯达尔表明，从我们的地球角度看，一颗前景星从一颗背景恒星面前经过，这种现象并不罕见。根据雷夫斯达尔的说法，它们发生得"相当频繁"。"问题是找到这些现象发生的地点和时间。"

这是在第一个引力透镜（也就是上一章中介绍的"双类星体"）

被发现的 15 年前。而且雷夫斯达尔写这篇文章的时候，早在有人开始担心暗物质晕的很久之前。但在 1981 年，博士生玛丽亚·彼得鲁（Maria Petrou）意识到，银河系晕中看不见的天体可能会通过对河外星系产生的引力透镜现象暴露自己。遗憾的是，她的导师阻止了她发表这一结果。[2]

彼得鲁出生于希腊，在塞萨洛尼基亚里士多德大学完成本科学习，然后在剑桥大学学习数学和天文学。她的博士论文《球体系统的动力学模型》涉及许多理论课题，包括“由银河系的晕物质引起的引力透镜效应”。她研究了“如果我们的银河系有一个由类木行星、白矮星或黑洞形成的晕，那么什么是我们也许可以期待看到的”。彼得鲁总结道：“如果我们的银河系拥有一个由黑暗的致密天体组成的晕……我们或许就能够看到河外恒星的瞬时放大，其持续时间取决于充当引力透镜的晕物质的种类。”

彼得鲁的想法很有先见之明，但当时并没有在天文学界引起更广泛的关注。尽管她的论文中的大部分章节都已发表在同行评议的科学期刊上，但她的论文导师、剑桥大学的著名天文学家唐纳德·林登–贝尔（Donald Lynden-Bell）认为关于晕物质的章节推测性过强，并没有让她发表这篇论文。

5 年后，也就是 1986 年 5 月，出生于波兰的普林斯顿大学天文学家博赫丹·帕钦斯基（Bohdan Paczyński）在《天体物理杂志》上发表了一篇具有里程碑意义的论文——《银河晕的微引力透镜》。[3] 根据帕钦斯基的看法，如果银河系的暗物质晕由质量大于半个月球质量的天体组成，那么附近星系中的任何恒星随时都有百万分之一的机会被“微引力透镜”。这意味着，当晕物质从背景恒星前面经过时，恒星的光会被放大，时长为几天、几周或者几个月，具体取决于引力透镜的质量，这与彼得鲁所展示的相符。恒星的亮度会上升到最大值，然后以完全对称的方式再次下降。

当然，你永远不会事先知道哪颗背景恒星会有引力透镜效应，所以找到相关的透镜实例的唯一方法就是在一段较长的时间（比如两年左右）内连续监测数百万颗恒星。帕钦斯基写道："这一提议的观测计划的数据处理方面似乎很艰巨。"确实，使用感光底片会非常耗时。在20世纪80年代中期，电子探测器很小，在一次曝光中无法拍摄足够多的恒星，而天文学家在数据自动处理方面的经验也较少。和彼得鲁一样，帕钦斯基的思想超越了他的时代。事实上，他的论文审稿人最初也建议不要发表该文章，因为他的想法缺乏任何实际应用的可能性。

3年后，事情看起来变得有希望多了。加利福尼亚州劳伦斯利弗莫尔国家实验室的天文学家查尔斯·阿尔科克（Charles Alcock）与他的同事蒂姆·阿克塞尔罗德（Tim Axelrod）和博士后朴惠淑（Hye-Sook Park）一起，正在进行一个自动监测大量恒星的项目。[4]该计划是为了搜索太阳系内的遥远天体，比如柯伊伯带中的冰冻体和奥尔特云中的彗星核，这些物体在经过一颗遥远恒星面前时，会因为短暂遮挡其光线而暴露自己。这是一种罕见且转瞬即逝的事件，但通过使用电子探测器和专用软件跟踪成千上万颗恒星的亮度，你可能会幸运地捕捉到一个。

1989年，普林斯顿大学的博士后戴夫·班尼特（Dave Bennett）敦促阿尔科克再看一下帕钦斯基1986年的论文。班尼特建议说，如果你能够看到由于柯伊伯带天体和彗星过境而产生的短暂的恒星闪烁，那么你就也有可能探测到由于银河系晕中过境暗体的微透镜效应而产生的、更慢的亮度变化。阿尔科克立即兴奋起来。搞清大部分细节并没有花费太长的时间，10 月 31 日，在加州大学伯克利分校粒子天体物理学中心（CfPA）的一次研讨会上，他提出了微透镜巡天的新计划，它至少可以解决部分暗物质之谜，证明其中一些暗物质至少不神秘，它们只不过是没有被探测到的普通重子物质。

阿尔科克正在利弗莫尔工作，对他的研究之路来说，与伯克利科学家的合作有很大的意义。CfPA 正在开发探测器以寻找粒子暗物质——基本上是 WIMP——而该中心新任命的主任、法国物理学家伯纳德·萨杜莱（Bernard Sadoulet），渴望在微透镜项目上投入资金和人力。如果该项目成功，伯克利将分享这一重大发现的功劳；如果不成功，重子暗物质的缺失将加强该研究中心寻找 WIMP 的理由。此外，CfPA 的物理学家克里斯·斯塔布斯（Chris Stubbs），一位技术向导，正在试验将单个电荷耦合器件探测器连接成大幅拼板，这将得到一个更宽的视场，可以同时捕捉更多的恒星。这样的设备将对阿尔科克的研究非常有用。

现在的挑战是找到一个足够大的望远镜，并且可以连续多年用作专用巡天仪器。这台望远镜必须在南半球，因为最佳观测区域是大麦哲伦星系，它是我们银河系的一个小型伴星系，在北半球的大部分地区是看不到的。大麦哲伦星系距地球仅 167 000 光年，如此近的距离使得地球上的观测者可以看到它的单个组成恒星，而且其密度足以提供许多潜在的微透镜源。它的小邻居——小麦哲伦星系，是一个有价值的备选目标。

幸运的是，他们找到了这样一台望远镜。这台望远镜又老又破，有一个直径 1.27 米的镜面，正闲置在澳大利亚堪培拉附近的斯特罗姆洛山天文台的一个圆顶里，这是班尼特请斯特罗姆洛山天文学家肯·弗里曼帮助寻找合适的巡天仪器时得知的。它被称为“大墨尔本望远镜”，可以追溯到 1868 年，是当时世界上最大的完全可操纵式望远镜。1947 年，它被搬到了斯特罗姆洛山。

弗里曼自 1970 年从事银河系自转曲线研究（见第 8 章）以来，就一直对暗物质抱有兴趣，而 1985 年在普林斯顿高等研究院逗留期间，他了解到了帕钦斯基关于微引力透镜的理论工作。如果大墨尔本望远镜能够恢复昔日的辉煌，并在这一激动人心的项目中发挥主导作用，岂不是很棒？弗里曼和他的同事彼得·奎恩（Peter Quinn）一起说服天文台台长亚历克斯·罗杰斯（Alex Rodgers）加入这个计划。1990 年，用于重振这台望远镜的资金也到位了。

因此，利弗莫尔–伯克利–斯特罗姆洛山的MACHO合作诞生了。这个朗朗上口的缩写是由团队成员金·格里斯特（Kim Griest）在 1991 年想出来的。谁还需要WIMP呢？

然而，并不只有阿尔科克和他的合作者在做这项研究。在 1989 年万圣节CfPA研讨会的与会者中，有法国萨克雷研究中心的詹姆斯·里奇（James Rich）。回到巴黎后，里奇和他的同事米歇尔·斯皮罗（Michel Spiro）以及埃里克·奥布格（Éric Aubourg）讨论过阿尔科克的计划，他们对通过微引力透镜寻找黑暗晕天体的想法感到兴奋。斯皮罗、奥布格、里奇等人立即开始了他们自己的项目。这个项目叫作EROS：黑暗天体研究实验。[5]

大多数萨克雷的科学家都是物理学出身，与天文学的文化差异从一开始就很明显。EROS小组并没有被筛选大量数据以寻找极其罕见的事件的预期所吓倒，这正是他们在分析CERN刚刚上线的大型正负电子对撞机的测量结果时习以为常的事情。萨克雷的计算机专家为自动数据分析开发了专用软件，而粒子物理部门的工程师则开始设计和建造一个大型电子照相机。

图 14　1869 年，建造中的大墨尔本望远镜。在 20 世纪 90 年代，该望远镜被用来寻找MACHO——大质量致密晕天体

为了进一步提高成为第一的机会，EROS团队决定不再等他们的数码相机准备好了。作为替代，他们直接用老式照相版拍摄大麦哲伦星系，以此开始了他们的微透镜计划，这些玻璃板被数字化以供后续计算机处理。通过该研究中心天体物理学部门阿尔弗雷德·维达尔–马贾尔（Alfred Vidal-Madjar）的关系，该团队与欧洲南方天

文台（ESO）取得了联系，希望使用其中一台望远镜来拍摄照相版。ESO在他们位于智利的拉西拉天文台运行着不少于14台望远镜，其中包括一台口径为1米的施密特望远镜，它是拍摄夜空大视场图像的首选仪器。早在1990年，这台ESO–施密特望远镜拍摄的第一批大麦哲伦星系照相版就显示了大约800万颗暗淡的恒星，它们由巴黎天文台的新型MAMA密度计进行数字化，这是一台照相版测量机，基本上可以测量图像中每颗恒星的视亮度。（MAMA是“天文自动测量仪”的缩写。）通过比较观测期间不同夜晚的数据，该软件应该能够找到偶然出现的亮度以微引力透镜的方式变化的恒星。

到1991年年底，新的EROS 1数码相机开始在同样位于ESO拉西拉天文台的依附于40厘米GPO（大棱镜物镜）折射镜上的一台望远镜上运行。EROS 1拥有370万像素，是当时最大的数码相机。尽管如此，它的视场还是小于施密特的照相机，所以电子图像中包含的恒星较少——相比于施密特的800万颗，仅有大约10万颗。但是，数码相机的曝光时间要短得多，因而它有可能探测到由低质量MACHO产生的短时间的事件。

与此同时，阿尔科克的MACHO合作项目正在建造自己的数码相机。考虑到法国团队的竞争，时间至关重要——在银河系晕中发现大量暗天体有可能获得诺贝尔奖。斯塔布斯成功地将四个大型CCD连接成1 680万像素的拼板——又一项世界纪录。然而，部分由于大墨尔本望远镜的耗时工作，他们直到1992年7月才获得第一批麦哲伦星系的图像。从那一刻起，比赛就开始了。

［第三个微引力透镜项目，即光学引力透镜实验（OGLE），于1992年启动而且仍在进行中。[6]然而，由帕钦斯基发起的OGLE专注于银河系中心区域的物体，并没有专门寻找暗物质，所以在此不

做详细讨论。]

显然，如果你检查数百万颗恒星的亮度变化，你会发现无数个微引力透镜根本没有发挥作用的案例。许多恒星是自然变化的，例如因为它们显示出有规律的脉动。在其他情况下，亮度的变化是因为恒星实际上是双星——两颗恒星围绕着同一个质心运行，每颗恒星定期遮住另一颗恒星。这种周期性的变化可以被安全地排除掉，因为微引力透镜产生的是一次性的事件。但是，也会出现亮度增大和减小的个别情况，你需要确定这些同样不是由恒星本身的一些奇怪的行为造成的。

幸运的是，有一些方法可以区分微引力透镜和其他非周期性变化的来源。微引力透镜事件的一个关键性特征是它完美对称的光变曲线——显示亮度随时间变化的图。如果恒星以一种速率变亮，然后以另一种速率变暗，那么这种变化就不可能是微引力透镜造成的。还有一条重要线索：一颗自身变化的恒星通常会改变颜色，尽管很微小，因为它的表面温度会上升和下降。其结果是，通过红色滤镜看到的恒星行为与通过蓝色滤镜看到的略有不同。相比之下，微引力透镜事件应该是“无色变的”：红光与蓝光以完全相同的方式被放大。每个参与竞争的小组都一定要检查可能的颜色效应：EROS同时使用施密特照相版和数码相机，用红色和蓝色滤镜获得了连续的曝光；MACHO合作小组则将入射光分成两个波段，并使用两个相同的相机用两种颜色同时观测同一天区。

1993年夏天，阿尔科克的MACHO合作项目已经发现了他们的第一个事件。在大约一个月的时间里，大麦哲伦星系数以百万计的恒星中一颗完全不显眼的恒星以整齐对称的方式慢慢变亮又变暗。这颗恒星在3月11日前后达到了峰值亮度，是正常亮度的7倍。从事件的持续时间来看，这一微引力透镜的“肇事者”的质量估计约为太阳的1/8。在分析了大约12 000张图片之后，一切都表明第一个真正的MACHO已经显露出来了——这是一个会登上《自然》杂志的发现。

在9月准备论文时，阿尔科克了解到EROS合作组也即将发布第一批结果，基于对300多个施密特照相版和8 000多张CCD图像的分析。EROS发现了两个微引力透镜事件，分别在1990年12月29日和1992年2月1日左右达到峰值。现在，比赛进入了白热化阶段。阿尔科克团队在不到两天的时间内完成了他们的论文，并于9月22日将其提交给了《自然》杂志，同一天，奥布格主导的EROS论文落到了编辑的桌子上。这两篇论文都在一周内被接收，并在10月14日的期刊上紧挨着发表，发表速度之快，实属罕见。[7]

“寻找晕圣杯”，华盛顿大学天文学家克雷格·霍根（Craig Hogan）的随附评论的标题这样写道。[8]霍根称赞微引力透镜是“探测暗物质组成的一项强大的新技术”。“最终，微引力透镜项目可能会揭示宇宙中大多数重子的形式和藏身之处。”不过，他补充道：“由于可能的探测太少，微引力透镜的情况还没有定论。”

事实上，在几年内，奥布格和他的合作者不得不撤回他们的每份声明，这让他们感到非常失望。后续的观测显示，他们那两颗可疑的恒星其实都是奇怪的变星，有很长的安静期和偶尔的亮度变化，并具有微引力透镜事件的所有对称性和无色变特征。

EROS 1相机一直运行到1995年。次年6月，拥有3 200万像素的（同样是当时世界上最大的）、更大的EROS 2相机在拉西拉天文台首次开光——不是在旧的GPO圆顶上，而是在1米的“马里”（马赛–里昂）望远镜上，该望远镜从法国南部的上普罗旺斯天文台被搬到了智利。这一次，研究小组使用了一个双色分光镜来同时进行两种颜色的观测。但是，尽管EROS 2 具有更高的灵敏度和更大的视场，产出的整体数据质量更好，但它在 6.5 年的运行期间并没有探测到任何新的令人信服的微引力透镜事件。

MACHO合作小组的情况稍微好一些。他们的第一次探测经受住了时间的考验，而且多年来，他们发现了一些其他的候选者。然而，对这些事件的解释并不总是那么简单明了。这些事件确实可能是由银河系晕中的褐矮星引起的，但是也可能是由麦哲伦星系本身外部区域的低质量恒星引起的，而在这种情况下，这些结果就与银河系的MACHO无关。

最终，围绕大质量致密晕天体的热情逐渐消退。如果银河系的大质量晕是由自由漂移的木星、失败的恒星或黑暗的恒星残骸构成的，那么大麦哲伦星系每年应该会出现大约 10 次微引力透镜事件。但在近 10 年的时间里，研究小组只发现了几个事件。

1998 年 5 月，这两个竞争团队联手发表了对他们的结果的综合分析。他们在《天体物理杂志》上发表的论文标题为《EROS和MACHO对银河系晕中行星质量级暗物质的综合限制》，这一论文认为，没有足够的黑暗致密天体来解释星系的平坦自转曲线。[9]研究小组确定，在银河系中最多只有 25%的晕质量可以由类似MACHO的天体来解释。后来，有了更多的数据后，这个限制被进一步降低了。

MACHO合作项目在 1999 年 12 月底停止，结束了阿尔科克口中的“我职业生涯中的亮点”。（他现在是哈佛-史密森尼天体物理中心的主任。）该团队的最后一篇论文总结了 5 年多来对近 1 200 万颗恒星的测量，于 2000 年 10 月发表在《天体物理杂志》上。[10]没过两年半的时间，即 2003 年 1 月 19 日，斯特罗姆洛山一场毁灭性的丛林大火摧毁了天文台，摧毁了大墨尔本望远镜。

EROS 团队一直持续工作到 2003 年 2 月，并于 2007 年夏天在欧洲的《天文学与天体物理学》杂志上概述了他们的结果。[11]两年后，马里望远镜退役并被运往海外。如今，它是布基纳法索的德奥加里山上一个小型天文台的主要仪器，位于该国首都瓦加杜古东北方向约 250 千米处。

MACHO 狩猎终止了。WIMP 赢了。

15.

脱缰的宇宙

1998 年 1 月 8 日，科学家宣布宇宙永远不会停止膨胀，但由于一些愚蠢的原因，我错过了新闻发布会。没错儿，我是参加在华盛顿特区举行的第 191 届美国天文学会（AAS）会议的记者之一。这是我第一次参加AAS会议，我很难搞清楚什么时间在华盛顿希尔顿会议中心的哪个房间里发生了什么。因此，当索尔·珀尔马特（Saul Perlmutter）和彼得·加纳维奇（Peter Garnavich）展示关于宇宙在永不停息地膨胀这一激动人心的成果时，我可能正在大楼的其他地方听一些无聊的报告。

自大爆炸以来，宇宙空间一直在膨胀。但是，科学家一直不确定这种膨胀是否会无限期地持续下去。这是因为宇宙膨胀被宇宙中所有物质的集体引力所减缓。几十年来，天文学家一直在想，是否有足够的引力物质（发光的和黑暗的）不仅能减缓膨胀，还能使其停止并最终逆转。其结果将是收缩，导致所谓的大挤压。那么，到底有多少物质呢？正如我们在前面的章节中看到的那样，“称量”宇宙并找出答案并不容易。因此，珀尔马特和加纳维奇的两个研究小组独立提出了另一种方法来评估物质含量，从而评估宇宙的未来：

他们通过观测遥远的超新星爆发来测量膨胀的历史。

超新星传递的信息响亮而清晰：减速不足以阻止宇宙的膨胀。显然，宇宙的传记是一个永无止境的故事。正如珀尔马特在AAS新闻发布会上所说："这是我们第一次真正拥有数据，让你可以去找实验学家，而不是哲学家，去了解宇宙的宇宙学理论是什么。"至少，这是我从其他记者那里读到的。第二天，《纽约时报》的头版刊登了这一新闻，标题写的是"新数据表明宇宙将永远膨胀下去"。

这还没有结束。超新星的测量结果表明，宇宙的膨胀不仅是永无止境的，而且甚至没有减慢速度。实际上，宇宙膨胀的速度正在加快，这一结果并未在新闻发布会上公布。这一发现是如此令人惊讶、如此怪异，同时又如此影响深远，以至于又过了6.5个星期，其中一个竞争研究小组才有足够的信心公开宣布这一发现。

我们生活在一个加速和"脱缰"的宇宙中。真空被某种不可思议的力量推开，宇宙学家将这种力量命名为暗能量，因为没有更好的名字了。仿佛暗物质还不够神秘——越来越奇怪了，用刘易斯·卡罗尔的《爱丽丝梦游仙境》中的话来说。1998年12月，《科学》杂志将宇宙加速膨胀的发现誉为年度科学突破；2011年，这一革命性发现背后的三位主要科学家，其中包括珀尔马特，共同获得了诺贝尔物理学奖。尽管天文学家和物理学家仍然对暗能量的本质一无所知，但"脱缰"的宇宙仍然存在。永远，永远，永远。

请你回忆一下：宇宙膨胀——第一个表明宇宙一定有一个开端的迹象——是在20世纪20年代发现的。正如第3章中提到的，维斯托·斯里弗是第一个注意到大多数"旋涡星云"的光发生红移的人，这表明它们正在以惊人的高速离我们远去。乔治·勒梅特和埃德温·哈勃后来意识到，距离越远的星系的后退速度越大，如果整个宇宙都在膨胀，这正是你所期望的：这是阿尔伯特·爱因斯坦的广义相对论场方程的一个可能结果。不久之后，天文学家得出了关于宇宙起源和早期演变的大爆炸理论。

量化宇宙膨胀的最有启发性的方法是通过其相对增长率来量化。这有点儿像货币的通货膨胀。通货膨胀率不能以一个绝对的美元数额来表示，那只适用于一定数额的钱。反之，通货膨胀必须总是以百分比的形式给出。宇宙膨胀也是如此：它不能用每秒千米数或每小时英里数来表示，除非我们现在谈论的是在一个特定距离上某个物体的后退速度。将宇宙膨胀率表示为每单位时间的增长的百分比，要有用得多。

事实证明，宇宙距离不会增长得很快。事实上，它们在 140 万年内增加了约 0.01%。换句话说，如果当前到某遥远星系的距离是 1 亿光年，那么这个距离约每 140 年就会增加 1 光年。每 140 年增加 1 光年的后退速度相当于每秒约 2 150 千米。但是，这种后退速度仅适用于这里讨论的这个星系，以及其他处在类似 1 亿光年距离上的天体。距离 2 亿光年远的星系似乎以两倍的速度退行，即大约每秒 4 300 千米。距离每增加 100 万光年，后退速度就增加每秒 21.5 千米。

这个比例常数——每百万光年每秒 21.5 千米——是量化宇宙膨胀率的一种方式。不过，天文学家通常不会用光年来表示宇宙的距离。相反，他们使用秒差距，1 秒差距等于 3.26 光年。因此，天文学家会告诉你，宇宙正在以 70 千米每秒每百万秒差距（70 km/s/Mpc）的速度膨胀，这就是众所周知的哈勃常数。利用哈勃常数，很容易就可以将由星系红移确定的后退速度转换成距离。

不过有一个问题：宇宙膨胀率并不是一个恒定值，哈勃常数也不是（出于这个原因，许多天文学家更喜欢将其称为哈勃参数）。宇宙的膨胀被重子和非重子物质的联合引力所减缓。这是广义相对论的直接结果，广义相对论认为，时空的整体行为受其包含的物质和能量支配。因此，预计膨胀率会随着时间的推移而降低。

现在，宇宙的命运是如何由其平均密度决定的就很清楚了。在高密度宇宙中，最终引力会使膨胀停止。然后，宇宙又开始收缩，走向大挤压。这个模型被称为封闭宇宙，因为时空会将自己封闭。它也被称为正曲率宇宙，因为它的整体四维曲率在几何上与球体的三维曲率相当。

在低密度宇宙中，膨胀会随着时间的推移而减慢，但永远不会完全停止。在遥远的未来，物质是如此稀薄，引力几乎不再起到减速作用，宇宙继续以恒定的速度永远膨胀。这被称为开放宇宙或者负曲率宇宙，时空的形状就像一片无穷大的四维版品客薯片：向每个可能的方向弯曲，但永远不会自我封闭。

介于这两种可能性之间的是一个平衡的、没有整体曲率的平坦宇宙——一些宇宙学家经常称之为世界模型。在平坦宇宙中，密度刚好高到足以永远地减缓宇宙膨胀，但又不足以引起逆转和收缩。这被称为临界密度，这是我们在第 11 章中遇到的一个术语。目前，临界密度大约等于 10^{-29} 克每立方厘米。

在大爆炸理论提出后，似乎用两个数字就足以知道宇宙的命运：哈勃参数（对当前膨胀速度的测量）和减速参数（宇宙膨胀放缓的速度）。在《今日物理学》1970 年的一篇著名论文《宇宙学：寻找两个数字》中，威尔逊山和帕洛马山天文台的艾伦·桑德奇（Allan Sandage）写道："如果现在正在进行的工作取得成功，我们就应该能找到哈勃参数和减速参数的更好测量值，30 年来仅根据运动学在世界模型之间进行选择的梦想就有可能实现。"[1]

当年，桑德奇大概也没想到，自己的宇宙学梦想还要再过 30 年才能实现。这最终发生在 2001 年 5 月，研究人员公布了哈勃空间望远镜项目对哈勃参数的精确的测量结果。然而，我们将在第 22 章中看到，天文学家和宇宙学家仍在争论它的真实值。[2]至于减速参数，那是 1998 年 1 月 AAS 新闻发布会的主题，可我没有参加那场新闻发布会。在桑德奇发表上述关于“两个数字”的论文的 28 年后，科学家确信宇宙永远不会停止膨胀。

这并不是说他们在这中间的这些年没有自己的想法和偏好。在第 11 章中我们提到，对许多天文学家来说，一个平坦的、密度为临界密度的宇宙是一个“有美感的想法”，并且有充分的理由。对遥远宇宙的观测已经表明，任何整体的曲率（不管是正的还是负的）都必须相对较小，否则它就会在星系的数量上显现出来。在平坦的欧几里得几何中，天空某一区域的星系数量会随着距离的平方而增长。因此，遥远、昏暗的星系要比附近明亮的星系多得多。虽然这是一个不易察觉的影响，但一个强曲率的宇宙会显示出与平方反比定律之间存在的可测量的偏差。

所以，如果我们的宇宙确实有一个整体曲率，那它也只能是勉强开放或者勉强封闭，否则我们早就注意到了。而那就算没有问题，起码也很奇怪。大爆炸理论没有规定任何特定的曲率或几何形状，那么宇宙为什么会非常接近平坦，但又不是精确平坦呢？似乎更有可能的是，出于某种原因，宇宙的曲率恰好为零。

由于理论物理学家艾伦·古斯（Alan Guth）的开创性工作，宇宙学家相信他们知道原因是什么：暴胀。古斯的暴胀假说于 1979 年年底提出，1981 年发表，随后由美籍俄裔物理学家安德烈·林德（Andrei Linde）修正和改进。根据这一假说，新生宇宙在诞生之初

的 10^{-35} 秒内经历了快速的指数增长阶段，其大小连续翻倍了约 100 次。[3] 如此令人难以置信的尺寸提升将使当前可观测宇宙的曲率无法与零区分开来，无论其几何形状在一开始可能有多么强烈的弯曲。这是因为指数膨胀的宇宙的总体曲率随着其尺寸增大而迅速减小，就像地球的曲率显著小于一颗玻璃珠的曲率一样。

你可以写一整本关于暴胀理论的书，事实上，古斯和许多其他作者就是这样做的。尽管该假说解决了一些令人头疼的宇宙学问题，但它仍然具有相当程度的推测性质，而且技术细节与我们的暗物质主题关系不大，所以我不会在这里详细介绍。[4] 可以说，暴胀为宇宙学家提供了充分的理由来假设我们的宇宙是完全平坦的，这只能意味着一件事：其密度必须是临界密度。由于大爆炸核合成告诉我们重子物质只能占临界密度的 5%，暴胀似乎表明一定存在着极其大量的非重子暗物质。

劳伦斯伯克利国家实验室的物理学家索尔 · 珀尔马特决定找出有多少暗物质。他采用的方式与其他人不同，其他人的方式是寻找暗物质，而他的方式是实际测量宇宙膨胀的减速。减速越快，我们的宇宙就必然包含更多的物质——可见的和黑暗的。（当然，一个空的宇宙不会显示出任何减速。）为了弄清减速率，珀尔马特在遥远的星系中寻找超新星，该项目由他的伯克利同事卡尔 · 彭尼帕克（Carl Pennypacker）发起。通过精确比较超新星的视亮度和它们的红移，就有可能测量出宇宙的膨胀速度有多快，桑德奇和古斯塔夫 · 塔曼（Gustav Tammann）在 1979 年曾提出过这种方法。

它的工作原理是这样的。红移能够告诉你超新星发出的光的波长在穿越膨胀空间的过程中被拉伸的程度，这一过程可能长达数亿年甚至数十亿年。例如，一次精确的红移测量可以揭示出某颗超新星爆炸时的宇宙距离比现在小 30%。如果宇宙一直以相同的速度膨胀——也就是说，如果哈勃参数真的是一个常数——这会立即告诉你相应的光传播时间（记住，140 万年增长 0.01%）。

然而，在一个减速的宇宙中，宇宙在遥远的过去的膨胀率一定比现在大。这意味着宇宙从它以前的大小增长到现在的大小所花费的时间比具有恒定膨胀率的“惯性”宇宙要少。换句话说，超新星的光传播时间更短，对应的距离更近，因此爆炸一定比你单纯从它的红移中推测的要亮。对于真正遥远的超新星，你会注意到其红移和感知亮度之间并不是严格的线性关系，而是有所偏离，而它们看起来越亮，宇宙膨胀的减速就越强，暗示着一个更高密度的宇宙。

这一招只有在超新星都有相同的亮度的情况下才有效。这就是为什么珀尔马特、彭尼帕克和他们的同事专注研究的是一种容易识别的超新星类型，即Ia型。Ia型超新星是在白矮星将自己炸成碎片时产生的，例如，由于一个近距离伴星的质量转移。当一个白矮星的质量增大到太阳质量的 140%以上时，其核心的压力和温度就会高到足以点燃碳，而这颗白矮星就会在灾难性的热核爆炸中结束自己的生命。这对这颗白矮星来说是个坏消息，但对宇宙学家来说却是个好消息：由于所有爆炸的白矮星都差不多具有相同的质量（1.4 倍太阳质量），因此所有的Ia型超新星预计都具有差不多相同的真实光度。这使得我们有可能真正检查它们看起来比根据红移计算的预测值要亮多少。

多年来，使用各种望远镜和数码相机，珀尔马特的“超新星宇宙学项目”成功地测量了一个Ia型超新星，然后是 10 多个，最终测得了 40 多个遥远的Ia型超新星。这是一大壮举，因为超新星爆炸是相当罕见的。你事先不会知道何时何地会有新的超新星出现。然

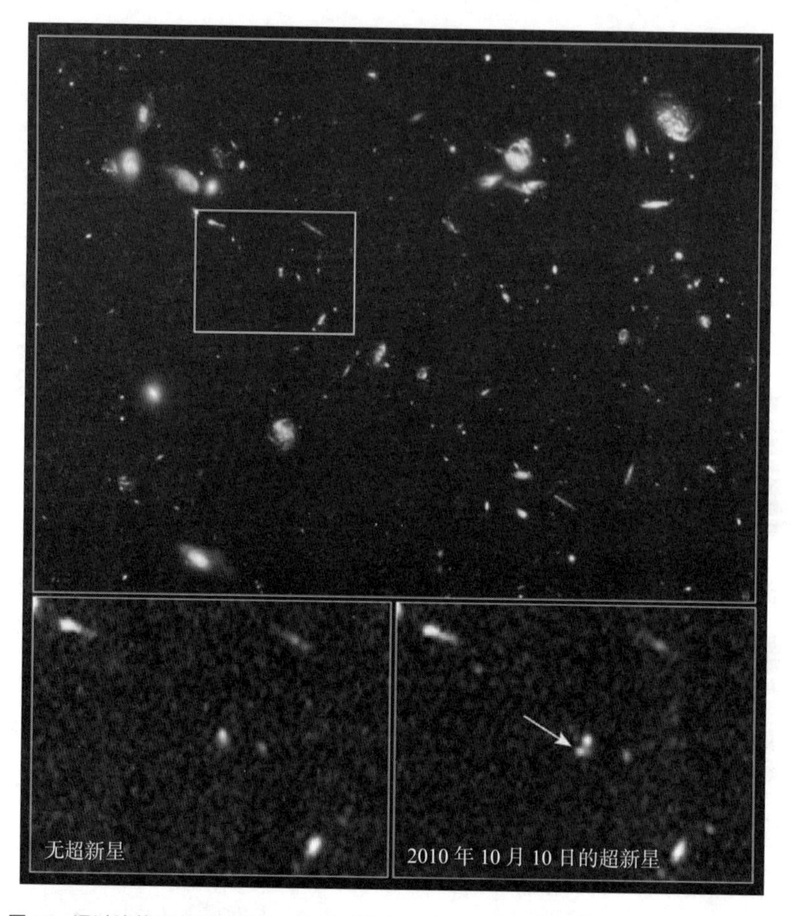

图 15　通过比较天空同一部分在不同时间的图像，哈勃空间望远镜发现了一些有史以来观测到的距离最远的超新星爆炸

而，通过同时观测数万个遥远的星系，你就很有可能捕捉到一两颗爆炸的恒星。研究人员对星系进行成像，然后在几周后再重复一次。专用软件会找出那些在第一张图像上没有出现，但在第二张图像上出现的微小的针状光点——超新星的蛛丝马迹。然后，使用其他望远镜进行后续观测，就可以更详细地研究超新星并确定它们的红移，

这是由智利欧洲南方天文台的丹麦天文学家所开创的方法。

在 20 世纪 90 年代前半期，“超新星宇宙学项目”开始取得一些有趣的结果。其他科学家也开始注意到了这一点。1994 年，哈佛大学的天文学家布莱恩·施密特（Brian Schmidt，1995 年移居澳大利亚）和智利托洛洛山美洲天文台的尼克·桑泽夫（Nick Suntzeff）开始了他们自己的项目，希望在寻找减速参数方面击败伯克利的物理学家。不久之后，施密特和桑泽夫的“高红移超新星搜索小组”也开始寻找遥远的超新星，所用的方法与伯克利小组的类似。几年内，这两个小组都在托洛洛山 3.6 米的布兰科望远镜和哈勃空间望远镜上争夺着宝贵的观测时间。

虽然珀尔马特的背景是物理学，但施密特和他的合作者（包括他在哈佛的博士生导师罗伯特·柯什纳）都是天体物理学家和超新星专家。他们在寻找高红移超新星的竞赛中参与得相对较晚，但他们在天文观测和处理Ia型超新星难搞的特性方面有更多的经验，主要是通过研究较近的恒星爆炸。尤其是，Ia型超新星很明显并不总是以完全相同的能量爆炸。你如果不知道超新星的真实光度，就很难（甚至不可能）根据它的表面亮度得出关于其距离的结论。

这些问题中的大多数最终都得到了解决，这在很大程度上要归功于托洛洛山天文台的马克·菲利普斯（Mark Phillips）和柯什纳的另一名博士生亚当·里斯（Adam Riess）的工作。菲利普斯发现，与能量较低的超新星相比，更明亮的超新星在达到峰值亮度后需要更多时间变暗，因此有一种相对简单的方法来校准恒星爆炸。而里斯的“多色光变曲线形状法”则将精确度提升到了又一个高度：通过不同的滤镜仔细观察超新星的亮度演变，你甚至可以校正吸光尘埃的潜在影响。

到1998年1月，两支参赛队伍已准备好在AAS会议上展示他们的成果。遥远的超新星数量还是比较少，误差棒还是比较大。但珀尔马特和高红移超新星搜索小组成员彼得·加纳维奇在新闻发布会上展示的图表不容置疑。遥远的超新星并不比依据它们的红移预测的结果更亮。因此，根本没有什么减速发生，当然也不足以阻止宇宙膨胀。

有趣。仔细观察的话，你会发现这些图表还讲述了一个更令人兴奋的故事，但珀尔马特和加纳维奇在他们的报告中并没有对此过多关注。如果你知道要寻找什么，这些数据似乎表明，实际上最遥远的超新星比它们的红移所显示的要暗。如果属实，这意味着来自遥远超新星的光到达我们这里所花的时间比在一个膨胀率恒定的惯性宇宙中要长，而不是更短。换句话说，过去的膨胀一定是更慢的，而不是更快的。

使用不同的仪器和不同的算法，超新星宇宙学项目小组和高红移超新星搜索小组得出了同一个逃避不了的结论：我们生活在一个加速的宇宙中。有什么东西正在加速太空的膨胀——这一结果如此古怪，以至于科学家不敢相信，更不用说在AAS会议上将其作为一项发现提出来了。我们的宇宙真的有那么诡异吗？

直到2月22日，在加州大学洛杉矶分校的一次暗物质会议上，天体物理学家亚历克斯·菲利彭科（Alex Filippenko）才大胆地代表高红移超新星搜索小组宣布了加速宇宙这一发现，当时超新星宇宙学项目小组还在谈论“暗示性的线索”和“可能的证据”。3周后，高红移超新星搜索小组向《天文学杂志》提交了一篇30页的论文，并于9月刊上发表。[5]超新星宇宙学项目的最终分析在1998年夏天完成，并于1999年6月1日发表在《天体物理杂志》上。[6]

是的，关于是谁抢先的争论一直存在。双方还互发了言辞激烈的电子邮件。在回应争议时，柯什纳问《纽约时报》的记者："嘿，宇宙中最强的力是什么？"他自己回答道："不是引力，是嫉妒。"[7] 但从宇宙的角度来看，这两组研究人员恰好在同一时间取得了革命性成果。此外，不同的研究小组得出了完全相同的结论，这一事实也有助于说服怀疑者们。没过多久，"脱缰的"宇宙就被天文学家和物理学家接受了，成为大学课堂上的讲授内容，并出现在科普杂志上。

到了珀尔马特、施密特和里斯共同获得2011年的诺贝尔奖的时候，他们之间曾经有过的大多数敌意都已被遗忘。现在，宇宙学家还有其他事情要担心。因为暗能量——使宇宙加速膨胀的神秘"东西"的不祥名字——与暗物质一样神秘。我们知道它在那里，但我们不知道它是什么。虽然它解决了一些问题，但它并没有让我们的宇宙更容易理解。

一些过于自信的天文学家喜欢声称我们生活在精密宇宙学时代。事实是，我们只了解现实的一小部分。与此同时，95%的宇宙是一个大大的问号。

16.

空中楼阁

啊，怀念过去的美好时光。

大约 200 年前，宇宙很小、很简单，也很容易理解。一个太阳，7 颗行星，16 颗卫星，少量的小行星和彗星，也许有一亿颗恒星，还有几十个星云。就是这样。

今天，仅仅 8 代人之后，天文学家就已经对我们太阳系中的数十万颗小行星进行了编目。我们知道太阳只是银河系中数千亿颗恒星中的一个，银河系也是褐矮星、脉冲星和X射线双星等奇怪天体的家园。大多数恒星都有行星陪伴，宇宙中宜居行星的数量比地球上的人还多。更重要的是，我们的银河系只是数千亿个星系中的一个，而这些星系散布在一个不断膨胀的宇宙中，远远超出了我们望远镜的捕捉范围。宇宙中的恒星比沙漠中的沙粒加起来还要多，简直是压倒性的多。

然而，这众多的星系、球状星团、尘埃云、发射星云、红巨星、白矮星、行星、超新星遗迹、中子星以及宇宙碎片——整个物质宇宙——只是一座巨大的、看不见的冰山的一角。根据现有的知识，我们只能看到和触摸到万物的 5%；宇宙的大部分由令人费解的暗物质和更加神秘的暗能量组成。这个谜团的解决方案可能看起来就像空中楼阁。

5%，仅占总数的1/20。如果本书代表整个宇宙，那么熟悉的重子物质将在头15页进行描述，其余部分则将填满问号。当然，宇宙包含的东西不可能比我们已经发现的要少。但是，95%已经算是很多了，尤其是在没有人知道我们真正谈论的是什么的情况下。

尽管如此，但对大多数天文学家和物理学家来说，暗能量的概念并没有你想象的那么令人惊讶。对普通大众来说，这就像晴天霹雳——一个看似人为拼凑的、对观测谜题的解决方案。但是，像索尔·珀尔马特、布莱恩·施密特和亚当·里斯这样的科学家一直都知道这一概念。早在1917年，阿尔伯特·爱因斯坦就提出了“宇宙学常数”的想法：在空旷空间中有一种神秘的排斥性能量，可以对抗引力。仅仅过了80年，天文观测就表明爱因斯坦的直觉可能是正确的。几十年来，宇宙学家一直成功地将宇宙学常数排除在外。但是，在超新星的数据面前，他们不得不屈服。

爱因斯坦有充分的理由引入他的“人为因子”——其他人如此称呼它。根据所谓的广义相对论的场方程，时空或膨胀或收缩。但是，爱因斯坦在1915年写下他的理论时，他确信整个宇宙是静态的、非演化的。这就是为什么他在方程中插入了一个常数（用希腊字母Λ表示）使这种渴求的稳定状态得以实现。借助这个常数，方程描述了一个不会因为自身引力而坍塌的宇宙。

勒梅特和哈勃发现宇宙正在膨胀后，不变宇宙的概念就被抛到九霄云外了。天文学家意识到宇宙的确在演化，与广义相对论完全一致。因此，也就没有必要再使用Λ了。爱因斯坦曾经对乔治·伽莫夫说，宇宙学常数的引入是自己职业生涯中最大的错误。[1]

然而，Λ从未真正离开过舞台。一方面，粒子物理学家预测存在类似Λ的真空能量，由真空中粒子和反粒子的虚粒子对的不断产生和湮灭引起。尽管计算表明这种真空能量一定非常强大，这与观测结果截然相反，但这个概念本身似乎并不牵强，至少从物理学家的角度来看是这样的。

此外，一个有着很小但非零的宇宙学常数的宇宙，对天体物理学家来说是一个好消息。在 20 世纪六七十年代，他们发现了看起来比宇宙古老得多的恒星——当然，这不可能是真实的。宇宙学常数可能会通过增加宇宙的年龄来解决这个明显的矛盾。在一个具有宇宙学常数的宇宙中，由引力而产生的减速是较低的，因此宇宙必须花更多时间才能减缓到当前的膨胀速度。所以，它比Λ等于零的宇宙更古老，因而可以容纳更古老的恒星。

还有一点，如果存在某种宇宙学常数，这将减轻与临界密度相关的压力。正如我们在上一章中看到的，艾伦·古斯 1979 年提出的暴胀假说预测宇宙具有平坦的、零曲率的几何形状，其临界密度为 10^{-29} 克每立方厘米。如果观测到的宇宙平均物质密度是更低的，就像它看起来的那样，也许真空能量可以拯救它，弥补物质的不足。别忘了，根据爱因斯坦最著名的方程 $E = mc^2$，物质和能量实际上是同一枚硬币的两面，它们都影响时空的整体特性。因此，即使物质看似缺失，宇宙学常数也可以平衡宇宙学的账目。

因此，当天文学家分析他们的观测结果时，当宇宙学家讨论关于宇宙演化的各种理论时，他们总是小心翼翼地陈述他们对宇宙学常数的假设。“在一个只有物质的宇宙中”，他们会这样写，或者“对于一个没有宇宙学常数的模型来说”，或者只是“假设 $\Lambda = 0$”。研究人员不愿意完全排除Λ，因此即使他们舍弃它，他们也会承认它。但是，他们中的大多数人不喜欢这个想法，认为它太武断和太复杂了。

其他人则保持更开放的心态。例如，1995 年，杰里·欧斯垂克和宾夕法尼亚大学的理论学家同事保罗·斯坦哈特在《自然》杂志上发表了一篇具有启发性和远见的论文，题为《具有非零宇宙学常数的低密度宇宙的观测案例》。[2] 根据现有证据，他们得出结论："具有临界能量密度和大宇宙学常数的宇宙似乎受到青睐。"请注意，那是超新星数据公开的两年多前。"我们很想知道，"欧斯垂克和斯坦哈特写道，"一个严重的观测问题是否可以用一个宇宙学常数非常大的平面模型来鉴定……如果不行的话，也许我们已经找到了在大体上反映大尺度宇宙基本特性的模型。"

因此，当珀尔马特的超新星宇宙学项目小组和施密特的高红移超新星搜索小组积累了关于加速宇宙越来越强有力的证据时，这两个竞争小组并没有发现完全陌生的东西。这并不是说他们不感到惊讶。或者，正如《科学》杂志所引述的，"非常激动人心"（罗伯特·柯什纳），"惊呆了"（里斯），以及"介于惊讶和恐惧之间"（施密特）。[3] Λ——这个怪异且不可解释的关于空旷空间讨人厌的属性，最终被证明是真的。

尽管如此，仍有相当多的人对加速宇宙的想法感到不安。首先是暗物质，用吉姆·皮布尔斯的话来说，它是为了解开星系自转曲线和其他动力学问题的谜团而人工加入的。现在，宇宙学家正在添加另一种成分，即暗能量，以解决超新星看起来比预期要暗的谜团。有人会说，为了挽回面子。其他人反对说，这一切听起来都像是本轮学说。

你在第 12 章中读到了莫尔德艾·米尔格龙，他的 MOND 理论试图在不引入暗物质的情况下解释星系的平坦自转曲线。但就暗能量而言，批评者并没有为加速宇宙提出替代解释。相反，他们声称根本不存在加速，超新星猎人是他们观测或数据分析中系统误差的受害者。

例如，牛津大学的苏比尔·萨卡（Subir Sarkar）指出，珀尔马特、施密特和他们的同事研究的大部分超新星都在天空的一半。[4]据萨卡说，如果我们的银河系碰巧在向那个方向移动，就将影响超新星的红移结果，从而导致得出错误的结论。另一个反对意见来自一个由韩国延世大学的姜怡静（Yijung Kang，音译）和李永旭（Young-Wook Lee，音译）领导的韩国–法国团队。[5]他们声称已经发现了证据，表明Ia型超新星的真正亮度受其所处星系的年龄和整体化学成分的影响。谁知道呢，在过去，Ia型超新星爆发可能真的没有现在这么亮——注意，是在爆炸发生的过去，因为我们今天看到的光是很久以前发出的。据李永旭所说："暗能量可能是一个脆弱而错误的假设产物。"还有一些人认为，宇宙尘埃的吸光和变暗效应没有得到适当的考虑，甚至没有被里斯精心设计的多色光变曲线形状法考虑在内。

在 2018 年 9 月接受欧盟在线研究和创新杂志《地平线》的采访时，萨卡提到了本轮陷阱。[6]"问题在于人们认为我们的宇宙学标准模型很简单并且符合数据，"他说道，"古希腊人对亚里士多德的宇宙模型也有相同的看法，在这个模型中，太阳和行星围绕地球转动。但我们需要对不同的可能性持开放态度。我只希望我们的标准模型不要像亚里士多德模型那样花 2 000 年的时间才被取代。"

当然，暗能量阵营对每一条批判意见都进行了透彻的分析，而且令人信服地反驳了绝大多数案例。这就是科学的运作方式。做出结论所依据的超新星总数已经增加至 700 多颗，结果的统计学显著性也越来越强。更重要的是，利用哈勃空间望远镜，里斯等人发现了极其遥远的Ia型超新星，根据他们观测到的红移和光度，这些结果支持暗能量结论。这些爆炸发生在数十亿年前。那时候，引力减速更强，因为宇宙物质密度更高，而暗能量的加速作用更小，因为空间更小。你如果计算一下，就会发现在大爆炸后的头七八十亿年里，暗能量不可能是主导力，宇宙膨胀的净加速度还没有启动。基于超新星观测得到的宇宙膨胀史的最新图表（其中包括最遥远爆炸的哈勃数据）确实证实了这一预测。

尽管有所有可用的证据，但合理的怀疑和质疑仍然存在。萨卡就是其中之一，他不相信。“我相信许多支持共识观点的宇宙学结果之所以出现，只是因为作者事先知道在哪个灯柱下寻找。”他如此告诉《地平线》杂志，“换句话说，他们可能有证真偏差。”在 2020 年 1 月的一份新闻稿中，李永旭引用了卡尔·萨根（Carl Sagan）的一句著名口头禅：非凡的主张需要非凡的证据。李永旭说：“我不确定对于暗能量，我们是否拥有这样非凡的证据。”[7]

无论如何，尽管赞成和反对的争论可能会持续很多年，但绝大多数天体物理学家和宇宙学家都对超新星的结果深信不疑。是的，宇宙膨胀在几十亿年前开始加速。因此，真空中一定有某种奇怪的暗能量，它最终将决定宇宙的命运。但是，正如丹麦物理学家尼尔斯·玻尔（Niels Bohr）几十年前就已经知道的那样，做出预测是很难的，尤其是对未来做出预测。只要没有人知道暗能量的真实本质，我们就不可能对它在未来亿万年岁月里的行为做出任何明确的说明。

科学家使用暗能量这一标签而不是宇宙学常数的原因之一在于，他们并不能绝对确定“脱缰的宇宙”是由爱因斯坦的人为因子引起的。（“暗能量”是由芝加哥大学宇宙学家迈克尔·特纳提出的。）宇宙学常数在空间的每一点和时间的每一时刻始终具有相同的值。这将是真空的一个真实的基本属性。但是暗能量不一定是静止的。物理学家可以认为（并且已经认为）暗能量是一个无处不在的场，它在某种程度上可以与电场或引力场相提并论。它暂时被称为“第五元素”，这个场可能因地而异，并随着时间的推移而演变。

如果暗能量真的是一个宇宙学常数，那么宇宙将永远膨胀下去，走向寒冷、黑暗、空虚的未来。如果它不是这样，而是更像是第五元素的话，那么所有的预测就都是有待商榷的，甚至不排除未来逆转为宇宙收缩的加速阶段的可能性。

如果暗能量恰好随着时间的推移变得越来越强（一些物理学家喜欢称之为“幻影能量”）该怎么办？在那种情况下，排斥效应最终将强大到足以撕裂一切——首先是星系，接着是恒星和行星，然后是分子和原子，最后是基本粒子和时空本身。根据美国天体物理学家罗伯特·考德威尔（Robert Caldwell）、马克·卡米恩科夫斯基（Marc Kamionkowski）和内文·温伯格（Nevin Weinberg）于2003年发表在《物理评论快报》上的论文中的估测，这种“大撕裂”可能会在200亿年后发生。[8]他们写道：“有必要修改宇宙未来学家们所采用的口号——有人说世界将在火中结束，有人说在冰中结束——因为等待我们世界的可能是一种新的命运。”

1970年，艾伦·桑德奇将宇宙学描述为对两个数字的搜寻。今天，也许这个领域可以有一个更好的描述：关于两个谜团（以及更多的数字）的科学。暗物质和暗能量都对宇宙的构成和演化起着决定性的作用。天文学家测量它们的影响并将其纳入他们的理论。但是，朗朗上口的名字和优雅的方程式并不能为我们提供更深入的理解。这相当令人不安，尤其是当你意识到我们正在谈论的是宇宙总质量–能量预算的95%。

迄今为止，一石二鸟的尝试还没有成功。如果有一种全新的、革命性的见解能够同时解开这两个谜题，那就太好了，但到目前为止，还没有人找到实现这一目标的方法。还是皮布尔斯常说的那句话，大自然并不总是仁慈的。或许我们只是不够聪明，无法胜任这一任务。暂时还无法胜任。

话又说回来，暗能量的发现直接影响了我们对暗物质的看法。如果宇宙是平坦的——起初，它或多或少是一种审美上的假设，但现在，它是暴胀的结果并得到了测量的支持——那么它的临界密度必须为 10^{-29} 克每立方厘米。由于大爆炸核合成告诉我们重子只占临界密度的一小部分，宇宙学家不得不假设宇宙中存在数量惊人的非重子暗物质，这远远超过星系和星系团动力学所表明的数量。

然而，随着暗能量的出现，追寻暗物质的猎手们可以松一口气了。暗物质不再需要独自解释宇宙的平面几何形状。新的宇宙构成饼状图以暗能量为主，在扁平化时空方面，暗能量占据了大部分权重。不管它的真实本质是什么，空旷空间这种令人费解的排斥特性占到宇宙总质量-能量的 68.5%。引力物质只占剩下的 31.5%。

这当然并不意味着我们可以没有大量的暗物质。如果我们只看宇宙的物质内容，它也被神秘的东西所支配。高达 84.4% 的引力物质（占总质能的 26.6%）是黑暗的、非重子的，而且是完全陌生的。我们所知道的粒子——恒星、行星和人类的组成部分——只占所有物质的不足 1/6（仅 15.6%）。这只是整个宇宙的饼状图的 4.9%。

在过去的 20 年里，宇宙组成的饼状图——68.5% 的暗能量、26.6% 的暗物质和 4.9% 的重子物质——已经成为我们对宇宙的无知的标志性代表。这些年来，精确的百分比略有变化，而且在不久的将来可能会继续变化，但总体信息是明确的：用温斯顿·丘吉尔的话

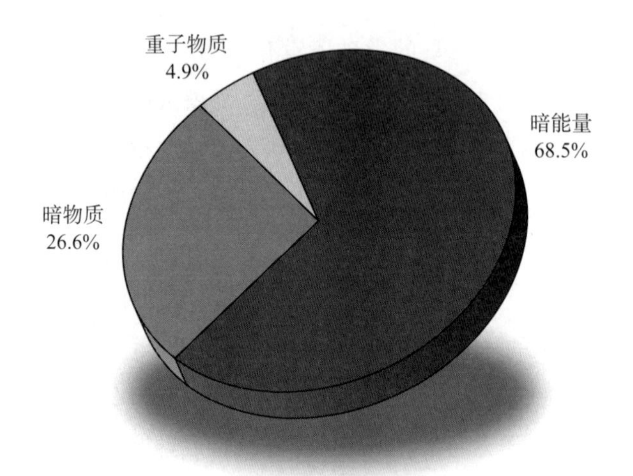

图 16　根据主流的 ΛCDM 宇宙学模型，宇宙被神秘的暗能量和暗物质所支配。总物质/能量中仅有 4.9% 由“正常的”重子物质组成

说，我们的宇宙是“谜中之谜”。

饼状图虽然看起来简单，但也让我们看到了人类在宇宙中的渺小。在 16 世纪，尼古拉·哥白尼告诉我们，地球不是宇宙的中心。150 多年前，查尔斯·达尔文让我们认识到人类并不是万物之王。现在，我们的自负遭到了第三次打击。我们不仅在太空中无处可寻，在时间上是意外的新来者，而且构成我们的物质也只是宇宙的一小部分。至少可以说，这是一个令人谦卑的信息。

智人是进化树上新近出现的分支，在宇宙尺度的眨眼之前，诞生在一个非常普通的星系的外围、围绕一颗普通恒星运行的一粒不起眼的尘埃上。那么，我们有一天会解开宇宙奥秘的这一假设是不是太自以为是了？也许吧。但这不应该阻止我们去尝试。在过去的几个世纪和几十年里，我们已经走过了相当长的一段路，而且有充分的理由相信，我们对天空的探索将在未来产生更多的答案。

过去的美好时光可能一去不复返了，但新的美好时光或许更好。

17.

指示性图案

精密宇宙学于2009年5月14日当地时间上午10点12分在法属圭亚那的丛林中起飞。在数十名天文学家、技术人员、政府官员和记者的注视下，一枚强大的阿丽亚娜5号ECA型运载火箭在圭亚那航天中心发射升空。它在火柱和烟雾中升至树梢之上，雷鸣般的轰鸣声淹没了潮湿雨林中鸟儿的歌声和昆虫不断的嗡嗡声。欧洲空间局（ESA）的普朗克卫星隐藏在火箭的鼻锥中，紧挨着同次进入太空的赫歇尔红外太空望远镜。它的任务是：精确绘制大爆炸的余辉，以寻求对宇宙的更好理解。[1]

这种被称为宇宙微波背景（CMB）的余辉提供了极早期宇宙的快照，距其爆炸起源仅38万年。不知何故，在138亿年的历史进程中，这种原始酿造中的微小密度波动演变成了今天在我们周围看到的星系的纤维状分布。研究被称为CMB的“宇宙婴儿照片”可以提供有关塑造这种演化的宇宙成分的信息。事实上，普朗克卫星对CMB的测量令人信服地证实了暗能量和冷暗物质的主导作用和相对贡献。即使没有超新星观测和银河自转曲线，宇宙学家也可以仅根据普朗克数据来支持ΛCDM模型。

那么，宇宙微波背景到底是什么？让我们回到开头一探究竟。在宇宙存在的最初几十万年里，条件过于极端，中性原子无法形成。太空充满了极热的等离子体——单个质子、中子、电子、中微子和暗物质粒子的混合物。就像蜡烛的火焰一样，这种致密的等离子体是不透明的：光子不能在空间中自由移动，因为它们在不断地与无所不在的电子相互作用——因为电子带电荷。

但在经历了大约 38 万年的宇宙膨胀之后，宇宙的平均温度降至 2 700 摄氏度以下，“冷”到足以让氢原子核和氦原子核捕获自由电子。在短短几万年的时间里，所有的等离子体都变成了炽热、膨胀的电中性原子气体，最后，这种炽热的、炼狱般的强烈辐射自由地流遍整个空间，不受带电粒子相互作用的阻碍。

有一点很重要：要认识到，膨胀空间中的每一个点都曾经热到足以产生这种几乎与太阳表面一样明亮的光辉。来自我们周围的辐射早已消失在远方。然而，从四面八方包围我们的是一个空间的外壳，它是如此遥远，以至于它的原始光辉直到今天才到达我们这里。在这 138 亿年的旅程中，高能辐射由于宇宙膨胀而发生了红移，它在到达我们的探测器时，除了在射电波段发出冷淡的、微弱的、几乎无法察觉的嘶嘶声外，几乎没有留下什么。如第 1 章所述，贝尔实验室的无线电工程师阿诺·彭齐亚斯和罗伯特·威尔逊在 1964 年偶然发现的正是这种微弱的宇宙微波背景。

彭齐亚斯和威尔逊使用的大喇叭状天线无论指向哪个方向都能探测到相同数量的辐射。但是，有一点从一开始就很清楚：宇宙微波背景不可能也不应该在整个天空中是完全平滑的。目前，宇宙中的星系和星系团的存在告诉你，原始汤中一定存在着微小的密度波动。这些微小的密度变化应该可以辨别为背景辐射中温度稍高和稍低的同样微小的斑块。

在苏联物理学家叶夫根尼·利夫希茨在1946年的开创性工作的基础上，得克萨斯大学的研究人员莱纳·萨克斯（Rainer Sachs）和亚瑟·沃尔夫（Arthur Wolfe）是第一批对这些变化的预期大小进行定量预测的人。萨克斯和沃尔夫1967年在《天体物理杂志》上发表了一篇论文，得出结论："我们估计，如果微波辐射具有宇宙学意义，那么它应该出现1%的各向异性。"但这个结论在当时还没有被普遍接受。[2]不过，尽管天文学家在20世纪七八十年代进行了更加精确的观测，但他们所预测的温度变化（有关的各向异性）并没有被发现。结果表明，CMB出乎意料地平滑，这也是导致吉姆·皮布尔斯在1982年提出非重子冷暗物质存在的原因。

出乎意料地平滑，但又不是完全平滑。这一重大发现为人所知是在1990年1月，在华盛顿特区举行的美国天文学会会议上，科学家展示了NASA的宇宙背景探测器（COBE）卫星的第一批结果。自1989年11月发射以来，COBE一直在以前所未有的灵敏度绘制宇宙微波背景图。在其运行的前几周，它精确测量了CMB的光谱。它还检测到了人们期待已久的温度波动，尽管波动水平比萨克斯和沃尔夫在24年前的预测值要小得多。

虽然微波背景的平均温度是2.725开尔文（仅比绝对零度高一点儿），但"热"斑块和"冷"斑块间的偏差不超过3 000万分之一开尔文——各向异性不是1%，而是小于1%的1/1 000。终于，宇宙学家有了可以着手的数字。COBE的主要研究者约翰·马瑟（John Mather）和乔治·斯穆特（George Smoot）因其突破性成就获得了2006年的诺贝尔奖。

然而，COBE的角分辨率并不是很高，这意味着它对CMB的观测仍然有点儿模糊。卫星的仪器确实记录了整个天空的微小温度变化，但它们无法辨别最小的热点和冷点——就像你我从远处看一幅修拉的点彩画，无法辨认出单个色彩点一样。但到了 20 世纪 90 年代后期，高空气球实验成功地解析了CMB的小尺度结构，虽然只是在相对较小的天空区域。2001 年 6 月，NASA发射了COBE的继任者：微波各向异性探测器。在该项目的科学团队成员戴维·威尔金森（David Wilkinson）于 2002 年去世后，该卫星被重新命名为“威尔金森微波各向异性探测器”。

2009—2013 年间，ESA的普朗克卫星（以德国著名物理学家马克斯·普朗克的名字命名）将CMB测量的灵敏度和精度提升到了新的水平。2013 年 3 月 21 日，在巴黎ESA总部举行的新闻发布会上，普朗克卫星绘制的微波背景图被展示给了全世界，不过科学家们又花了 5 年时间才完成数据分析。观测结果于 2018 年 7 月 17 日发表在《天文学与天体物理学》杂志的 12 篇系列论文中。[3]据项目科学家简·陶伯（Jan Tauber）说，“这是普朗克卫星最重要的遗产。到目前为止，宇宙学的标准模型经受住了所有的考验，普朗克卫星已经用它的测量证明了这一点”。

图 17 宇宙微波背景辐射中的微小温度变化揭示了极早期宇宙中的微小密度波动，时间是大爆炸后仅 38 万年

这是一个意义重大的说法。陶伯所说的是，越来越精确的CMB测量结果表明，我们生活在一个平坦的宇宙中，就像第15章中艾伦·古斯1979年的暴胀假说所预测的那样。这些测量结果也证实了暗能量的存在。

宇宙的婴儿照是如何告诉我们它的组成和演化的呢？这一切都与宇宙历史最初38万年期间重子物质和辐射的亲密耦合有关。大爆炸后不久，炽热的原始等离子体并不是完全平滑的，这可能是因为最初的量子涨落被暴胀的指数级膨胀"吹"到了宏观层面。因此，新生的宇宙遍布着比平均密度略高的小区域：更多的质子、中子和电子（"正常"物质），但也有更多的暗物质粒子。虽然暗物质粒子只对引力有反应，但重子等离子体也会与无所不在的高能光子发生强烈的相互作用。

由于引力的作用，一个密度过高的区域将会进一步收缩，变得更加密集。但随着密度的增加，辐射压也会增加，从而导致团块膨胀——至少在考虑重子的情况下是这样。其结果是，在早期宇宙中，重子–光子流体中出现了一种传播得更高、压力更低的纵波，这与空气中的声波非常相似，不过波长要大得多。与此同时，中心暗物质的超密度一直保持不变。

如果早期宇宙只有一个密度异常，那么由此产生的声波模式就很容易识别。然而，现实是存在着不同波长和不同振幅的嘈杂声波，以接近光速的60%的速度在向各个方向膨胀的宇宙等离子体中传播。如果你喜欢诗意的比喻，你可以称它为宇宙诞生的哭声。

只要重子和光子强耦合，这种原始音景就会持续存在。但随着物质与辐射之间强大的相互作用在宇宙诞生约38万年后停止，重子声波突然安静了下来。这时，光子开始以宇宙微波背景的形式在宇宙中自由驰骋，重子则处于密度高低涨落的三维分布中，这是声学振荡大杂烩的定格印记。

宇宙微波背景的斑点温度模式与这种原始密度分布直接相关。因此，宇宙学家可以使用普朗克卫星的CMB图来研究所谓的“重子声学振荡”。这有点儿像通过研究非常精细的人耳鼓膜的短曝光照片来重建嘈杂环境中的各种声音。鼓膜同时在许多不同的频率和振幅上振动，但通过分析复杂的定格的振荡模式，是可以梳理出单个声波的。同样，对CMB图案的详细分析会告诉你组成辐射的众多波的振幅（功率）与波长的函数关系。由此得到的图被称为CMB功率谱。

宇宙38万岁时（宇宙背景辐射被释放的时候）的精确的声波模式是由数量少得惊人的变量决定的。特别重要的是重子的密度、非重子粒子的密度，以及所谓的声视界——在物质和辐射退耦之前的时间里，声波在膨胀的等离子体中可以传播的距离。事实证明，哪怕将其中一个变量进行一个相对较小的改变，都会影响CMB功率谱的精确形状。可以说，你能根据观测到的功率谱反推出退耦时的重子和暗物质密度，以及声视界。

波功率和声视界之间存在密切关系并不令人惊讶。对于管风琴来说也是如此：管的长度（声波可以传播的距离）决定了哪些波长的振幅最大。还记得本书开头所讲的吧，皮布尔斯通过在两个不同大小的空塑料瓶上吹气而产生了两种截然不同的声音。当然，在巴赫作品的音乐会上，管风琴的管不会膨胀，引力也不会起作用，但原理是一样的：每个尺寸都有自己偏爱的频率——它自己的一套基音和相应的泛音。

现在情况变得有趣了。退耦时的声视界大约在45万光年的数量级上，这是大爆炸38万年后重子声学振荡所覆盖的距离。（是的，这里不存在任何矛盾：振荡以接近60%光速的速度传播，但由于宇宙膨胀，它们最终到达的距离几乎是静态宇宙中的两倍。）所以当振荡停止时，新生宇宙中的每一个原始超密度区都被一个半径为45万光年的高于平均密度的球状外壳所包围。

这个半径作为宇宙微波背景中热点和冷点图案的首选距离，与CMB功率谱中第一个“峰值”的位置密切相关。由于原始等离子体中有许多重叠的密度波，温度各向异性起初看起来是随机的，但是如果测量天空中每一对可能的斑点之间的距离，就会出现一种模式：相距45万光年的斑点的数量明显高于对随机分布的预期。

这就给我们带来了平坦宇宙的证据。在研究CMB的冷热点的统计分布时，天文学家并不以光年为单位测量它们之间的距离，而是以它们在天空中的角度为单位。他们发现的是一个大约1度的首选角距离。这个首选角距离应该对应于45万光年的首选物理距离。（别忘了，CMB光子来自非常遥远的地方——它们花了大约138亿年才到达地球——所以45万光年的距离仅对应于天空中的1度并不令人惊讶。）

但是，如果背景辐射穿过一个整体呈正曲率的“封闭”宇宙，那么相距45万光年的两个点在我们的天空中呈现的夹角将大于1度。在具有负曲率的“开放”宇宙中，这个夹角将小于1度。只有在整体曲率为零的平坦的欧几里得宇宙中，138亿年前相距45万光年的直线距离才对应于今天天空中1度的角距离。

因此，宇宙微波背景中的指示性图案揭示了宇宙的基本属性。与暴胀理论一致，我们生活在一个平坦的宇宙中，这意味着总质能密度必须等于临界密度。从普朗克数据还可以看出，重子密度仅为临界值的4.9%，而非重子冷暗物质的密度又占了26.6%。因此，宇宙质能中剩余的68.5%必须以暗能量的形式存在。

这里值得注意的一点是，这些数值完全独立于先前的天体物理学估计。没有星系的自转曲线，没有星团动力学，也没有Ia型超新星的观测——一张详细的宇宙微波背景图就足以得出我们的宇宙是由暗能量和暗物质主宰的这一结论。正如普朗克团队在其2018年关于宇宙学参数的论文摘要中谦逊地指出的那样："我们的发现与标准的ΛCDM宇宙学具有很好的一致性。"[4]

因此，天文学家对宇宙在大爆炸38万年后的模样有了相当好的了解，而对CMB婴儿照片的仔细观察揭示了很多关于宇宙最基本的性质。不过话又说回来，这只是一张宇宙的"婴儿照"——新生宇宙的一瞥。如果现在的宇宙是一个50岁的女人，宇宙微波背景图显示的则只是宇宙刚出生时的特征。这个婴儿是如何成长发育成大人的呢？

首先，自从CMB释放以来，宇宙已经膨胀了近1 100倍。（如果人类的婴儿也是按这个速度生长的话，那么这位50岁的成年人将有550米高。）鉴于这种令人惊叹的增长，你推测早期宇宙密度分布中的高点和低点会随着时间的推移而平缓下来，但事实上，由于引力的作用，它们之间的差距变得越来越明显了。在空间的每一点上，物质密度都由于宇宙膨胀而降低，但在密度过高的区域，密度下降的速度要比密度较低的区域慢得多，因此密度的对比度会增大。正如我们在第11章中看到的那样，在大规模计算机模拟的帮助下，这一过程得到了详细研究。

随着宇宙的年龄的增长，暗物质分布中的密度过高的区域（在宇宙历史的最初的38万年间，暗物质由于不与辐射相互作用，所以得以增长）继续吸引更多的物质，包括非重子和重子。但在45万光年距离处围绕这些暗物质聚集区的密度略高的壳层也是如此，这是在退耦时“定格”的重子声学振荡的波峰。它们也开始在引力作用下吸引越来越多的暗物质和“正常”物质。

最终，这种错综复杂的密度变化模式演变成为当今宇宙的纤维状大尺度结构，通常被称为“宇宙网”。因此，通过仔细观察星系的空间分布，天文学家应该仍然能够识别出在宇宙微波背景图中发现的45万光年这一首选距离，尽管到目前，它已经扩张到约5亿光年。尽管经历了138亿年的宇宙演化，但定格的振荡依然一定是可见的。

当然，夜空的照片并不像某些关于重子声学振荡的科普文章中的误导性插图那样，呈现出明显的圆形排列的星系。别忘了，我们谈论的是一种非常微弱的效应在更加平滑的星系分布上留下的印记。但是，如果你制作一张包含数万个星系的三维地图，而且测量了每一对星系之间的物理距离，你会发现这种所谓的“两点相关函数”在5亿光年的距离上呈现出一个凸起（至少在当前的本地宇宙中是这样）。在更远的距离上，我们回溯到更远的时间时，振荡应该相应更小，因为宇宙还没有膨胀到现在的规模。

直到2005年，星系巡天的规模和深度才足以令人信服地揭示出这种指示性图案。那时，2度视场星系红移巡天和斯隆数字化巡天（你在第6章中读到的两个项目）终于成功地探测到了遥远星系三维分布中的重子声学振荡。[5]点状CMB图的特征与星系分布的统计特性之间存在明显联系，正如宇宙的婴儿照与成年女士之间的明确联系。宇宙学拼图的碎片开始组合在一起，一切都说得通了。

其核心信息是，过去在现在是可见的。在宇宙历史最初几十万年里，在炽热的等离子体中传播的强大声波在宇宙的大尺度结构上留下了它们的印记，一个特征性的胎记，可以在宇宙微波背景研究提供的斑点状婴儿照片上辨认出来。

在我看到普朗克卫星（这项任务将提供迄今为止最精确的宇宙学参数）升入太空的那个时候，几乎没有任何宇宙学家怀疑ΛCDM模型。几十年来，暗物质存在的证据已经缓慢但稳步地积累起来。暗能量虽然是理论舞台上的一个相对较新的成员，但到了2009年已经变得不容忽视。ΛCDM对宇宙的组成和演化提供了一致的描述，完全符合所有的观测数据以及最新的超级计算机模拟。没有其他任何宇宙模型能够宣称达到同样难以置信的水平的成功。

不过，我还是无法摆脱那些纠缠不休的假设想法。如果宇宙学家追逐的是海市蜃楼呢？毕竟，暗物质和暗能量的每一项证据都是间接的。没有人检测到过暗物质粒子。没有人直接测量出空间的加速膨胀。我们所拥有的只是间接证据。星系动力学、引力透镜测量、超新星观测、重子声学振荡……如果它们把我们引入了歧途呢？我们会不会像在第1章中遇到的19世纪的以太的信徒那样把自己困在角落里？暗物质和暗能量会不会只是用来掩盖我们无知的投机的数学技巧，亦即现代物理学的本轮呢？

看着强大的火箭带着宝贵的有效载荷飞向太空，我想知道宇宙学作为一门科学将走向何方。更多更精确的测量数字——很好。但是，如果ΛCDM是真的，如果我们周围熟悉的世界仅占一个大体神秘的宇宙的4.9%，那么是不是该把剩下的至少一个大问号变成感叹号了？至少让我们真正地将手放在暗物质实验上？

在大西洋的另一边，不是在高高的太空，而是意大利亚平宁山脉的地下深处，雄心勃勃的物理学家也有着完全相同的想法。差不多是时候了。

他们的王牌是什么？

氙。

第三部分

躯　干

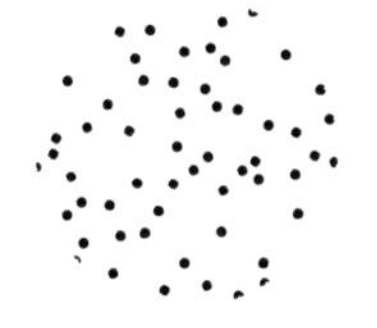

18.

氙之战

曼哈顿的摩天大楼就像一支干草叉军队，攻击着笼罩在纽约市上空的乌云。预计当天晚些时候会下雪，但此时此刻，帝国大厦、克莱斯勒大厦、公园大道 432 号和世界贸易中心一号楼偶尔会捕捉到 1 月份的短暂阳光。

“真是绝妙的景色，”埃伦娜·阿普里莱带着亲切的意大利口音说道，“我永远不会对此感到厌倦。”我们在她的布鲁克林公寓楼的 46 层的空中休息室见面。[1]采访结束后，她在自己雅致的厨房里给我做了一杯非常好的浓缩咖啡，并给我看了她第一个外孙的照片——“看到自己的女儿当妈妈真是太棒了”。她又给我看了一张照片，那是她在 20 世纪 70 年代后期的照片，那时她 23 岁。她当时在 CERN，年轻而雄心勃勃——她的原话。

作为 XENON 暗物质实验的开创者和长期代言人，她依旧雄心勃勃、热情高涨。[2]阿普里莱一直想比其他人做得更好。她目前并没有发现暗物质。但是，这件事随时可能发生，而且最好是她的新 XENONnT 探测器做出值得诺贝尔奖的发现。

因为阿普里莱并不是唯一一个对运气、名望和获奖梦寐以求的人。在美国和中国，其他团队也在争夺同样的突破，使用同样的液氙技术。他们是阿普里莱曾经的合作者、她培养出来的人，甚至其中有人是她的前夫。如果这是一场战争，她志在必得，一如既往地要成为最好的那个。

真是一个非常有个性的人，就像XENONnT的技术协调员奥克·彼得·科莱恩在我访问格兰萨索国家实验室时告诉我的那样。

埃伦娜·阿普里莱出生于米兰，年轻而好奇的她在那不勒斯大学学习物理。在她大三的时候，她申请了CERN的暑期项目。被选中并分配到卡洛·鲁比亚的研究组是她人生中截至当时发生的最好的事情，尽管鲁比亚是一个相当有胁迫力的人，尤其是对待女性。那是在1977年5月，也就是他成为诺贝尔奖得主和CERN总干事的几年前。

抛开这些权力和性别的问题不谈，CERN是科学的天堂，也是通向国际物理学的门户。因此，阿普里莱从未真正回到意大利，也没有回到男朋友的身边。她在鲁比亚那里待了半年多，结识了德国物理学家卡尔·吉博尼（Karl Giboni），并于1981年在日内瓦大学攻读博士学位期间与他结了婚。

1983年，鲁比亚为阿普里莱和吉博尼提供了他在哈佛大学的研究组的博士后职位，从事研究质子的可能衰变的地下实验。慢慢地，她进入了这个以男性为主的团体。但是，为鲁比亚工作是很累的。在他因发现W玻色子和Z玻色子而与他人共同获得1984年的诺贝尔奖后，他变得更难对付了。他可能从欧洲飞来——有时，人们开玩笑说鲁比亚半辈子都在商务舱里度过——与阿普里莱和吉博尼共进晚餐，告诉他们做错了什么，哪里失败了，让他们感觉很糟糕，然后飞回日内瓦。1985年年底的时候，吉博尼受够了。他跟鲁比亚说“我不干了”，然后接受了纽约一家公司的研究职位。阿普里莱于1986年1月离开哈佛大学，加入哥伦比亚大学物理系。

哥伦比亚大学是她对液态惰性气体产生热爱的地方。首先，她建造了基于氩的中微子探测器。接下来她又建造了使用氙作为探测器液体的气球式伽马射线望远镜。2001年，当她开始寻找有更好资金前景的项目时，她对一项英国的实验产生了兴趣，该实验使用液态氙来寻找暗物质。

英国的ZEPLIN（全称意为“液体惰性气体中的比例闪烁”，这又是一个拙劣的首字母缩写）实验是由英国暗物质合作组织提出的。在英格兰东北部布尔比村钾盐矿的地下1 100米处，屏蔽了来自上方的宇宙射线的持续轰击，科学家们正一丝不苟地监测装满1升（约3千克）超冷液态氙的小容器。他们的目的是探测原子核和WIMP（弱相互作用大质量粒子）之间极其罕见的相互作用。这些弱相互作用大质量粒子（见第10章）被认为构成了神秘的、看不见的东西，占宇宙中大部分引力质量。一个更新、更大、更灵敏的探测器正在建造，帝国理工学院的物理学家甚至还在筹划ZEPLIN三期。显然，这里有一些可以竞争和需要战胜的事情。

2001年夏天，在科罗拉多州阿斯彭举行的一场大型物理学会议上，阿普里莱听说了暗物质这个题目，但当时的她对此知之甚少。同年，她写了一份提案，向美国国家科学基金会申请资金研发探测器。

资金到位了，现在阿普里莱负责她自己的暗物质探测实验，即XENON项目。顺便说一句，这对她的个人生活并不健康。1996年，吉博尼结束了他10年的业界生涯，以高级研究科学家的身份加入他妻子在哥伦比亚大学的工作。到了2001年，阿普里莱成为哥伦比亚大学的正教授，而吉博尼仍在为她工作。对于XENON项目来说，他

图 18　埃伦娜·阿普里莱在哥伦比亚大学的原子捕获实验室中测试捕获氪原子的技术。这些氪原子会污染暗物质探测实验中使用的液态氙

们的合作卓有成效，但对于他们的婚姻来说，情况就不是这样了。这又是一次性别和权力的较量。

“我的理解是，有得必有失。”阿普里莱凝望着空中休息室的大窗户说道。在东河的对岸，最高的摩天大楼的顶部开始消失在灰色的云层中。“我在工作上很成功，在个人生活中却是失败的。在这个过程中，我失去了我的丈夫。”

XENON团队的另外两名成员是布朗大学的物理学家理查德·盖茨克尔和他在普林斯顿大学的同事托马斯·舒特（Thomas Shutt）。盖茨克尔和舒特曾在“低温暗物质搜索项目”中共事，这是一个使用半导体探测器的实验（后面会有详细介绍）。盖茨克尔和舒特对液态氙的前景感到兴奋。

在建造了一个名为XENON3 的 3 千克概念验证探测器后，他们计划研发世界上最灵敏的液态氙暗物质实验，一举超过英国的竞争对手。当然，就像ZEPLIN一样，新的探测器必须屏蔽宇宙射线，所以阿普里莱、吉博尼、盖茨克尔和舒特开始了寻找合适地下物理实验室的侦察之旅——换句话说，就是寻找一个足够深的矿井。

加拿大安大略省萨德伯里附近年头已久的克里顿镍矿是一个可能的选项。克里顿已经是一个名为SNOLAB的中微子物理学实验室的所在地，它的深度超过两千米，并且相对靠近美国东海岸，那里是各种团队成员的基地。[3]同时，盖茨克尔和舒特一直在明尼苏达州苏丹铁矿进行低温实验——虽然距离较远，却是熟悉的地方。位于南达科他州利德市的霍姆斯特克金矿是另一个候选地点，一个中微子实验自20世纪60年代末以来一直在那里进行。然后，还有新墨西哥州的废物隔离试验厂，这是一个放射性废料的深层地质储存库。还有，为什么不去欧洲呢？即使你与ZEPLIN团队竞争，你也可以将你的实验基地设在北约克沼泽国家公园的同一个布尔比矿中。最后，在阿普里莱的家乡意大利，舒特正在格兰萨索隧道进行Borexino中微子实验，这是阿普里莱和吉博尼所熟知的地点，因为他们参与了ICARUS（成像宇宙和罕见的地下信号），另一个中微子实验，其发起人是卡洛·鲁比亚。[4]

最后，出于一些实际因素的考量，他们选择了格兰萨索实验室——没错儿，他们还拿文化、美食和气候开玩笑。阿普里莱的国家科学基金会资金和盖茨克尔的能源部资金使XENON10得以迅速建成，这个名字为人们所牢记，虽然该实验最终是在一个比1加仑①油漆罐稍大的圆柱形容器中装了15千克的液态氙。该探测器是在哥

① 容量单位，此处1加仑等于3.785升。——编者注

伦比亚大学的尼维斯实验室建造的，然后被运往意大利，并在 2006 年 3 月安装。那时，合作团队已经发展到 30 多人。同年，数据采集开始了。

XENON10 的开发和部署是一场过山车般的疯狂经历。该团队每天工作 18 个小时，同时保持低调，不希望被物理学界关注到。因此，当他们于 2007 年公布并于 2008 年 1 月在《物理评论快报》上发表第一批结果时，全世界都大吃一惊。[5]不过，XENON10 没有探测到 WIMP，它没有探测到任何令人意外的东西。但是，几乎在一夜之间，它就成了迄今为止最灵敏的暗物质实验。因此，它为 WIMP 的相互作用率提供了重要的新上限，约束了以前从未被实验检验的理论模型。

为了理解预期的 WIMP 相互作用率，你必须认识到，太阳和地球在围绕银河系中心运转的 2.5 亿年的轨道上，以大约每秒 220 千米的速度，或几乎每小时 80 万千米的速度，穿过暗物质粒子的静态晕。如果暗物质由 WIMP 组成，并且如果每个 WIMP 粒子的质量是质子的 100 倍，那么平均而言，每一块和魔方差不多大的体积中就有一颗暗物质粒子。但是由于它们的相对速度，几乎每秒钟都有 10 亿颗 WIMP 粒子穿过你的身体。

WIMP 感觉不到电磁力，所以它们不会与电子发生作用。然而，它们确实可以感受到弱核力，而且预计它们会非常零星地与原子核碰撞，并与组成原子核的夸克发生作用。为了探测这种相互作用，你需要密切观察大量的原子核，去除或至少识别每一种可能的干扰背景信号，并耐心等待。液态氙（零下 95 摄氏度）被证明是检测这种碰撞的完美的目标材料，因为它几乎没有天然放射性，否则将破坏观测结果。

以下是实际检测的工作原理。当一个氙核被一个WIMP击中时，它会发生振动。在一个很小的区域内，氙原子因此失去了一些电子（这个过程被称为电离），并短暂地进入一个激发的类分子的状态。当一切再次恢复正常时，一次微弱的紫外线闪光将在178纳米的波长下发射出来，它被称为闪烁信号，持续时间不超过20纳秒。这个微弱的信号可以被安装在圆柱形氙容器顶部和底部的光电倍增管记录下来，每根管的灵敏度足以检测到单个光子。

其中最大的问题是，更平凡的（且更频繁的）相互作用会产生类似的激发作用和类似的闪烁信号，而且波长相同。当然，正如我们在第2章中看到的那样，实验人员在尽其所能地保护探测器不受宇宙射线的影响，并净化氙。但是，没有什么是完美的，你永远无法摆脱所有不需要的背景信号。

由于液态氙具有对这些背景信号的自我屏蔽能力，WIMP猎手们对来自目标核心处的闪烁特别感兴趣：与来自边缘的信号相比，来自氙容器中心区域的信号产生自背景事件的概率更低。但是，仅仅记录一次短暂的紫外线闪光并不能给你提供有价值的信息。因此，阿普里莱和她的团队建造了一个双相探测器，这是ZEPLIN二期首创的设计。

“双相”指的是氙同时存在于液相和更常见的气相中。在一个双相探测器中，第二个信号会在液体上面的气态氙薄层中产生。正如我们所见，由于WIMP的相互作用，氙核会失去一些电子。在探测器周围竖直方向的强电场的推动下，这些带负电的电子以大约每秒两千米的速度从相互作用点竖直向上漂移。电子到达液体氙和气态氙之间的界面时，会被提取并被更强的电场加速，导致气体中出现一微秒的电致发光——与霓虹灯发光的过程相同。

因此，氙容器中的每一次相互作用都会产生两个不同的信号：在相互作用的粒子撞击氙的瞬间出现的非常短暂的闪烁，随后是持续时间更长的电致发光。这两个信号之间的时间延迟能够告诉你探测器中发生相互作用的深度。将这一信息与探测器顶部和底部的每个光电倍增管所观测到的光子数量结合起来，你就可以得到梦寐以求的相互作用的三维位置。此外，这两个信号的相对强度可进一步帮助你区分WIMP相互作用（如果它们发生了的话）和由背景β粒子或伽马射线引起的事件。

如果这听上去很复杂，那也是因为事实确实如此。但是实验物理学家喜欢挑战，还有什么比设计和建造最灵敏的探测器以揭开自然界最不为人知的秘密更令人兴奋、更值得的呢？至少，这种想要了解物理世界的冲动，自盖茨克尔的孩提时代起就一直激励着他。当小理查德 8 岁时，他的母亲曾经发现他光着身子坐在浴缸里，用永久性记号笔在浴室的瓷砖上画线，并试图计算水流的轨迹。

在我拜访盖茨克尔在罗得岛州普罗维登斯办公室的几周前，他在犹他州滑雪时遇到了物理学的另一个谜题：重力。[6]他将受伤的腿用一个小转椅支着，给我递来咖啡，伸手去拿几乎隐藏在一堆文件和杂志下面的一个小盒子。他拿出一块12克的超高纯度的铌晶体，只有扑克牌大小。他说："这就是一切的开始。"

盖茨克尔的第一份工作与搜寻粒子毫无关系：在获得牛津大学的物理学硕士学位后，这位英国人在伦敦的摩根格伦费尔公司做了 4 年的投资银行家。1989 年，他得出结论，经济学对他来说在智力上不够有挑战性，于是，他回到了牛津大学，与他的论文导师诺曼·布斯（Norman Booth）一起研究铌晶体。1995 年，也就是获得博士学位两年后，盖茨克尔搬到了加州大学伯克利分校的粒子天体物理学中心，那里当时是暗物质探测的中心。

盖茨克尔与暗物质之间的联系是半导体，铌就是其中的一个例子。与液态氙一样，半导体晶体被冷却到绝对零度以上几千分之一度时，可以用来探测暗物质。理论上，一个WIMP粒子穿过晶体时，可能会在途中撞上原子核。附在晶体上的超级灵敏的超导探测器可以记录由此产生的振动和电荷位移。用厚厚的铅层包裹住低温装置来冷却晶体，从而尽可能多地阻隔自然放射性，再将整个装置放入深深的矿井中来屏蔽宇宙射线，你就可以开始工作了。

作为半导体晶体方面的专家，盖茨克尔来到伯克利，与伯纳德·萨杜莱的低温暗物质搜索小组一起工作，他们正在使用一叠曲棍球大小的锗和硅晶体——与计算机芯片技术和太阳能电池中使用的半导体材料相同。[7]在决定换方向之前，盖茨克尔在超净室中花了几年时间处理这些晶体，在旧金山湾另一侧的斯坦福地下浅层设施中测试它们。要建更大的探测器，需要花费太多的精力和体力劳动，而这是使它们更灵敏的唯一方法。因此，他在2001年搬到布朗大学后联系了哥伦比亚大学的阿普里莱。

“我意识到这不会是短跑，”他说，“更像是马拉松，每一个新的里程都比前一个更难。每一个阶段，你都需要更健壮的腿，也就是更大的探测器。”氙的使用提供了这种可能性。盖茨克尔对暗物质了如指掌，阿普里莱对液态惰性气体一清二楚——这似乎是完美的搭配。

但事实并非如此。2007年，完成了XENON10之后，在其后续XENON100的设计阶段，他们的合作破裂了——更确切地说，是爆炸了。盖茨克尔和阿普里莱是两个同样个性强烈和雄心勃勃的人。他们几乎在每一件事情上都有分歧，包括运行一个大型国际项目的最佳方式，尤其在是否希望将实验移回美国这一点上。

得益于来自南达科他州的商人及慈善家丹尼·桑福德（Denny Sanford）的7 000万美元赠款，将南达科他州黑山的霍姆斯特克金矿变成物理实验室的旧计划终于可以实现了。2007年，盖茨克尔和舒特想在矿区建造下一个液氙探测器。在XENON合作项目中的7个美国团队中，有4个团队同意加入——在你的祖国“就近”开展工作比往返欧洲更有效率。而阿普里莱坚持留在意大利。XENON100正在建造之中，它最终装配了165千克液态氙。而格兰萨索实验室是现成的，她想保持这个势头。她想成为第一个，也是最好的一个。对暗物质的直接探测指日可待，浪费任何时间都是愚蠢的。

于是盖茨克尔和舒特回到了美国，开始在全新的桑福德地下研究所开发他们自己的大型地下氙暗物质实验（LUX）。[8]最终，他们组建了一个由来自27个机构的100多名物理学家组成的小组。诚然，他们在这个过程中多花了两三年的时间，但是LUX比XENON100更灵敏，它拥有370千克（超过100升）的靶材料，用26万升的水屏蔽着，以防止有不必要的中子进入。其建设工作于2009年开始，2012年在1 480米深的桑福德实验室进行了部署，2013年，团队获得了第一批数据，就在阿普里莱团队发表从XENON100发现得出的WIMP相互作用率的新限制后一年。[9]“一切都非常顺利，”盖茨克尔说，“我们彻底击垮了所有人。”

现在，比赛真的开始了。2014年，吸引了来自欧洲各国的新研究小组的XENON合作项目，开始建造一个更大的探测器。一个洗衣机大小的氙容器装有高达3.2吨的液体物质。不少于248个光电倍增管。一个几乎三层楼高的水箱，容积为700立方米。还有一个志在必得的时间安排，在2016年，也就是LUX退役的那一年，它会收集第一批数据。新探测器叫作XENON1T，它的第一批结果于2017年5月公布。[10]

这不再是两支“军队”之间的战争。2009年，XENON100的前合作者、马里兰大学的季向东开始在中国开展一项竞争项目，中国希望展开属于自己的旗舰级实验。阿普里莱的前夫吉博尼接受了上海交通大学的教职邀请，加入了该项目，而这更加坚定了她必胜的决心。

这台中国的探测器叫作PandaX，即粒子和天体物理氙探测器，它位于四川省锦屏实验室，在岩石下方2 400米，这些岩石中主要是大理石。[11]它不仅是世界上最深的地下物理实验室，也是世界上“最安静”的地下物理实验室。第一个PandaX探测器装有120千克的氙；PandaX–II于2015年3月开始运行，其体积增大了4倍，灵敏度超过了LUX。中国团队希望最终可以打造一个30吨的探测器。

“竞争是好事，”盖茨克尔说，“人们知道还有其他人时，会更加努力地工作。”不愿放弃，更加努力工作，他就是这样做的。随着LUX被XENON1T和PandaX–II超越，他与英国ZEPLIN团队联手研究。就在2019年圣诞节前夕，10吨的LUX–ZEPLIN探测器的多个部件被转移到了南达科他州的地下实验室。在我撰写本书时，运行即将开始。[12]同时，正如第2章中所见，阿普里莱的格兰萨索团队已经让XENON1T退役并完成了XENONnT的建造，其灵敏度与LUX–ZEPLIN不相上下，尽管它的靶质量略低，为8.6吨。

这场较量还没有结束，而且可能在未来很多年都不会结束。尽管如此，盖茨克尔说：“我相信暗物质总有一天会被发现。否则，我不会做这些事情。我想回答这个问题。”这不是一件容易的事，他补充道，同时将他受伤的腿挪到了转椅上一个更舒适的位置。“这可能比我希望的时间要长得多。谁能说这个问题只需要一代人就能解决呢？”

在纽约市，埃伦娜·阿普里莱一直都对暗物质的发现和诺贝尔奖梦寐以求。至少，在展示了她雄心勃勃的23岁时的黑白照片后，她是这么告诉我的。找到一个信号，将会是多么惊喜且令人惊叹！听着她的故事，看着她那张意志坚强的脸，我不禁相信了她。这个女人的一生都围绕着探测暗物质的梦想打转。现在，这个发现随时都有可能发生。

我穿过东河回到曼哈顿时，终于开始下雪了。人行道很滑，大多数高层建筑都消失在视野中。走在大雪中，在新鲜的白色“地毯”上留下足迹，我试着想象（但并未成功）每一秒都有10亿个看不见的WIMP粒子穿过我的身体，日复一日，年复一年。它们穿过布鲁克林大桥。穿过自由塔。穿过我们的星球。在地下深处的实验室中，穿过世界上最灵敏的探测器。

支配我们宇宙大尺度行为的神秘物体就在我们周围，但到目前为止，我们还无法探测到它。而这并不是因为缺乏决心、努力和毅力。所以，物理学家追逐的终究只是幻影吗？或者，也许野兽真的就在那里，但科学家寻找的是错误的野兽，使用了错误的设备？

现在，是时候仔细看看实验学家工具箱中的其他工具了。另一个格兰萨索实验怎么样了呢？那个声称看到了暗物质证据的实验。

19.

捕风

丽塔·伯纳贝（Rita Bernabei）不想和我通电话。

对于一个声称已经探测到暗物质的人来说，这很不寻常。

据我所知，这并非针对个人。这位意大利物理学家就是不接受记者的口头采访。“我们的一般政策是以书面形式回答书面问题，”她在一封电子邮件中告诉我，“我们认为，这种方式对记者和合作组织双方都能保证更好的透明度。”[1]

对此，我不是很确定。

当奥克·彼得·科莱恩带我走过格兰萨索国家实验室时，我们路过了伯纳贝的暗物质实验的实验室空间，它被简称为DAMA。门是锁着的，周围也没有什么人。“这是一个非常封闭的团体，”科莱恩告诉我，“私下里，我和DAMA的物理学家不熟。”

20多年来，伯纳贝的团队一直在研究高纯度碘化钠晶体中的粒子相互作用。而这20多年来，研究人员声称看到了事件发生率的年度变化，6月初发生的相互作用多了百分之几，而12月初少了百分之几。一次又一次，年复一年。

这样的年度调制并不是从任何已知的背景源中可以直观预期的，

无论是宇宙射线、μ子诱导的中子，还是来自天然放射性的β粒子和伽马射线。这些粒子在以不变的速率留下它们的印记。而类似WIMP的暗物质粒子预计会造成这种年度变化。正如我们在上一章中看到的，太阳系约以每秒220千米的速度穿过银河系的暗物质晕。当然，我们的星球每年围绕太阳运行一周，其速度要低得多，只有不到每秒30千米，恰好在6月初，这两个速度差不多相加，增加了我们在地球上经历的暗物质“风速”。因此，在那段时间里，地面探测器中的暗物质相互作用的数量应该比平均水平高一些。而在12月初，地球向相反的方向移动，我们应该测量到一个稍低的相互作用率。

所以这件事的要旨是这样的：DAMA声称看到了这种年度变化，但主要是因为他们是唯一在做这个工作的团队，没有其他人相信他们的结果是探测暗物质的令人信服的证据。哦，而且他们行事不应该那么隐秘，这种风格肯定也帮不上什么忙。

直接探测暗物质粒子的努力始于20世纪80年代中期，当时哈佛大学博士后凯瑟琳·弗里兹在耶路撒冷的一次会议上遇到了波兰物理学家安杰伊·德吕基耶（Andrzej Drukier）。德吕基耶一直致力于研究检测来自太阳的中微子的技术，物理学家已经意识到，类似的方法可能会为寻找WIMP——最流行的暗物质候选粒子——提供机会。[2]

通过弱相互作用力，星系晕中的WIMP会时不时地与原子核相互作用，根据一些关于WIMP性质的假设，你可以很容易地计算出各种冷暗物质候选粒子的预期事件发生率。德吕基耶和弗里兹与当时在哈佛读研究生的戴维·斯佩格尔一起对光微子和超中性子（这是第10章中描述的超对称理论所预测的）进行了相关计算，还对技术重子、宇宙子、族子和影子物质等名字搞笑的假想物进行了计算。

在1986年6月的一篇发表于《物理评论D》的论文中，这三位理论物理学家写道："如果银河系缺失的质量是由通过（弱力）与原子核相互作用的大质量粒子组成的，那么SSCD（超热超导胶体探测器）可用于检测这些粒子。"[3]这是一个目标明确的可靠预测，实验人员几乎立即接受了挑战。

例如，在加利福尼亚州，伯纳德·萨杜莱、戴维·考德威尔（David Caldwell）和布拉斯·卡布雷拉（Blas Cabrera）开始了低温暗物质搜索项目（CDMS），最初使用锗晶体作为他们的目标材料。[4]该团队的第一个发现发表于1988年。他们没有探测到暗物质，但这些零结果排除了一些更奇特的暗物质候选体，并为WIMP相互作用提供了有价值的上限。

CDMS项目真正起飞是在20世纪90年代，在萨杜莱在伯克利建立了粒子天体物理中心之后。这也正是理查德·盖茨克尔在1995年参与的工作。该团队煞费苦心地建造了更加庞大、更为灵敏的锗晶体和硅晶体探测器，他们最终于2003年将CDMS II的实验仪器安装在了明尼苏达州苏丹一个700米深的废弃铁矿中。

那个时期，许多其他团队也使用类似的技术加入了暗物质的搜寻。一个值得注意的使用锗晶体的实验叫EDELWEISS，大约在世纪之交被部署在弗雷瑞斯公路隧道的莫丹地下实验室中，这条隧道位于法国–意大利边境。[5]正如我们在上一章中所见，科学家也在使用液态惰性气体代替低温晶体进行实验。

德吕基耶、弗里兹和斯佩格尔发表于《物理评论D》上的论文开启了暗物质搜索项目的"家族产业"，在20世纪90年代后半段，人们普遍认为这个谜题将在几年内被解决。

除了预测WIMP的相互作用率外，这篇1986年的综合性论文还

图 19　低温暗物质搜索项目的负责人丹 · 鲍尔（Dan Bauer）在明尼苏达州苏丹矿的 CDMS II 实验仪器中取出锗晶体和硅晶体探测器

预测，暗物质风在一年的时间里会在可预测的时间点吹得越来越强或越来越弱。“地球围绕太阳的运动将对从晕粒子候选体中检测到的信号产生独特的调制，”作者写道，“这种调制效应对于任何具有合理能量分辨率的暗物质探测器都很重要……这种信号调制将使我们能够对检测进行额外的确认。”

而这正是丽塔 · 伯纳贝的DAMA实验的意义所在。[6]

伯纳贝生于 1949 年，自 1986 年以来一直没有离开过罗马第二大学。她与她年轻的同事皮埃尔 · 贝利（Pierluigi Belli）一起于 20 世纪 90 年代初开始了DAMA实验，紧随CDMS项目之后。但是

CDMS使用的是锗和硅，而这台意大利仪器的第一个版本包含9个10千克重的闪烁探测器，使用超纯的掺铊碘化钠[NaI(Tl)]作为其靶材料。它使用了10厘米厚的铜、15厘米厚的铅和1米厚的混凝土来屏蔽周围岩石的自然放射性。这个叫作DAMA/NaI的实验安置在格兰萨索实验室中，是大多数宇宙射线无法到达的地方。

DAMA初步结果的第一次发布是在1997年9月，轰动一时。在英格兰北部风景秀丽的湖区安布塞德举行的第一届粒子物理学与早期宇宙国际会议上，伯纳贝、贝利及其同事声称在他们的数据中初步检测到了年度调制信号。[7]虽然这项分析仅采用了夏季收集的10天的数据以及冬季收集的大约四周的数据，但看上去DAMA确实在6月份测到了较多的相互作用事件，而在12月份测到了较少的相互作用事件，这正符合你对一个真正的WIMP信号的期待。

或许，你以为物理学家和宇宙学家会接受DAMA的结果。毕竟，暗物质之谜已经困扰了科学家数十年的时间，所以每一次直接探测的迹象，无论多么不可靠，似乎都是值得高兴和庆祝的。但相反，参会者对此持怀疑态度。DAMA观察到的闪烁有多大比例可以归功于WIMP？其统计上的显著性如何？对所观察到的效应是否有更寻常的解释？我们能否查看你的原始数据并自己进行分析？

如果你对这种缺乏热情感到疑惑，或者你对研究界对DAMA结果的明显反对感到遗憾，那你必须意识到这是科学中的惯例。你不能因为喜欢一个结果就相信它的真实性。每一个主张都应该经受严格的质问。如果没有独立的确认，什么都不算数。在DAMA团队1998年发表他们的第一批结果时，连他们自己都小心翼翼地写道："考虑到这种搜索的难度以及正面结果的意义，谨慎的态度是必需的。"

但是，随着DAMA/NaI实验持续运行数月以及数年，这一效应没有消失。相反，随着更多数据的到来，这种调制模式变得更加明显：一个完美的正弦波在约6月2日那天达到峰值，在12月2日左右达到最低点——这正是德吕基耶、弗里兹和斯佩格尔对WIMP风的预测。伯纳贝团队于2003年发表了他们对7年的数据的分析，他们更加自信了，认为“星系晕中的WIMP存在得到了强有力的支持”。[8]

DAMA/NaI随后升级为DAMA/LIBRA（LIBRA的全称为Large sodium Iodide Bulk for RAre processes，即用于稀有过程的大量碘化钠）。与之前的9个晶体相比，它使用了25个晶体，总的靶质量将近250千克，该实验如今更加灵敏，对变化事件发生率的证据也变得更加可靠。6月初多，12月初少，年复一年，年年如此。

不过，大多数物理学家仍然持怀疑态度。如果DAMA/LIBRA真的看到了暗物质，为什么其他仪器检测不到任何东西？当然，其他实验也得到了一些具有吸引力的迹象，但它们并不那么令人信服，而且很可能是背景事件造成的。多年来，DAMA/LIBRA的声明与埃伦娜·阿普里莱的XENON项目（该项目在同一个格兰萨索实验室中运行，并且每次升级都变得更加灵敏）的无结果之间的调和变得越来越难。与此同时，伯纳贝仍然拒绝分享其实验的原始数据，她的团队也从未发表过他们自己对宇宙射线探测等背景事件发生频率的估计。

当然，怀疑论者和DAMA科学家自己都试图在不调用暗物质的情况下解释这种调制信号。谁知道呢，也许这一切都源于一些平凡的季节性影响，比如温度或气压的微小变化。如果不是暗物质的话，就必须有其他解释。毕竟，这是物理学，并非魔法。

但是，无论研究人员多么努力，都没有人想出一种替代解释来重现 6—12 月的整齐的正弦曲线模式。没有一种是有效的。正如伯纳贝和她的同事在 2013 年关于DAMA/LIBRA第一期结果的论文中指出来的那样："10 多年来，还没有任何人发现或提出能够模仿所利用的（调制）特征的系统反应或副反应。"[9] 5 年后，经过又一次（相对较小的）升级后，该团队在 2011 年开始运行的第二阶段实验中发现了相同的年度变化。[10]

而这就是事情的现状。近 30 年来，丽塔 · 伯纳贝一直负责改进仪器、分析数据、发表论文、参加会议并做报告，并与她的批判者对峙。其中也有过障碍和挫折。2015 年年初，她的丈夫和合作者、意大利物理学家西利奥 · 丹杰洛（Silio d'Angelo）去世了。现在的伯纳贝也远远超过了退休年龄，但她没有放弃。

她依然不与记者交流。

我在电子邮件里询问她对缺乏其他实验的检测这一矛盾的看法，她的回答相当正式。她解释说："对所获得的结果进行独立于模型的直接比较是不可能的。为此，我们必须考虑广泛的天体物理学、粒子物理学和核物理学模型；此外，其中还存在很多实验上和理论上的不确定性。在某些情况下，方法步骤中存在重大差异。"

这不是我所理解的"更好的透明度"。

到目前为止，试图令人信服地证实或反驳DAMA/LIBRA结果的努力的成功程度仍然有限。理想情况下，需要有另一个小组在不同地方构建一个非常类似的实验，以检查是否观测到相同的年度调制。通过在南半球建立对照实验，你甚至可以排除潜在的季节性影响。

这听起来很容易，但在实践中，要超越 30 年的经验和技术发展是很难的。2010 年 12 月，威斯康星大学物理学家丸山玲奈（Reina Maruyama）领导的团队在地理上的南极点部署了两个碘化钠闪烁探测器，它位于南极冰层2.5千米深处，搭载于冰立方中微子观测站（IceCube Neutrino Observatory）的最后建设阶段。这个被称为DM–Ice的实验仍在采集数据，但它的定位只是一项可行性研究，而且它的灵敏度不足以真正探测到任何有价值的东西。

据现在在耶鲁大学的丸山玲奈说，他们的计划是在2022年将更大、更灵敏的NaI(Tl)探测器模块浸入冰中，届时计划中的升级版冰立方将启动并钻探新的钻孔。[11]与此同时，她的团队已经加入了韩国襄阳地下实验室的COSINE–100项目。它是DAMA的克隆版，使用8个掺铊的碘化钠晶体，总质量刚刚超过100千克（也正是因此得名）。COSINE–100项目于2016年10月开始采集数据，并于2018年12月发表了它的初步结果。[12]不过，该团队在他们发表于《自然》杂志的文章中写道："要完全确认或反驳DAMA的结果，还需要数年的数据。"

对位于西班牙比利牛斯山的坎弗兰克地下实验室的ANAIS（NaI闪烁体的年度调制）实验来说也是如此。从2021年公布的ANAIS头三年的运行数据来看，没有任何证据表明检测到的事件数量存在年度变化，但初步结果的统计显著性相对较低。[13]

还有一个正在建设中的"控制实验"，叫作SABRE。[14]这一计划是运行两台相同的类DAMA的探测器副本：一个在格兰萨索，另一个在南半球——澳大利亚维多利亚州的斯塔韦尔金矿中。在我撰写本文时，SABRE的意大利部分仍处于原理验证阶段，而斯塔韦尔地下物理实验室的发展则遭遇了许多延误。科学进展不仅困难，而且缓慢。

在安杰伊·德吕基耶、凯瑟琳·弗里兹和戴维·斯佩格尔发表关于直接探测银河系晕中的WIMP的前景的论文35年后，暗物质的真正性质仍像之前一样神秘。尽管物理学家已经在他们能触达的每一个矿井、洞穴和隧道中打造了大量的、各种各样的灵敏的实验，但DAMA/LIBRA仍然是唯一一个声称看到了粒子相互作用数量的年度调制，即预期的WIMP风速的年度变化的一个可能迹象的实验。

但是，这种所谓的暗物质流还有一个重要的性质是科学家想测量的。就像任何大气气流一样，WIMP风不仅有一定的速度，而且有一个明确的方向。当我们的太阳系绕着银河系的中心运行时，它朝着天琴座的亮星织女星的方向移动。因此，WIMP风预计会优先从天空的那个特定部分吹来。

探测一个入射粒子与一个原子核之间的碰撞并不能告诉你这个入侵者来自哪里。如果物理学家能够为他们记录的每一次相互作用测量出其方向，那么区分真正的WIMP和背景事件并最终证明暗物质的存在就容易多了：理论模型表明，来自织女星方向的暗物质粒子的数量与来自相反方向的能流之间存在10∶1的不对称性。

追踪撞击WIMP的来源的最好方法——实际上是唯一的方法——就是测量目标原子核被踢的方向。不幸的是，大多数原子核在再次静止之前最多只会震动几纳米。这还不到人类头发丝直径的万分之一——小到难以辨别。但如果你的目标材料的密度很低——比如说，它是一种稀薄气体而不是固体晶体或致密液体——那么受干扰的原子核就需要更长的时间才能静止下来。因此，原子核的轨迹可能长达几微米，可以用当前的探测器技术解决。

当然，暗物质粒子与原子核在稀薄气体中碰撞的概率比在固体晶体中要低得多，所以，要检测到任何东西，你可能需要4倍于奥运会游泳池的容积。到目前为止，还没有人建造过如此庞大的探测器（请注意，它必须在地下深处！），但一个名为DRIFT（轨道定向反冲识别）的小型原型机正在英格兰北部的布尔比矿井运行。未来，一个更大版本的实验可能能够测量WIMP风的方向，前提是先探测到神秘的暗物质粒子。

如果现在你已经被实验物理学家的聪明才智所惊艳，那请准备好迎接下一个令人惊叹的想法：暗物质猎手与遗传学家合作，使用人类DNA（脱氧核糖核酸）作为他们的定向探测器。别担心，我们说的不是被WIMP击中会发出绿光的转基因生物（想想看，这听起来像是另一个巧妙的设想），但2014年首次被提出的生物探测器几乎同样巧妙。

正如弗里兹在她的《宇宙鸡尾酒》一书中所述，这一切始于她的前合作者德吕基耶的一个疯狂的计划。[15]这位波兰物理学家意识到，DNA可以作为跟踪室的靶材料，跟踪室是一种用于跟踪高能粒子的三维路径的装置。不久，德吕基耶和弗里兹就与世界著名的遗传学家查尔斯·坎特（Charles Cantor）和乔治·丘奇（George Church）讨论了生物学细节，他们很快就搞明白了，没错儿，这应该是可行的，尽管有许多障碍需要克服。

这个设想很简单。数以千计的相同的检测器模块大体形成了一片悬挂在金箔上的相同DNA链的森林。（想象一下，它看上去有点儿像带着独立水流的瀑布一样的花洒。）一个入射的WIMP粒子将一个金原子核从只有几纳米厚的箔中敲出。这个重核随后穿过DNA森林几微米，直到失去动量。

这个实验的关键在于DNA极其脆弱。一旦高能金原子核撞击到长分子，DNA链就会被一分为二，其下半部分落在一张捕获箔上。使用一种叫作聚合酶链反应（也被用于新冠病毒核酸检测）的常见的分子生物学技术，科学家可以快速生成每个断裂的DNA片段的数十亿个相同副本，从而对其进行详细研究。由于每条DNA链都有独特的碱基序列，研究人员可以准确地找出悬挂链被切成两半的位置。将这个“竖直坐标”与DNA片段在捕获箔上的位置相结合，就能够以纳米精度重建反冲金原子核的三维路径。这反过来提供了入射的WIMP粒子的到达方向。

这是一个匪夷所思的设想。德吕基耶、弗里兹、坎特、丘奇以及斯佩格尔、物理学家亚历杭德罗·洛佩斯（Alejandro Lopez）和生物学家佐野武（Takeshi Sano）于2012年夏天在网上公布了他们的想法，并对其进行扩展，于2014年发表在了《国际现代物理学杂志A》上。[16] 不过，我们距离基于DNA的可操作暗物质探测器还有很长的路要走。

截至目前，还没有人成功测量出WIMP风吹向何方。更糟的是，对于物理学家是否真的检测到了预期的风速年度调制，还没有达成共识。就此而言，DAMA实验仍然是一个怪胎。答案在风中飘，嗯，你知道鲍勃·迪伦的那首歌①。

说到鲍勃·迪伦，也许我们也应该继续敲天堂的门②。毕竟，对于我们追求的难以捉摸的暗物质粒子来说，我们的星球这个搜索区域非常小，更不用说在地下实验室进行物理实验了。天上有更广阔的空间，而且比我们在地球上可能遇到的东西要神秘得多。那些潜伏在我们银河系中心的大量暗物质粒子是否会通过某种极其罕见的相互作用暴露它们的存在？我们能否将整个银河系用作我们的粒子探测器？

又一次，是时候把我们的目光投向天空了。

---

① 《答案在风中飘》，鲍勃·迪伦的代表作之一。——译者注

② 《敲开天堂的门》同样是鲍勃·迪伦的一首代表作。——编者注

20.

外太空的信使

2020年2月3日，一个43岁的男人在推特上发布了一张自拍照。他写道："在工作中，检查污水管是否泄漏。"[1]你大概会说，这不是什么值得关注的事情。但是，这个人是意大利航天员卢卡·帕米塔诺。这条推文是从国际空间站发出的，照片展示的是帕米塔诺在十周内的第四次太空行走。而他正在检查的污水管，一组冷却管道，是一项造价20亿美元的、寻找反粒子和暗物质实验的一部分。

多谢帕米塔诺和NASA航天员安德鲁·摩根的修理，这台自2011年5月以来一直安装在空间站外部的阿尔法磁谱仪（AMS）重获新生。这令负责该项目25年的首席研究员和诺贝尔奖获得者丁肇中非常高兴。丁肇中在他位于美国东海岸的家中接受Zoom采访时告诉我，他相信AMS将在2028年之前给出关于暗物质本质的明确答案。[2]

前两章描述的暗物质探测器都位于地下深处的实验室里，这是为了让它们免受宇宙射线粒子的影响。在外太空，宇宙射线无处不在，因此AMS不可能用像晶体和氙实验那样的方式直接探测暗物质。反之，任务目标是找到可能由暗物质湮灭产生的反物质粒子。截至目前，结果至少可以说是令人惊讶和兴奋的。

物理学家自1932年以来就知道反物质的存在。对每种类型的基本粒子，都有一个相应的反粒子，其质量完全相同，但电荷和磁矩相反。然而，暗物质粒子的电荷为零，而且根据大多数模型，它们的磁矩也为零。如果是这样的话，它们就可以是自己的反粒子，当两个暗物质粒子碰撞时，它们可能会相互湮灭。正如$E = mc^2$告诉我们的那样，湮灭的总能量会产生一系列普通粒子–反粒子对，包括质子（氢核）和反质子，以及电子和正电子（反电子）。

物理学家早已习惯太空中存在正反粒子对了。例如，它们可以由超新星爆炸产生的原子核与星际空间中的原子高速碰撞产生。但是，如果高能反质子和正电子出现的数量超过预期，则可能表明暗物质正在湮灭。这种可能性驱使着物理学家开始热切地寻找宇宙射线（来自外太空的各种高能粒子持续的“倾盆大雨”）中的反物质。然而，你在地面上无法做到这一点。宇宙射线在进入地球大气层时会产生次生粒子雨，因而地面探测器无法告诉你太多关于原始粒子性质的信息。如果你想寻找宇宙反物质，你需要有一块磁铁，并且需要进入太空。

我们来聊一聊粒子物理学家丁肇中。丁肇中出生在美国，他的童年在中国度过。1956年，他于20岁时回到美国，自1969年以来一直在麻省理工学院工作。1976年，丁肇中与斯坦福直线加速器中心的伯顿·里克特（Burton Richter）共同获得诺贝尔物理学奖，因为他们在1974年分别独立发现了寿命惊人的J/Ψ介子，首个被发现包含一个粲夸克以及一个反粲夸克的粒子。1993年，美国国会决定取消计划中的超导超级对撞机项目，这是一个巨大的地下加速器，它本可以确保美国粒子物理学未来领先于世界。丁肇中对此感到沮丧，并将目光投向了太空和反物质的搜索。

幸运的是，同样也是在 1993 年，NASA 与全球其他空间机构一起，同意就后来被命名为国际空间站（ISS）的计划合作一年。基础科学得到了高度评价，被视为建造、发射、组装和运行国际空间站所需的大量纳税人资金的主要理由之一，因此，使用未来的轨道实验室作为丁肇中心目中精确、巨大和耗能的磁谱仪的平台似乎是唯一合适的理由。这将是空间站科学的最好的利用方式。

就像任何地面粒子探测器一样，阿尔法磁谱仪采用一系列技术来测量几乎每一个穿过其内部的宇宙射线粒子的质量、电荷、速度和能量。实验的核心处是一个重达 1 200 千克的巨型磁铁，磁场强度是地球的 3 000 倍，可以令带电粒子的轨迹弯曲，从而使科学家能够区分带正电和带负电的粒子。由于一切都很新奇，NASA 要求该仪器在空间站执行长期任务之前先在航天飞机上进行技术鉴定飞行。

大多数人都是不知道该从哪里开始，而丁肇中则是一旦有了计划，就不知道如何停下来。他赢得了 NASA 局长丹尼尔·戈尔丁的支持与合作，获得了能源部的大量种子资金，并与 16 个国家的成员进行了国际科学合作。AMS 项目于 1995 年 4 月获得批准。第一版反物质探测器使用了来自欧洲和亚洲的多个研究所的组件，并在不到三年的时间里在 CERN 完成。

1998 年 6 月 2 日，丁肇中见证了 AMS–01 搭载于发现号航天飞机的发射，这是该航天飞机的最后一次飞行。这架航天飞机飞往俄罗斯和平号空间站，但 AMS–01 从航天飞机的有效载荷舱开始运行。这台仪器工作得很好，虽然航天飞机任务受到了数据传输问题的困扰。这次实验甚至产出了一些意料外的科学结果，包括低能量正电子过剩。该发现发表于 2000 年的《物理快报 B》。[3]

最初的计划是在将同一台仪器，或者至少是非常类似的副本搭载于国际空间站上。但国际空间站的建成还需要好几年的时间，所以丁肇中团队有足够的时间来改进设计。最终，AMS–02 的尺寸为 5 米 ×4 米 ×3 米（你的客厅可能放不下它），重量为 7 500 千克，几乎是其前身的两倍。[4]这台巨型仪器的各种探测器包含 5 万根光纤和 1.1 万个光电传感器。凭借其 30 万个电子通道和 650 个快速微处理器，AMS–02 每秒产生 7 吉比特的数据，在此过程中耗能 2.5 千瓦。这台仪器原计划定于 2005 年发射。

然后，2003 年 2 月 1 日这天，灾难发生了，哥伦比亚号航天飞机在重返大气层时解体，7 名机组人员死亡。第二年，小布什政府为航天飞机计划制定了新的方针：所有未来的飞行都将用于国际空间站的后勤和备件运输。宇宙前哨基地建成后，航天飞机队将立即退役，再也没有专门的 AMS 飞行了。

丁肇中非常崩溃。AMS 的设计与航天飞机的有效载荷舱相匹配，没有了航天飞机，它就无法飞行。他试图说服 NASA 的新任局长迈克尔·格里芬（Michael Griffin）在航天飞机的发射计划中再增加一次飞行，但格里芬在法律上有义务服从白宫的命令。

各大媒体都公布了取消 AMS 的决定。“直到美国国会议员意识到国际空间站上缺乏重大科学研究之后，AMS 的科学潜力和美国遵守国际协议的传统才赢得了两党的支持。”丁肇中回忆道。多亏了他的坚持，NASA 最终受命在空间载运清单中增加一次飞行，阿尔法磁谱仪的未来得到了保障。丁肇中的梦想最终实现了。

2011 年 5 月 16 日，AMS–02 在奋进号航天飞机的第 25 次，也是最后一次任务中被发射到国际空间站。三天后，航天员利用奋进号和国际空间站的机械臂，将这个巨大的仪器远程安装在了空间站中央桁架的第三段上。数据采集工作几乎是在安装后就立刻开始了，并一直持续到现在。

在AMS终于被发射到太空时，它已不再是该领域的唯一参与者。一个由意大利领导的欧洲合作组织也建造了一个反物质探测器，叫作PAMELA，即反物质–物质探索和光核天体物理学有效载荷（Payload for Antimatter-Matter Exploration and Light-nuclei Astrophysics）。PAMELA大约有一个木桶那么大，重量不到500千克，比AMS小得多，也没有那么灵敏，但它自2006年6月作为俄罗斯地球观测卫星Resurs–DK1上的一个附加仪器被发射以来，一直在采集数据。在寻找来自外太空的暗物质信使的过程中，大卫会战胜歌利亚[①]吗？

图20　装载于国际空间站桁架上的阿尔法磁谱仪

① 故事出自《圣经》，身体弱小的大卫战胜了巨人歌利亚。——译者注

2008 年 8 月，在举办于费城和斯德哥尔摩的会议上，PAMELA 合作组织展示了他们的初步结果。（对 PAMELA 前两年数据的完整分析发表于 2009 年 4 月的《自然》。[5]）由于 PAMELA 的运行时间比航天飞机搭载的 AMS–01 长得多，它已经捕获了足够多的稀有高能粒子并得出结论：丁肇中团队于 2000 年报告的正电子过剩在高于 10 亿电子伏特的能量中仍然存在。

新的结果引起了很大的轰动。所有这些来自外太空的反电子的来源可能是什么？没错儿，暗物质湮灭！芝加哥大学粒子物理学家丹·胡珀（Dan Hooper）对《自然》杂志记者杰夫·布鲁姆菲尔说："这如果是真的，那么将是一个重大发现。"[6]话又说回来，要排除可能的替代机制并不容易。反物质也可能产生于脉冲星（快速旋转且拥有强磁场的中子星）的高能环境。

2008 年人们对在外太空间接探测暗物质的前景如此兴奋还有另一个原因。6 月 11 日，NASA 发射了费米伽马射线空间望远镜——以意大利裔美国物理学家恩里科·费米（Enrico Fermi）的名字命名。[7]凭借其覆盖近 20% 天空的巨大视野，费米的大面积望远镜或许能够探测到预期的来自银河系中心暗物质的伽马射线的光。

当然，暗物质是暗的，不应该发出任何电磁辐射。但是暗物质的湮灭确实会产生高能光子，要么直接产生（同样，$E = mc^2$），要么作为最终产生粒子–反粒子对的复杂衰变链的一部分。由于银河系中暗物质的密度预计在银河系中心为最高，你会期望从那个方向产生更强的湮灭信号。

急于了解费米结果的科学家中，有一位是哈佛–史密森尼天体物理中心的道格拉斯·芬克贝纳（Douglas Finkbeiner）。现在是麻省理工学院物理学助理教授的特蕾西·斯拉蒂尔（Tracy Slatyer）当时是芬克贝纳的一位博士生。她回想起，费米团队于2009年8月25日宣布他们将公开发布第一年的数据后，芬克贝纳变得非常迫不及待。斯拉蒂尔说："道格找到了将提供完整数据集的网页的地址，他不断地刷新网页，以确保我们能够尽快开始分析。"[8]于是，这支哈佛大学的团队在潜在竞争对手还没有意识到数据集的存在时就已经开始了下载。

与芬克贝纳、博士后格雷格·多布勒（Greg Dobler）以及纽约大学物理学家伊利亚斯·乔里斯（Ilias Cholis）和尼尔·韦纳（Neal Weiner）合作，斯拉蒂尔确实发现了来自银河系中心的过量伽马射线，他们称之为"费米雾"。尽管他们于10月26日发表在arXiv预印本服务器上的描述这一发现的论文只是非常简短地提到了这种可能性，但暗物质一直在斯拉蒂尔的脑海中盘旋。的确，伽马射线过量也可能是由于一个被称为"逆康普顿散射"的过程，即光子被相对论性粒子踢到非常高的能量。但即使如此，这些粒子也必须从某个地方产生——它们也可能是暗物质湮灭产生的电子和正电子。

费米雾的论文最终于2010年7月发表在《天体物理杂志》上。[9]而那个时候，这个故事变得更加激动人心了。最初，费米雾的形状看起来有点儿像鸡蛋，但在2010年年初，芬克贝纳团队在对更为大量的卫星数据进行更加复杂的分析时，意识到这些过量的伽马射线的形状更像数字8，一个竖着的双扭线。它看上去就像银河系中心向太空喷出两个巨大的气泡，沿着与其旋转轴相反的方向。

芬克贝纳、斯拉蒂尔以及博士生苏萌在5月29日发布在arXiv预印本服务器上的一篇论文中宣布，他们发现了"费米气泡"。哈佛大学于11月9日发布新闻稿时，配上了一幅令人印象深刻的巨大气泡的艺术渲染图，这个故事登上了世界各地的报纸。该论文最终发表在 12 月 1 日的《天体物理杂志》上。[10]

银河系的核心到底发生了什么？什么机制可能在我们银河系中心平面的上方和下方产生两个巨大的、跨度约 2.5 万光年的伽马射线发射气泡？额外的观测结果强烈表明，这些气泡是快速喷流的结果，可能是几百万年前银河系中心发生的一些爆发事件造成的。喷射物中的高能电子和其他带电粒子可以通过上述的逆康普顿散射过程产生伽马射线。

斯拉蒂尔得知这些气泡可能不是解开重大谜团的钥匙时，起初有点儿失望。她说："如果费米气泡可以用暗物质来解释，那将会非常有趣。"话又说回来，如果你在费米数据中寻找一个难以捉摸的可能不存在的暗物质湮灭信号，你真的需要了解所有其他产生伽马射线的机制。这三位研究人员写道："我们必须了解这些气泡，才可以把对银河系内部弥散的伽马射线发射的测量用作暗物质物理学的探测器。"

芝加哥大学的丹·胡珀非常同意这一点。[11]他对费米数据的独立分析显示，在银河系中心周围一个更小的、大致呈球形的区域内，存在额外过量的较低能量（只有几个 GeV）的伽马射线。伽马射线的这种进一步集中显然与气泡无关，可能是由不同的机制产生的。在说服斯拉蒂尔相信其结果的有效性之后，这两位研究人员联手，并于 2013 年在仅线上出版的期刊《黑暗宇宙物理学》上发表了一篇详细的论文。[12]

这些过量的低能伽马射线可能是暗物质湮灭造成的吗？还是说，那只是一厢情愿的想法？大量的毫秒脉冲星——自转速度非常快、每秒完成数百次旋转的脉冲星——也可能是原因，但这些奇异的天体怎么会在银河系中心平面上方和下方如此远、离银心远达一万光年的地方出现？

这一问题仍未得到解决。有许多反对暗物质解释的有力论据，但最近，也有反对这些论点的有力论据。2017 年前后，毫秒脉冲星被普遍视为主要的候选解释。但两年后，在《物理评论快报》的一篇论文中，斯拉蒂尔和麻省理工学院的同事丽贝卡 · 里恩（Rebecca Leane）得出结论："暗物质可能最终为银河系中心过量的伽马射线提供了主导性的贡献。"[13]

脉冲星还是暗物质？帮助建造 AMS–02 硅跟踪器的日内瓦大学天体粒子物理学家梅赛德斯 · 帕尼恰（Mercedes Paniccia）说，正是这个问题让国际阿尔法磁谱仪合作组织的理论学家们保持着清醒。当我计划在 2019 年 6 月访问 CERN 时，我曾希望在那里见到 AMS 首席研究员丁肇中，他通常在这个欧洲粒子物理实验室度过大部分时间。但显然他要去参加某个会议。当我与帕尼恰联系时，她告诉我："他很难捉到，但我可以带你四处看看。来 AMS POCC 见我吧，就在 946 号楼。"

离 CERN 大门几千米处是有效载荷操作控制中心（POCC），它拥有一个永久性的高科技科学中心。[14]物理学家和技术人员在房间两边的计算机控制台上工作。墙上巨大的屏幕提供来自国际空间站以及位于休斯敦的 NASA 约翰逊航天中心的任务控制中心的实时视图。一张巨大的数字版世界地图记录着空间站的实时位置。而我的视线无法从地图下方的大型显示屏上移开，上面显示了 AMS–02 自开始运行以来检测到的宇宙射线数量。在我停留的半个小时里，国际空间站从非洲上空飞到了太平洋上空，而发光的红色数字从 139 767 027 021 跳到了 139 768 372 421。"每秒大约有 600 个事件，"梅赛德斯说，"其中大部分是质子。电子排在第二，但我们也探测到了许多较重的原子核、反质子和正电子。"其中一些可能是暗物质湮灭的结果，我不禁想道，又看了一眼数字计数器。

中央会议桌的一端是一个写着"丁肇中教授"的大铭牌和一把巨大的真皮办公椅。"我不确定他的行踪，"梅赛德斯说，"他特别忙。"

回到家后，我尝试通过至少三个不同的电子邮件地址联系丁肇中，但都没有得到回复。"可能很难预约采访，"阿姆斯特丹的暗物质研究员苏珊·巴塞格梅兹（Suzan Başeğmez）告诉我，"你知道的，他是诺贝尔奖得主。"丁肇中在麻省理工学院的私人助理克里斯蒂娜·提图斯也给我带来了坏消息：在我计划的 2020 年 1 月的东海岸之行期间，他将会出差。我几乎要放弃了。

最后，2020 年 9 月，在又一封电子邮件请求之后，丁肇中回复了我。好的，我们可以在那个月的晚些时候进行 Zoom 采访。那天是我结婚 40 周年纪念日，但我不介意。我预计采访会是一个约 15 分钟的简短谈话，我准备了一份简短的问题列表。然而，这位 84 岁的物理学家请我听了一场 90 分钟的私人讲座，并辅以数十张幻灯片。他用特有的柔和声音谈论着粒子物理学、反物质、探测器技术和政治。他还分享了个人逸事，比如在 AMS–02 的飞行因哥伦比亚号事故而取消后，他几乎对自己的项目失去了所有信心。还有，当他赶往肯尼迪航天中心观看粒子探测器的发射时，他是如何因超速而被罚款了 245 美元。又或者，在奋进号起飞前他有多么担心会出问题——那样的话，这些年所有的努力就都白费了。

现在，距离丁肇中首次提出在太空中建立一个大型粒子探测器的想法已经过去了 25 年，他们已经捕获了超过 1 500 亿个宇宙射线粒子，包括几百万个正电子，但他仍然不愿意宣称发现了湮灭的暗物质。当被问及他是否认为暗物质可以解释 AMS 的数据时，他回答说："我的想法是什么并没有意义。这些数据提供了强有力的暗示，但还称不上是一个证据。"

诚然，能量在 3~1 000 GeV之间的正电子比已知的天体物理过程所能解释的要多得多，而且其能量分布与规模较小的PAMELA实验数据不完全一致，该实验已于 2016 年停止运行。但是AMS的结果并没有为衰变的暗物质提供确切的证据：原则上，观测到的伽马射线过量（首次被描述是在 2013 年，于《物理评论快报》）可能是由我们银河系附近相对少量的高能脉冲星造成的——不幸的是，我们无法轻易追踪带电粒子的起源点。[15]

话又说回来，AMS–02 也发现了类似的过量反质子，而脉冲星的能量不足以产生这些质量更大的反粒子。如果正电子和反质子是由两种不同的机制产生的，那么它们表现出相同的能量谱似乎有点儿不太可能——如果不是大自然的阴谋的话。反之，如果这两种类型的反物质粒子都是暗物质湮灭的结果，你会期望它们表现出大体相似的行为，而这就是AMS–02 数据所显示的。

到底是脉冲星还是暗物质？ AMS–02 有着更长的运行周期，收集到了更多的宇宙射线数据，以及相应的，更多数量的超高能反物质粒子，最终或许可以解决这个问题。这就是为什么丁肇中对航天员卢卡·帕米塔诺和德鲁·摩根在 2019 年 11 月中旬和 2020 年 1 月下旬之间成功开展 4 次 6 个小时的太空行走感到如此高兴。多年来，AMS冷却系统的 4 个泵中有 3 个已经坏了，在一系列具有挑战性和耗时的太空维修中，4 个泵全都被替换成了新的重型泵，丁肇中在休斯敦任务控制中心密切关注着这一过程。而在第四次也是最后一次太空行走中，帕米塔诺修好了其中一个冷却管的泄漏，他在 2 月 3 日的推特中开玩笑地称之为"污水管"。

国际空间站将至少运行到 2028 年。丁肇中认为到那时，AMS–02 将探测到足够多的高能反物质粒子，从而有可能将这些数据与预测的银河系中心暗物质湮灭的能量谱进行比较。与此同时，科学家在讨论一个更大、更灵敏的太空宇宙射线探测器，暂定名为 AMS–100，可能会在 2040 年左右发射。如果实现的话，我预测它将以丁肇中的名字命名。

特蕾西·斯拉蒂尔和丹·胡珀都认为，来自银河系核心的伽马射线过量之谜可能会在几年内解决。他们对南非的 MeerKAT 阵列和未来的平方千米阵（SKA）等大型射电观测站尤其抱有很高的期望。“如果银河系中心真的存在大量的高能毫秒脉冲星，”斯拉蒂尔说，“用 SKA 进行的深度射电巡天应该能够找到数百个。”根据胡珀的说法，脉冲星专家只能通过假设存在高达 300 万个单独的脉冲星源来解释伽马射线观测。他说：“如果 SKA 没有发现任何东西，我们就可以有把握地排除这种解释。”

但是，这并不一定会揭示 AMS–02 所观测到的过量高能正电子和反质子的来源——根据斯拉蒂尔的说法，它们仍然可能是由附近的脉冲星产生的。她说：“所有这些过剩的能量都来自同一个暗物质源是不太可能的。”

来自外太空的信使在不断地以宇宙射线粒子和高能伽马光子的形式向我们这颗小星球倾泻。在这场星际雪崩的某个地方，科学家可能会找到间接探测暗物质的关键。但就目前的状况而言，依然是大海捞针。

21.

矮星系罪犯

在丁肇中最终见证他的 20 亿美元反物质探测器发射的同一年，皮特·范多库姆（Pieter van Dokkum）和罗伯托·亚伯拉罕（Roberto Abraham）首次讨论了一个拍摄系统，一个低预算、超高灵敏度的用来寻找幽灵星系和夜空中其他暗结构的拍摄系统。[1]

作为耶鲁大学的天文系主任，范多库姆有时候会感到自己迷失在大项目、基金申请和组织会议等活动中。而多伦多大学的亚伯拉罕也有同感。2011 年，在多伦多市中心的一场晚宴上，两位朋友追忆起往日研究时的美好时光。到底哪里出了问题？把年轻时的兴奋劲儿带回来开展一项如爱好一般的新项目，怎么样？

两年后，首个小版本的"蜻蜓长焦阵列"（Dragonfly Telephoto Array）在新墨西哥州天空天文台试运行。"我不记得这最初是谁的想法了，"亚伯拉罕说道，"我们喝了几杯啤酒。我觉得是我们共同的想法。"

在这一章的后面你将会读到更多关于蜻蜓长焦阵列的内容，这的确是一个激动人心的项目。[2]现在，让我们先快进到 2018 年 3 月底，此时蜻蜓长焦阵列因为似乎提供了暗物质存在的证据而登上了新闻头条，并且反驳了第 12 章中讨论的修改牛顿动力学的替代引力理论。它没有探测这些神秘物质，而是转而发现了一个似乎不含有暗物质的矮星系。

范多库姆将其称为禅意论证：通过没有找到某个东西来证明它的存在。请你想一想，这是有道理的。如果星系的高速自转速度是由某种未被发现的引力行为引起的，就像MOND提出的那样，那么每一个星系都应该呈现出相同的现象。如果其自转速度是由暗物质造成的，就像很多天体物理学家假想的那样，那么不包含暗物质的星系就应该转得更慢，其速度应该与基于观测到的恒星和气体量所预测的一致。矮星系NGC 1052–DF2 就是如此。这不可能是由MOND决定的。[3]因此，暗物质必须存在。（或者，至少，MOND是错的。）

没有人可以轻易解释为什么存在一个完全不含有暗物质的星系，但是DF2 的发现突显出矮星系在暗物质研究中的重要性。

天文学家早已知晓银河系的两个伴星系——大小麦哲伦云，在南半球和赤道可以轻松地用肉眼看到它们。仙女星系也有两个明显的卫星星系，最早于18世纪由法国天文学家查尔斯·梅西耶（Charles Messier）观测到。尽管如此，1937 年哈佛天文学家哈洛·沙普利（Harlow Shapley）发现的第一个“真正的”矮星系（远比麦哲伦云小）还是让人惊讶。在 1938 年 10 月 15 日的《自然》杂志上写给编辑的信中，沙普利猜测：“在星系间空间可能存在不少这样的天体。”[4]

的确，就在他写这封信时，我们已经知道在离我们的银河系 140 万光年的距离内有至少 59 个矮卫星星系。其中较大的有着多样的形状和类型，从不规则的、富含气体的星团和星云聚合体，到由古老恒星组成的高度对称的、看起来像微缩版椭圆星系的系统。平均来说，这些卫星星系大小仅为其宿主星系的几十分之一，且它们通常包含最多几亿颗恒星——不妨在数字上参考一下，银河系有大约4 000亿颗恒星。

那么，这些矮星系告诉了我们哪些有关暗物质的事情？

好吧，早在20世纪30年代，沙普利还不知道，这些矮星系被认为标志着宇宙的暗物质组成成分。别忘了，宇宙结构演化的最成功的超级计算机模拟向我们展示了一个自下而上的分层式聚集场景。正如我们在第11章中看到的，冷暗物质粒子有较低的速度，因此它们首先由引力聚集成一个小型的暗物质晕。接着，这些暗物质团簇开始吸积普通的重子物质，新的恒星从中诞生。随着时间的推移，有相当一部分生成的矮星系会合并成像银河系一样的成熟系统。

尽管冷暗物质理论不能让你从第一性原理得到可靠的预测，但计算机模拟展示了一幅自洽的图景。嵌在近乎球状的暗物质晕中的大型星系被无数的小型晕环绕，这些小型晕实际上是装载着暗物质、还未被中心重量消耗（也许永远不会被消耗）的矮星系。

通过深入学习像IllustrisTNG和EAGLE这样大型超级计算机模拟的结果，天文学家可以“预测”矮星系的性质。反过来，观测和学习真正的矮星系是检查如今流行的ΛCDM模型有效性的一种好方式。计算机模拟就是基于ΛCDM模型（一个包含暗物质和暗能量的宇宙学协调模型）建立的。

好消息是，这些检查已经做过了。坏消息是，矮星系的行为比较反常。其行为并没有遵循应有的方式。

首先，它们的数量并不像该有的那么多。60个卫星矮星系围绕银河系转，这听上去不少，但是理论学家预测应该至少有500个，而这并不是因为天文学家搜寻得不够努力。如今的巡天项目本应该找到更多的矮星系。这被称为“卫星星系丢失问题”，且它是真实存在的。

科学家提出了很多解决“卫星星系丢失问题”的潜在方案。例如，我们知道，在过去大概 100 亿年里，银河系吞没了那些敢于靠近的矮星系，慢慢地通过潮汐力将它们撕开，并最终大口吞掉了它们的成分恒星及暗物质存货。或许这场宴席已经快要结束，所以如今银河系只剩下几十个卫星星系了。

另一种可能性是，那里确实有几百个小型暗物质晕，但出于某种原因，它们无法产生足够数量的新恒星，以至于用我们的望远镜无法看到它们。让我们来想象一下：一些巨大的几乎不含其他东西的神秘暗物质团，在所有可能的方向上缓慢地绕着我们的银河系转动。

然而，如果这是可能的，用一种让人满意的方式来解决“卫星星系丢失问题”也是非常困难的。这些数字对不上。基于所观测的卫星星系的质量和光度，ΛCDM 模型预测，有不少体积和质量更大的小型暗物质晕本该变成明显的矮星系——这一矛盾被称为“大到不能倒”问题。

矮星系在其他方面的表现也很反常，这进一步增加了暗物质搜寻的复杂性。考虑一下通过研究恒星和气体云的旋转速度来估算矮星系中暗物质成分要付出多大努力。这类测量在 20 世纪 80 年代由亚利桑那大学天文学家马克·阿伦森（Marc Aaronson）开创，他于 1987 年在基特峰国家天文台的 4 米梅奥尔望远镜的圆顶里意外身亡。世纪之交，这个项目由约翰·科门迪（John Kormendy）和肯·弗里曼更细致地开展了下去，他们收集并分析了他人获取的更多星系的数据。

科门迪和弗里曼发现，矮星系所含有的暗物质比例比大型旋涡星系要高，而且矮星系装载的物质更加密集。[5] 目前一切都好：这与

ΛCDM计算机模拟的结果一致。但是，计算机模拟还产生了有特定密度轮廓的小型暗物质晕：当你靠近核心的时候，暗物质的密度增加得越来越快，直到在非常中心的位置到达峰值。这个密度轮廓特征是分层式聚集不可避免的结果，至少在超级计算机模拟中如此。[6]

问题是，真正的矮星系在其核心处并没有呈现这些突出的密度峰值。从速度观测中得出来的暗物质分布，总是要平坦得多。ΛCDM模拟和真实宇宙之间的第三个矛盾被称为核心尖峰问题，也称尖峰晕问题，这同样没有简单的解释。矮星系就是不遵守规则。换句话说，我们的规则没有正确地描述现实。

蜻蜓长焦阵列为矮星系和暗物质之间的关系提供了惊人的新线索。然而，在2011年，当皮特·范多库姆和罗伯特·亚伯拉罕第一次讨论使用现成的摄影镜头对夜空中极其分散的结构（昏暗的丝状星云态物质，但也包括低表面亮度的星系）成像的可能性时，暗物质并不在他们的考虑范围之内。作为一名狂热的自然摄影师，范多库姆听说佳能公司生产的一种新型的300毫米专业长焦镜头具有用以减少光线散射的基于纳米技术的涂层。这听起来很适合在逆光下拍摄野生动物和体育运动的摄影师。它听起来也非常适合低对比度的深空摄影。

“现成的”并不一定意味着便宜。该镜头售价约为1万美元。但是把几个这样的镜头连接起来仍然比设计和建造一台专用的望远镜要便宜得多。将专业CCD相机装在每一个镜头上，并将许多镜头对准天空的同一个部分，你可以通过数字方式将各个图像叠加，从而进一步提高对比度和灵敏度。因此，一个天文长焦阵列的想法诞生了。

没过多久，他们就为这个项目想出了一个适合的名字。一个大型阵列看起来与蜻蜓的复眼相似，范多库姆很清楚这一点：当他还是荷兰的一个小男孩时，他就拍摄了成千上万张美丽昆虫的特写，而且他正在编写一本书。[7]那是一本关于蜻蜓的书。

一开始，范多库姆在纽黑文的地下室和后院里，只用一个镜头进行图像测试，他的设备很快就发展成在一个支架上装有三个镜头的原型机。在多伦多那次晚宴后不到一年的时间，他和亚伯拉罕将他们的设备从魁北克南部的蒙特–梅冈蒂克黑暗天空保护区搬到了更暗的新墨西哥州天空天文台，它位于阿拉莫戈多东部的林肯国家森林，来自美国各地的半专业天文学家在那里运行着几十个远程控制的望远镜。[8]

图 21　位于新墨西哥州天空天文台的蜻蜓长焦阵列的一部分

同时，范多库姆和亚伯拉罕招收学生加入蜻蜓项目，并组建硬件、开发软件、处理数据和分析结果。这一阵列很快从 3 个镜头增加到 8 个，然后是 10 个，接着是 24 个，都装在同一个望远镜底座上——确实是一个令人震撼的复眼。不久之后，研究小组又建造了第二个圆顶，里面放着第二个 24 个镜头的阵列。这 48 个长焦镜头的整体接收面积与一台虚拟的 1 米望远镜相同，但其焦距仍然只有 40 厘米，成为一个极其“快速”的、焦距比为 0.4 的光学系统。它能够在短时间内记录少量光线，这是用单个镜头或镜面无法实现的。

最初，蜻蜓长焦阵列可能只是一个爱好性质的项目，但它很快就演变成了一个新颖的、备受瞩目的机器人天文台，专注于观测被忽视的低对比度和低表面亮度的宇宙。那么，它立即开始产出令人兴奋的科学成果也就不足为奇了。蜻蜓长焦阵列对后发星系团拍摄的图像揭示了 47 个极其暗淡的光斑，其中绝大多数以前从未被观测到。在2015年发表在《天文物理期刊通讯》上的论文中，范多库姆、亚伯拉罕和他们的同事称这些光斑为超弥散星系（UDG）。[9] 如果它们真的与后发星系团的距离（约 3.2 亿光年）相同——也就是说，如果UDG实际上是星系团的一部分——那么它们大约与普通星系一样大，但亮度却仅为普通星系的几百分之一。这意味着它们包含的恒星最多也只有该尺寸星系预期恒星数量的 1%。

使用位于夏威夷莫纳克亚山的 10 米凯克望远镜对其中一个后发座UDG（蜻蜓 44 号，DF44）进行的后续光谱观测证实，该星系属于该星系团。[10] 同样位于莫纳克亚山的 8 米北双子望远镜拍摄的图像进一步显示，DF44 被数十个球状星团包围，就像我们的银河系一样，而随后的速度测量得出了惊人的大质量，与我们星系的质量相近。尽管如此，DF44 几乎不含任何恒星。“蜻蜓 44 号可以被视为一个失败的银河系。”作者在 2016 年发表的第二篇后续论文中总结道。[11] DF44 的暗物质比例高达 98%，显然代表了一类以前从未被认识的新“暗星系”。

过去几年，像DF44这样的超弥散星系的发现让科学家们忙得不可开交。没有人能很好地解释这些低光度怪物的起源，它们没有出现在ΛCDM宇宙的计算机模拟中。MOND也没有提供令人满意的答案：即使使用MOND的替代引力方程，也没有足够多的恒星来解释速度测量结果。正如MOND捍卫者斯泰西·麦高所说："DF44对每个人来说都是一个问题。"[12]难怪一些天文学家质疑蜻蜓长焦阵列项目科学家的距离测定、速度测量、质量估计，甚至质疑他们发现的球状星团数量。

找到完全被暗物质支配的"失败"星系引起了不小的轰动，蜻蜓长焦阵列的下一个重大发现则更具争议性。该团队在2018年的《自然》杂志上报道，他们还发现了一个似乎几乎不含任何暗物质的星系——这是靠近大质量椭圆星系NGC 1052的一个暗淡光斑，大约6 500万光年远，比后发星系团近得多。[13]基于观测到的光量，范多库姆和他的同事得出其恒星（重子）质量大约为2亿个太阳质量，这对于一个相对较大的矮星系来说是非常典型的。和后发座UDG一样，这个昏暗的矮星系被许多明亮的球状星团包围着。

凯克望远镜的光谱测量揭示了其中10个球状星团的轨道速度，并使天文学家能够"称量"这个星系，就像他们对其他超弥散星系所做的那样。然而，他们并没有找到大量不可见暗物质的证据，而是发现了其总质量几乎不比上述重子质量大。换句话说，NGC 1052–DF2，作为现在已知的神秘星系，似乎几乎没有暗物质。

2019年，蜻蜓长焦阵列团队宣布了NGC 1052–DF4的发现，这是同一星系群中的第二个具有非常相似特征的星系。他们在《天文物理期刊通讯》的论文中写道："这些有过多明亮的球状星团却明显缺乏暗物质的昏暗的大型星系，其起源目前还不清楚。"[14]

所以，首先是我们无法解释的小型矮星系的短缺，以及太过平坦的暗物质密度分布。接着，“蜻蜓”给我们提供了奇怪的以暗物质为主的星系，它们看起来就像我们的银河系，只是其包含的恒星数量仅为预期的 1%。而现在，我们又看到了更奇怪的星系，它们同样呈弥散状，但似乎完全没有暗物质的存在。总而言之，有很多棘手的谜团，其中没有一个可以轻易地被 ΛCDM 宇宙学模型所解释。

这还不是全部。矮小星系与理论预测和预期还有另一个冲突。最后这个难题与矮星系的物理或动力学特性无关，而是与它们在空间中的三维分布有关。简单地说，它们不在它们应该出现的地方。

比如，IllustrisTNG 和 EAGLE 是对宇宙结构增长进行详细模拟的超级计算机，它们展现出如银河系这样的大星系最终是如何被大量暗物质子晕包围的，这些子晕以矮星系的形式可见。然而，在真实的宇宙中，这些矮伴星系不仅数量太少，而且也没有在每个方向上均匀地围绕着它们的宿主星系。相反，大多数卫星星系是在一个扁平的圆盘中被发现的，与宿主星系的中心平面并不重合。无论计算天体物理学家如何调整代码，他们都无法在模拟中再现这种分布。这被称为“卫星星系的平面问题”。

早在 1976 年，当天文学家知道我们的银河系有 8 个伴星系（包括麦哲伦云）时，英国天体物理学家唐纳德 · 林登–贝尔就已经注意到，它们中的大多数大约排列在一个平面上，与银河系的中心平面差不多成直角。但是直到 2005 年，欧洲天文学家帕维尔 · 克鲁帕（Pavel Kroupa）、克里斯蒂安 · 西斯（Christian Theis）和克里斯蒂安 · 博伊里（Christian Boily）才将观测到的分布与冷暗物质模拟进行比较，对这个问题进行了更详细的研究。[15] 他们的结论是：最终出现这种矮星系盘状分布的可能性只有 0.5%。

很快，事实证明银河系卫星星系的平面分布并不是唯一的。2013 年，由法国斯特拉斯堡天文台的罗德里戈·伊巴塔（Rodrigo Ibata）领导的一个小组宣布，在仙女星系周围发现了一个非常相似的结构：大约 1/2 的仙女座矮伴星系位于一个直径大约 130 万光年的薄平面上，但厚度仅有 4.5 万光年。[16]此外，正如伊巴塔的团队在他们的《自然》论文中所展示的，这些卫星星系以相同的方向绕着它们的宿主星系运转，暗示了某些共同的起源或动力演化特征。5 年后，瑞士天文学家奥利弗·穆勒（Oliver Müller）和他的同事发现，距离我们 1 250 万光年的椭圆星系半人马座A的许多矮卫星星系也在一个薄的同向旋转平面内围绕着它们巨大的宿主运行。[17]

根据穆勒的论文合作者、德国波茨坦天体物理学莱布尼茨研究所的马塞尔·帕夫洛夫斯基（Marcel Pawlowski）的说法，卫星星系的平面问题没有简单的解决方案。[18]“这个问题很容易被忽视，”他说道，“但到目前为止，至少很多人都清楚这一点。”2018 年，当他在加州大学欧文分校时，帕夫洛夫斯基为《现代物理快报A》撰写了一篇关于该问题的综述文章，他在文中讨论了一些可能的解决方案，并论证了“为什么它们目前都无法令人满意地解决问题”。[19]

有一件事是肯定的：如果天文学家想要了解暗物质的性质及其在宇宙演化中的作用，他们必须比以往任何时候都挖掘得更加深入。弗里茨·兹威基专注于研究大质量星系团的动力学——宇宙中最大的引力束缚结构。薇拉·鲁宾和阿尔伯特·博斯马率先研究了像我们银河系这样的明亮星系的旋转。在这些大尺度上，神秘的、看不见的东西的存在和影响是非常明显的。但任何可行的暗物质理论都还需要充分解释观测到的深空普通居民的性质和行为：围绕着宏大宿主星系的昏暗的卫星矮星系，以及隐藏在宇宙黑暗中的超弥散“失败”

星系。

在新墨西哥州漆黑的夜空下，蜻蜓长焦阵列敏锐的复眼可能会在未来几年带来新的惊喜。范多库姆和亚伯拉罕正在更多的站点扩展他们的阵列，希望镜头总数达到 168 个。“没有理由停留在 48 个镜头，”范多库姆解释道，“原则上，你甚至可以以低得多的成本打造相当于 10 米或 20 米大的望远镜的观测能力的设备。”

宇宙学家是否会找到一种方式将他们珍爱的关于暗能量和冷暗物质的想法与观测到的矮星系特征相调和？没有人知道，但未来的观测可能会提供一个解决方案。然而，令人不安的是，这些“违法”的矮星系并不是唯一给流行的 ΛCDM 模型带来阴影的存在。宇宙学面临着一个更大的危机。

22.

宇宙学危机

20 世纪 80 年代，东柏林和西柏林的人们生活在两个截然不同的世界里，从政治上讲，查理检查站是一个令人生畏和戒备森严的交叉点。如今，它是统一后的德国首都最受欢迎的旅游景点之一。但是，在 1989 年柏林墙开放后不到 30 年，另一个不可逾越的障碍——这次是科学性质的——就出现在距查理检查站 600 米远的弗里德里希大街的礼堂中。在 2018 年 11 月一个下着小雨的星期六，这座朴素的苏联风格建筑成为一场宇宙学冷战的智力战场。

大约 130 名科学家蜂拥而至，来参加为期一天的研讨会，讨论我们对宇宙的理解中令人不安的危机。[1]在茶歇期间，我遇到了来自世界各地的形形色色的人：天体物理学家和宇宙学家、观测者和理论学家、年轻的博士后和诺贝尔奖得主。他们中的一些人在飞机上花的时间比在这个讲堂里待的时间还要多。他们共同的担忧是：宇宙似乎膨胀得太快了，而且没有人知道原因。在会议结束时，2011 年诺贝尔物理学奖得主之一布莱恩·施密特告诉我：“今天之后，我感到更加困惑了。”

这就是天文学家和物理学家都在为之绞尽脑汁的事情：通过对

宇宙微波背景的详细研究，流行的ΛCDM模型得出了宇宙当前膨胀率的非常精确的值，误差仅为1%。然而，基于对附近宇宙中星系观测得出的“本地”测量值几乎同样精确，却高出9%以上。根据施密特的同事、柏林研讨会的组织者之一马修·科利斯的说法，这两者都没有明显的弱点，尽管它们不可能都是对的。

虽然一些科学家仍然认为这两种方法中的一种可能存在未被发现的错误（或者可能两种都存在），但大多数人认为结果是可靠的。这并不意味着他们知道如何解释这种差异。即使像哈佛理论学家阿维·勒布这样有创造力的头脑，也被难住了。“我试图想出一个解决方案在研讨会上展示，”他告诉听众，“但我没有什么新内容要报告。这不是一个简单的问题。”根据施密特的说法，我们对宇宙微波背景的解释可能存在根本性的错误。或者，谁知道呢，也可能是目前我们对暗物质的看法存在根本性的错误。

宇宙膨胀率的确定是一段富有危机和争议的历史。首先，早在20世纪30年代，最早的猜测似乎表明宇宙比地球年轻得多。就在30年前，不同的人可能会给你相差两倍的值。但如今，宇宙学已经成为一门高精度的科学，哈勃常数的两种不同估计值之间的差距从来没有像现在这样具有统计意义。

在第15章中，我解释了空旷太空的膨胀如何将星系彼此推开。其结果是，所有宇宙距离在140万年内增长了0.01%，对应的哈勃常数（或哈勃参数，通常用H_0表示）为大约70千米每百万秒差距。但几十年来，哈勃常数的真实值仍然难以捉摸。要确定它，你需要同时知道星系的宇宙退行速度及其距离。原则上，星系的退行速度，即星系距离因宇宙膨胀而增加的速率，可以通过红移测量来确定。但是对于附近相对容易测量距离的星系，红移测量会受到星系在太空中的真实运动的影响，其空间速度可以高达每秒几百千米。至于遥远的星系，与宇宙退行速度相比，任何空间运动都可以忽略不计，但测量它们的距离非常困难。

几十年来，天文学家通过建立一个精心设计的距离阶梯来确定其他星系的距离，从而找到了解决方案。这项技术的一个关键要素是一种被称为“造父变星”的恒星。造父变星是一种变星：它的温度会上升和下降，它的直径会膨胀和收缩，而它会变亮和变暗。这些脉动周期性地发生，造父变星越明亮，它的脉动就越慢。哈佛大学天文台的亨丽爱塔·斯万·勒维特（Henrietta Swan Leavitt）在20世纪初期发现了这种周期–光度关系，现在被称为勒维特定律。因此，如果你在另一个星系中发现了一颗造父变星，它的观测周期就会告诉你它的亮度，而恒星的视亮度则揭示了该星系的距离。

20世纪90年代，温迪·弗里德曼（Wendy Freedman，现就职于芝加哥大学）领导的团队利用哈勃空间望远镜的鹰眼视力，成功识别出数亿光年外的旋涡星系中的造父变星。他们的哈勃关键项目的最终结果于2001年发表，得出的哈勃常数为72 km/s/Mpc，但该值的不确定性约为10%。[2]尽管如此，这是一个巨大的成就：在1990年4月哈勃望远镜发射之前，对H_0的最佳估计值在50~100 km/s/Mpc之间。此外，哈勃的结果使天文学家能够校准其他可以在更远地方使用的距离指示器，因为在那里单个造父变星已经看不到了。

其中一个距离指示器是Ia型超新星，它被称为标准烛光，这是一种具有明确光度的光源。通过研究这些恒星爆炸，天文学家发现尽管宇宙中所有物质之间存在引力作用，但宇宙膨胀率并没有像人们一直假设的那样随着时间的推移而减慢，而是实际上在加速。正如我们在第16章中看到的，现在这一发现被视为暗能量存在的证据，其真实性质与暗物质一样神秘。

当时没有人意识到这一点，但宇宙加速膨胀的发现为施密特、索尔·珀尔马特和亚当·里斯赢得了 2011 年诺贝尔奖，引发了柏林研讨会的宇宙学危机主题。不是因为暗能量的概念存在某种缺陷，而是因为它运作得太好了：事实证明，目前的宇宙膨胀率远远高于理论宇宙学家根据他们珍爱的ΛCDM模型所预期的。

宇宙学协调模型成功地解释了宇宙微波背景的观测特性。只有当我们宇宙的物质能量密度的 68.5%被暗能量占据，26.6%被暗物质占据，而普通重子物质不超过 4.9%时，CMB中“热”点和“冷”点的统计分布才可以得到解释。[3]这些宇宙学参数现在已经被精确地推导出来，以至于很容易推断出哈勃常数的当前值应该是多少：67.4 km/s/Mpc，误差范围小于 1%。（当然，这个推论考虑到了这样一个事实：宇宙膨胀先是因为宇宙的自身引力而放缓，现在又在加速，因为暗能量在大约 50 亿年前开始占据优势。）

然而，这些结果与来自造父变星和超新星的H_0的最新本地测量结果不一致。弗里德曼的哈勃关键项目 2001 年的结果具有足够大的不确定性范围，起初似乎没有什么值得担心的。但在过去的10年里，由里斯领导的团队对宇宙学距离阶梯进行了更精确的校准，并相应地得到了更精确的哈勃常数值。结果如里斯在柏林研讨会上所展示的那样：73.5 km/s/Mpc，不确定性仅为 2.2%。“测量值没有太大变化，”他说，“但不确定性已经显著下降。”

为了达到这种高精度，里斯和他的合作者使用哈勃空间望远镜的一项新技术来精确测量我们银河系中 5 颗造父变星的距离——这是准确校准勒维特定律的必要步骤。随后，他们研究了那些Ia型超新星也被观测到的星系中的造父变星。使用这些星系的造父变星距离，该团队随后校准了Ia型超新星的标准烛光特性。最后，他们从对更遥远星系中数百颗超新星的观测中得出哈勃常数，其中红移是衡量宇宙退行速度的可靠指标。

哈勃常数的两个值——一个来自宇宙微波背景，另一个来自造父变星和超新星——似乎就像冷战时期的东柏林和西柏林一样不相容。“很明显，我们今天还没有解决问题。”施密特在柏林研讨会的闭幕式上隐忍地说道。没有墙被推倒，没有人能想到一个宇宙学查理检查站，让你可以尝试从鸿沟的一侧移动到另一侧。

8 个月后，事情看起来更糟糕了。2019 年 7 月中旬，在加州大学圣巴巴拉分校的卡弗里理论物理研究所，数十名天体物理学家和宇宙学家聚集在一起，参加为期 3 天的会议——早期宇宙和晚期宇宙之间的紧张关系，由里斯和两位同事协调。里斯的SH0ES（“超新星、H_0、暗能量状态方程”的拙劣缩写）合作项目基于更多的数据和更透彻的分析发表了一篇新的论文。[4]他们得到的哈勃常数结果是74.0 km/s/Mpc，不确定性只有 1%——比CMB得出的 67.4 km/s/Mpc的数值高出近 10%，而且精度相同。

但更重要的是，这是一项基于引力透镜的完全独立的技术，它得出了一个类似的高宇宙膨胀率。在柏林，来自德国马克斯·普朗克天体物理研究所的谢里·苏玉（Sherry Suyu）就已经暗示了这一结果，而现在它得到了一篇论文的支持，并最终将于 2020 年 10 月发表在《皇家天文学会月刊》上。[5]作者们写道：“鉴于早期宇宙和晚期宇宙探测之间的矛盾不断加剧，我们必须检查标准的平坦ΛCDM模型的潜在替代方案。这将是现代宇宙学一个重大的范式转变，需要新的物理学理论来自洽地解释所有的观测数据。”

苏玉的方法利用了我们在第 13 章中所探讨的引力透镜过程。正如我们所见，来自遥远类星体的光可以被大质量的前景物体（例如巨大的椭圆星系）的引力分成多个图像。重要的是，被透镜的类星体的亮度变化在不同时刻到达地球，因为每条光路都有自己相应的传播时间。因此，如果类星体的一个像显示出某种闪烁模式，则在该类星体的另一个像中会观测到相同的模式，但（通常）会延迟几个月。根据这个时间延迟和前景透镜质量分布的精确模型，我们可以计算出光旅行的距离。将其与红移测量相结合，就可以得出精度为百分之几的哈勃常数值。

苏玉领导的H0LiCOW（意为宇宙学圣杯源泉中的H_0透镜）国际项目跟踪了 6 个引力透镜类星体的亮度变化，得出的哈勃常数值为 73.3 km/s/Mpc，精度为 2.4%——与SH0ES的结果几乎完全一致。如果将这两个结果放在一起，那么与 67.4 km/s/Mpc的低“宇宙学”值的差异有超过 5σ的统计显著性（99.999 94%的置信度），这意味着，这个不匹配来自某种统计巧合的结果的概率不到 350 万分之一。

虽然不太精确，但许多其他确定星系距离的技术也得出了较高的哈勃常数值，接近里斯和苏玉的值。在圣巴巴拉会议上唯一一个提出了不同的天体物理测量结果的工作来自弗里德曼，他使用了一种很有前景的新方法，将星系中最亮的红巨星作为标准烛光。由弗里德曼首创的这项技术得出来的值为 69.6 km/s/Mpc——大大低于其他结果，但仍远超出ΛCDM预测的误差范围。[6]

那么，如何理解哈勃常数的分歧呢？它是像里斯、苏玉和其他人发现的那样，大约是 74.0 km/s/Mpc，还是像宇宙背景辐射所显示的那样，是 67.4 km/s/Mpc？在《量子》杂志的一篇关于圣巴巴拉会议的报道中，记者纳塔莉·沃尔乔弗引用了里斯说过的话说：“我知道我们一直称其为‘哈勃常数矛盾’，但我们是否已经可以称其为问题？”对此，粒子物理学家、2004 年诺贝尔奖获得者戴维·格罗斯（David Gross）回答说：“我们不应该称之为矛盾或问题，而应称之为危机。”[7]

更糟糕的是，哈勃矛盾（或者问题或危机，或者任何你想称呼它的东西）并不孤单。与宇宙学协调模型的预测相比，宇宙不仅膨胀得太快了，而且还过于平稳，最近的地面观测证明了这一点。

自大爆炸以来，尽管太空在普遍膨胀，但引力一直在将物质聚集在一起，最终演化成巨大的星系团和超星系团网络，其中散布着巨大的空隙。第 6 章中所描述的最早的宇宙三维地图清楚地显示了星系这种不均匀的块状分布。例如，我们的银河系是本星系群的一部分，本星系群位于一个巨大的超星系团（核心是室女座星系团）的外围。在一个完全均匀的宇宙中，不会有任何星系聚集。

但是，绘制可见星系的分布图只能告诉你重子物质的聚集。根据ΛCDM模型，重子物质主要聚集在暗物质密度最高的区域，就像白色泡沫只标记最高的海浪的波峰一样。如果你真的想知道我们的宇宙有多光滑或多不均匀，从而将其与理论预测进行比较，那么 3D 星系图是行不通的。你需要绘制暗物质的空间分布图。

实现这一目标的一种方法是测量宇宙切变。第 13 章里简要提到，宇宙切变是大量星系形状的微小扭曲，是由宇宙中物质（包括可见物质和暗物质）不均匀分布的弱引力透镜效应引起的。测量切变很复杂，需要非常广阔和非常深的摄影巡天，还需要设备对大部分天空的昏暗源很敏感。此外，必须在多个波长下进行观测，以实现红移测量和相应的昏暗星系距离估计。最后，还需要注意大量潜在的系统误差。

尽管存在许多障碍和困难，三个国际合作组织还是接受了挑战。多年来，他们使用世界上最大的数码相机，仔细观测了大片天空中数百万甚至数千万个遥远的星系。

这些努力中的第一项是平方千度巡天（KiDS），它以位于智利塞罗帕拉纳尔的欧洲南方天文台 2.6 米 VLT 巡天望远镜上的 268 兆像素的 OmegaCAM 相机为主，由莱顿大学天文学家科恩 · 库肯领导，我们在第 3 章中见过他。[8] KiDS 项目启动于 2011 年，并于 2019 年年中完成其观测计划，详细覆盖了近 4% 的天空。

2013 年，暗能量巡天（DES）项目启动，目标是绘制近八分之一的天球。[9] DES 使用了智利托洛洛山美洲天文台的 4 米口径维克多 · M. 布兰科望远镜上的 570 兆像素的暗能量相机。这项弱引力透镜巡天由杜克大学的迈克尔 · 特罗克塞尔（Michael Troxel）和俄亥俄州立大学的尼尔 · 麦克兰（Niall MacCrann）领导。

迄今为止，最深入的巡天是使用位于夏威夷莫纳克亚山的日本 8.2 米昴星团望远镜上的 870 兆像素超宽视场的超级主焦点相机进行的。自 2014 年以来，这项由日本国家天文台的宫崎聪（Satoshi Miyazaki）领导的巡天项目一直在研究远达近 120 亿光年的星系形状[10]。

虽然这三个项目的最终分析结果有待公布，但迄今为止的结果似乎表明宇宙物质的分布比预期的更加均匀。宇宙学家使用参数 S_8 来衡量宇宙的“结块程度”，而 KiDS 和 DES 测量的 S_8 值（介于 0.76 和 0.78 之间）比普朗克卫星的宇宙微波背景观测的预测值（0.83）低大约 8%。这种显著差异被称为 S_8 矛盾。

因此，主流的宇宙学协调模型面临不止一个困难。首先，有上一章中强调的矮星系的特征问题。在更定量的层面上，对宇宙膨胀率的测量与模型的预测不一致。暗物质（和可见物质）在大尺度上分布的均匀性也是如此。当然，没有人知道模型的主要成分——暗物质和暗能量——的本质。

“目前的异常现象可能代表着标准宇宙学模型的危机。”杜伦大学的埃洛诺拉·迪瓦伦蒂诺（Eleonora Di Valentino）说。“对它们的实验确认可以为我们目前对宇宙结构和演化的想法带来一场革命。”她补充道。[11]然而，截至目前，还没有人能提出一种令人信服的解决方案或者有前途的理论方法来向前推进。根据迪瓦伦蒂诺的说法，其中一个问题是：如果你找到减轻哈勃矛盾的方法，S_8 矛盾则通常会加剧，反之亦然。[12]

尽管遇到了这些挫折，ΛCDM敢言的支持者乔治·埃夫斯塔修并不认为存在危机或者宇宙学需要一场革命。例如，他期待，或者说，他希望哈勃矛盾将会通过未来更高精度的观测而得到缓解。根据埃夫斯塔修的说法，里斯的SH0ES合作项目的造父变星观测的校准可能存在问题。他说：“我希望通过一些精心挑选的观测，最终可以将 H_0 值确定在优于2%的误差内。”而目前，本地测量值和宇宙学数值之间的差异几乎为10%。[13]

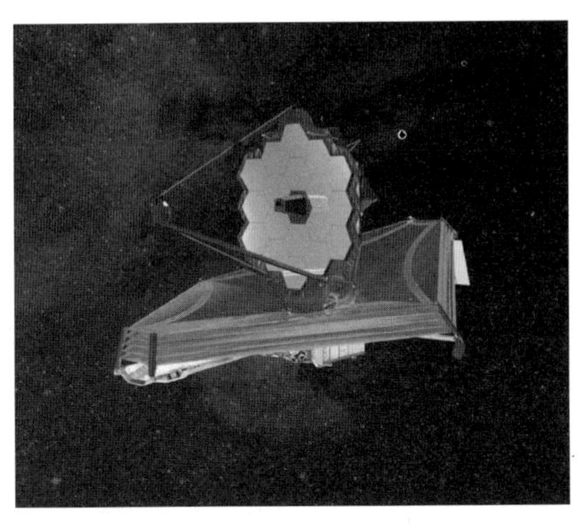

图22 詹姆斯·韦布空间望远镜的艺术想象图，它将成为天文学家未来几年的主力设备

在 2018 年 11 月柏林的那次会议上，会议的共同组织者马修 · 科利斯同样持乐观态度。“这个领域的好处在于，许多悬而未决的问题将在适当的时候得到解答，”他说，“5 年后，我们会对这个问题有更清晰的认识。”尤其是，天文学家期待欧洲天体测量卫星“盖亚”提供更精确的恒星距离数据，期待詹姆斯 · 韦布空间望远镜带来对超新星的详细观测，期待智利北部未来的西蒙斯天文台得到对宇宙微波背景的高精度测量，也期待着在宇宙历史的不同回顾时期对宇宙大尺度结构进行的新的综合性巡天。

但是，如果当前的矛盾没有随着时间的推移减弱，而是变得更加强烈了呢？如果人们所珍视的理论与无情的现实之间确实存在不匹配呢？好吧，在科学中，大自然总是拥有最终决定权，所以在这种情况下，宇宙学家可能需要重新思考他们对暗能量和暗物质的看法，并对所谓的新物理持开放态度。

事实上，许多有创造力的人已经走上了这条路。

23.

捉摸不定的幽灵

德国莱茵河畔小镇利奥波德港的居民已经习惯了繁忙的交通。人们经常看到从小港口到附近的卡尔斯鲁厄市运送货物的卡车小心翼翼地驶过狭窄而历史悠久的利奥波德大街。但 2006 年 11 月 25 日星期六这天的车队有所不同。数以万计好奇的观众在道路两旁排起长队，一个长 23 米、直径 10 米的飞艇式结构缓缓地从半木质结构的房屋旁边穿过。

在这个时刻，这个 1 400 立方米的真空罐——世界上最大的真空罐——还需要 12 年的时间才能投入使用。事实上，这个罐子是一个巨型光谱仪的关键部件，是卡尔斯鲁厄理工学院的卡尔斯鲁厄氚中微子实验（KATRIN）的核心。[1]使用光谱仪，物理学家正在例行研究他们所知道的最难以捉摸的基本粒子的特性。

这听起来像是挥舞着大锤砸坚果，但仔细想想，也很有道理。中微子不带电荷，重量几乎为零，而且几乎不与其他粒子相互作用，因为它们不受电磁力或强核力的作用。至于弱核力，它被称为弱核力是有原因的。因此，你需要规模庞大的实验才能从根本上研究中微子，比如日本池野山下的 5 万立方米的超级神冈探测器，或者南

图 23　卡尔斯鲁厄氚中微子实验的巨型光谱仪缓缓穿过德国利奥波德港的狭窄街道

极洲 1 立方千米大的IceCube探测器。KATRIN也不例外，而且中微子物理学家已经在梦想着建造更大的设备了。

与原子的基本成分夸克和电子不同，中微子不是我们周围物质世界的一部分。然而，它们被牢牢嵌入成功的粒子物理学标准模型中。奥地利物理学家沃尔夫冈 · 泡利（Wolfgang Pauli）在 1930 年预言了中微子的存在，甚至早于中子（原子核的基石之一）的发现。尽管如此，由于该粒子幽灵般的性质，直到 1956 年，“中性微小粒子”（其意大利名字是恩里科 · 费米在 1932 年创造的）才真正被发现。

我们如今知道，中微子具有三种“味”，与自然界呈现给我们的三种电子相关，它们分别是轻的“普通”电子、较重的μ子和甚至更重的τ子。天体物理学家还发现，大量的低能中微子是在大爆炸期间产生的，而高能中微子则是由恒星内部的核聚变以及超新星爆炸产生的。每一本令人惊叹的天文学书都会尽职地指出，每秒钟都有数十亿颗中微子穿过你身体的每一平方厘米——完全不受阻碍，而且不留痕迹。

但可能存在比标准模型所暗示的更多的中微子。第四种类型的中微子很可能存在，它更难被检测到。就像三种已知的味一样，它是电中性的。但与电中微子、μ中微子和τ中微子不同的是，这个新类型对弱核力并不敏感。因此，它永远不会与其他粒子相互作用。还有一点与其他三个不同，这种“惰性”中微子可能是一个重量级的粒子，其质量足以成为一个有望成功的暗物质候选者。[2]

第一个暗示我们对中微子的经典描述有问题的迹象可以追溯到20 世纪 60 年代。在南达科他州的霍姆斯特克金矿（现在是LUX-ZEPLIN暗物质探测器所在的地下实验室），布鲁克海文国家实验室的物理学家雷蒙德·戴维斯（Raymond Davis）成功地捕获了来自太阳的中微子——太阳核心处核聚变反应产生的电子中微子。然而，结果却令人困惑：这个 38 万升装满干洗液的水箱仪器所检测到的电子中微子的数量不到理论预测的 1/2。

科学家们很快提出了解决这一广为人知的所谓太阳中微子问题的可能方案。假设中微子在从太阳核心到霍姆斯特克实验室的 8.3 分钟旅程中可能会改变它的味，正如意大利物理学家布鲁诺·庞特科沃（Bruno Pontecorvo）在 1957 年提出的那样。在这种情况下，氢聚变产生的许多电中微子将以μ中微子和τ中微子的形式到达地球，这是戴维斯的装置所无法检测到的。这种中微子振荡在 1998 年才由超级神冈探测器直接探测到，并且在 2001 年被加拿大萨德伯里中微子观测站探测到。[3]

中微子振荡为太阳中微子问题提供了解决方案，但这样做是有代价的。根据狭义相对论，只有当粒子具有一定的质量（无论多小）时，它们才会出现这种奇怪的“性格障碍”。所以标准模型显然存在某种缺陷，因为它规定中微子是完全没有质量的，就像光子一样。此外，中微子确实有重量这一认知立即引发了另一个问题：它们的质量有多大？

这就是KATRIN的用武之地。截至目前，有很多证据表明，中微子的质量必须仅为电子的几十万之一，而KATRIN是迄今为止进行该测量的最灵敏的探测器。你可以想象到，这不是一项容易的任务，也不是用台式仪器就可以做到的。事实上，该探测器占用了几个大型的香草色实验室楼，包括飞艇形光谱仪所在的巨大大厅。[4]

KATRIN 实验的原理很简单。放射性氚是氢的一种重型同位素，它衰变成氦–3，并发射出一个电子和一个反电子中微子。能量守恒定律规定，这两个粒子一起可以携带最多 18.57 keV 的动能——在这种极少数的情况下，氦–3 原子最终会完全没有动能。因此，如果你测量衰变的氚所发射的电子的能量分布，你会发现能量最大的电子的动能刚好低于这个峰值。这一微小的差异与随之而来的反中微子的动能相同，我们从中可以很容易地计算出它们的质量——与普通电中微子的质量相同。

这原则上很简单，但在实践中却极其困难，部分原因是氚是致命物质。卡尔斯鲁厄氚实验室是欧洲唯一一家获准使用这种高放射性气体的实验室。氚源必须冷却到绝对零度以上 30 度。而且，还要有比地球磁场强约十万倍的极强超导磁体，这是引导电子进入光谱仪所必需的。顺便说一下，这是一场电子雪崩：每秒大约有 1 000 亿个电子进入这个巨大的真空罐。

一旦进入罐中，带负电的电子必须在大约 2 万伏特的强大电场中“逆流而上”。它们中的大多数都被拖慢了速度，停下来，然后被拖回原来的地方。只有能量最高的那些电子——也许只占几万亿分之一——才能到达光谱仪另一端的灵敏探测器。通过精确调整电场强度，物理学家能够测量接近 18.57 keV 峰值的各个能量的电子数量。

除了许多工程问题外，KATRIN 项目还面临着后勤方面的挑战。该光谱仪是位于卡尔斯鲁厄以东约 400 千米的代根多夫的一家德国钢铁建筑公司MAN DWE GmbH建造的。但由于该设备对于公路运输来说太大了，它不得不在水上绕道 8 600 千米。2006 年秋天，这艘重达 200 吨的、鲸鱼尺寸的庞然大物沿着多瑙河顺流而下，穿过黑海，穿过伊斯坦布尔海峡，进入地中海。接着，它穿过直布罗陀海峡，沿着大西洋海岸向上航行，进入英吉利海峡，一直航行到鹿特丹港。从鹿特丹开始，它沿着莱茵河到达利奥波德港，然后开始它最后的，也是最引人注目的公路旅行，仅有 7 千米。

2019 年 9 月，在日本富山举行的第 16 届天体粒子和地下物理学国际会议上，KATRIN 的物理学家展示了他们第一次科学运行的结果，表明电子中微子的质量必须小于 1.1 eV（作为对比，电子质量为 511 000 eV）。[5] 未来的测量预计将可以探测低至 0.2 eV 的质量。同时，设备升级工作正在进行中，这将使KATRIN 能够检测惰性中微子——同样，如果它们存在的话，惰性中微子根本不与其他粒子相互作用。

为什么物理学家认为可能存在一种尚未被发现的中微子呢？总的来说，有两个理论上的原因。首先，大质量中微子的存在可以自然地解释为什么这三种已知的味的中微子是如此轻。这与复杂的中微子混合概念有关，根据这一概念，实际上中微子是不断变化着（“振荡”）的各种“质量本征态”的组合——如果存在质量更大的第四个同胞，那么就更容易理解为什么电中微子、μ中微子和τ中微子几乎无质量但又不完全是了。

第二个原因是所有已知的中微子都是“左手征”的粒子这一值得注意的事实。一个基本粒子的手性与它相对于其运动方向的自旋方向有关。夸克和电子（以及μ子和τ子）都有两种类型，但没有人见过右手中微子，这似乎有点儿奇怪。除非出于某种原因，右手中微子是惰性的，使它们几乎不可能被探测到。

当然，还有一个令人兴奋的预期，即惰性中微子可能会解开暗物质之谜。正如我们在第 11 章中看到的，“普通”中微子的质量不足以同时充当暗物质粒子：由于它们的高速运动（天体物理学家称它们为“热”），普通中微子不可能聚集成星系大小的、遍布早期宇宙的暗物质晕。但是，如果惰性中微子的重量恰好达到几千eV，它们就将是WIMP的完美替代品。此外，由于惰性中微子比物理学家几十年来寻找无果的经典冷暗物质“更暖”，ΛCDM模型面临的一些问题（见第 22 章）可能会像阳光下的雪一样消失。

然而，目前，惰性中微子的存在仍在激烈讨论中。一些中微子实验间接暗示了这种奇异的粒子，但这些结果与其他实验结果不一致，包括来自IceCube探测器的数据。此外，2021 年 10 月，芝加哥大学费米实验室MicroBooNE实验的研究人员宣布，他们没有看到该粒子存在的任何证据。未来的观测——可能来自计划中的升级版KATRIN，或来自南达科他州桑福德实验室正在修建的深地下中微子实验（Deep Underground Neutrino Experiment），或许会解决这个问题。但是，截至目前，惰性中微子只存在于富有创造力的理论学家的脑海中。

另一个潜在的暗物质候选粒子——轴子——同样如此。事实上，轴子的传奇与惰性中微子的故事有许多相似之处：相信粒子存在的复杂理论原因、可以解决暗物质之谜的迷人可能性、对可能的检测的初步暗示、正在进行的搜寻，以及还没有最终答案。对于这两种情况，一些科学家认为我们正处于期待已久的突破的边缘，而另一些科学家认为，人们对惰性中微子和轴子作为暗物质候选者的兴趣越来越大，是因为物理学家和宇宙学家对WIMP长达数十年一无所获的搜索感到绝望，从而把这二者当作救命稻草，这是他们绝望的证明。

相信轴子存在的理由与反物质有关。你会预期，大爆炸的惊人能量产生了类似数量的物质和反物质粒子。然而，出于某种原因，当前宇宙中的一切都由普通物质组成——没有反物质星系、恒星、行星或有机体，至少在我们所知的范围内没有。由于物质和反物质粒子在相互碰撞时会湮灭，因此物理定律中肯定存在微小的偏差：对于每10亿个反物质粒子，自然界似乎创造了10亿加一个普通物质粒子。在大爆炸后不久发生的大湮灭之后，这10亿分之一的微小残留物就是聚集在一起形成星系团、行星系统和人类的全部物质。我们的存在归功于这种微小的不对称。

1964年，物理学家的确发现了弱核力在作用于物质和反物质的方式上的细微差别。特别是，他们发现被称为“中性介子”的粒子变形成为其反粒子（一种由弱力介导的转变）的可能性略低于反向发生的同一过程。这种相当令人惊讶的自然特性被称为“CP对称性破缺”，其中C和P分别表示电荷和宇称。事实证明，这种效应太小了，无法单独解释宇宙的物质/反物质不对称性，但如果强核力也违反了自然界的这种基本对称性，那这个谜团就可能会被解开。

这就是轴子可以帮助缓解的问题。根据粒子物理学的标准模型，CP破缺在强相互作用中是允许发生的，就像在弱相互作用中一样。但是，尽管人们对此进行了广泛而详细的搜索，但人们从未看到它发生过——这个担忧被称为强CP问题。正如罗伯托·佩切伊（Roberto Peccei）和海伦·奎因（Helen Quinn）在1977年提出的那样，这种效应似乎被某种新的场强行抑制了。[6] 如果这个场存在，它应该有一个对应的粒子：不可见的轴子。（这有点儿类似于希格斯场的情况，希格斯场是用来解释基本粒子如何获得质量的。对应的希格斯粒子于2012年在CERN被发现。）

如果“轴子”（axion）听起来像一个洗衣粉品牌，那是因为美国物理学家弗兰克·维尔切克（Frank Wilczek）以他1978年在一则广告中偶然看到的预洗液和洗衣液增强剂命名了它。正如包装上承诺的“安全美白增亮功效，适用于所有洗涤”，新粒子将解决物理学中的强CP问题。（顺便一提，在希腊语中“axios”的意思是“有价值的”或“值得的”。）

在维尔切克为该粒子起了这个朗朗上口的名字40多年后，仍然没有人知道轴子是否真的存在。但如果它们确实存在，那它们应该非常轻，甚至比“常规”中微子质量小得多。以能量单位来表示，质子质量约为1 GeV，电子重量为511 keV，而轴子的质量可能必须以微电子伏特为单位进行测量。

那么它们的暗物质候选资格呢？好吧，轴子在理论上是稳定的，它们不带电荷，而且它们与惰性中微子一样缺乏相互作用，这是任何暗物质粒子都应该具有的三个定义性特性。此外，如果轴子存在，理论预测它们的数量会非常多。每一立方厘米的宇宙平均包含数十万亿个轴子。因此，尽管它们的质量小得令人难以置信，但由于它们超出想象的丰度，它们很可能构成了我们宇宙的大部分。

不过等一下，如果轴子的质量这么小，这难道不意味着它们也像普通中微子一样以相对论速度运动吗？正如我们所见，中微子不能构成宇宙的暗物质，因为它们很热并且不容易聚集成小结构。那么为什么轴子会更好呢？嗯，那是由于它们的形成方式非常不同。与中微子（以及WIMP）不同，轴子在形成之时（这是当单个夸克结合成复合粒子，包括质子和中子时）并不与其他粒子处于热平衡状态。相反，量子物理学预测轴子形成了所谓的“玻色-爱因斯坦凝聚”，其中大群相同的粒子表现得好像它们只是一个粒子。结果是它们是冷粒子，尽管它们的质量很小。

好吧，轴子可能存在，而且可能会解开暗物质之谜。太好了。但是你怎么可能寄希望于检测到它们呢？

好消息是虽然轴子本身不带电荷，但它们并不是完全不受电磁力影响。强磁场有助于将不可见的轴子转变为可见光子，反之亦然，其中光子（光的粒子）的波长与轴子的质量直接相关。这一认识催生了许多实验的开展。例如，自2003年以来，位于日内瓦的CERN轴子太阳望远镜（CAST）一直在寻找相对质量较大的太阳轴子。[7]如果这种轴子是在太阳核心通过高能X射线与带电粒子的相互作用产生的，那么将有大量轴子到达地球，而强大的磁场可以将其中一些变回X射线光子。CAST使用来自CERN大型强子对撞机的退役的超导测试磁铁结合灵敏的X射线探测器来寻找这个过程的发生——迄今为止还没有成功。

在德国汉堡的DESY研究实验室，ALPS实验（Any Light Particle Search，即任意光粒子搜索）的物理学家使用了一种不同的技术：他们试图让红外激光穿透墙壁。[8]在正常情况下，没有哪个光子能够穿过挡光屏障，但通过施加强磁场，它们中的一些可能会在撞击墙壁之前变成轴子（或类轴子粒子）。轴子几乎不与任何东西相互作用，当它们最终到达屏障的另一侧时，相同的磁场可以将其中一些变回红外光子，从而被探测到。这是一个巧妙的设置，但和CAST一样，它还没有找到轴子存在的任何证据。

截至目前，最令人兴奋的轴子探测器（至少对暗物质猎人来说）位于西雅图的华盛顿大学。轴子暗物质实验（Axion Dark Matter eXperiment，简称ADMX）遵循佛罗里达大学的皮埃尔·西基维（Pierre Sikivie）首次提出的想法。[9] ADMX试图检测银河系晕中可能存在的极低质量轴子，这就是为什么西基维为该仪器起了轴子晕镜这个名字。[10]它大体上是一个圆柱形真空容器（所谓的谐振腔），冷却到刚好高于绝对零度，周围环绕着一个 8 特斯拉的磁铁——比典型的冰箱磁铁强 2 000 倍。强磁场偶尔会把晕轴子变成微波光子。预期产生的信号（最多 10^{-21} 瓦特）应该可以通过超导量子放大器来检测到。

ADMX构想于 20 世纪 90 年代，如今由来自美国、英国和德国 12 个研究所的研究人员合作运行，主要由美国能源部资助。轴子晕镜可以调谐到一系列微波频率，对应于 1~40 微电子伏特（μeV）之间的轴子质量。在撰写本书时，只有 2.66~3.31 μeV之间的值已被最终排除，但最终，暗物质所有可能的质量范围都将被探索并仔细研究。

虽然对轴子的目标搜索至今没有成功，但埃伦娜·阿普里莱的XENON合作项目为这个故事提供了一个有趣的转折。在XENON1T的首次科学运行期间，即 2017 年 2 月—2018 年 2 月，该仪器检测到了少量过剩的低能事件：有几十分钟的信号不是由于与氙原子核的相互作用而产生的（这是探测WIMP所期望的结果），而是来自与氙电子的相互作用。这种电子反冲事件通常是由背景噪声产生的，例如氡原子和氪原子的放射性衰变，但经过仔细分析，该团队无法解释在 2~3 keV 能量之间所观测到的事件。

XENON团队在 2020 年 10 月发表在《物理评论D》上的论文中探讨了一种可能的解释，那就是轴子的存在——当然，不是冷暗物质类型，而是太阳核心产生的快速移动的轴子，差不多与CAST实验正在寻找的轴子类似。[11] 如果得到证实，快速移动的轴子的发现将是极其重要的，但事实是一种更平凡的解释不能被排除：液态氙中极小的原因不明的过量放射性氚原子（每千克仅几个原子）也会产生类似的过剩。到本书出版时，这个问题可能已经被来自更大的XENONnT探测器及其美国竞争对手LUX–ZEPLIN的灵敏度更高的数据所解决。

惰性中微子和轴子都是在几十年前首次提出的，试图用于解决粒子物理学中的棘手问题。很快，绝望的暗物质猎手就将它们视为宇宙中不可见引力质量的潜在候选者。但是，这两种粒子的存在仍然是高度推测性的，并且在接下来的几十年内，它们很可能最终会陷入理论“死胡同”，成为被排除的粒子。

是时候开始寻找更奇怪的替代品了。

24.

黑暗危机

阿姆斯特丹是一座鬼城。建成于 19 世纪的中央火车站前的广场几乎空无一人。没有背包客沿着运河骑自行车。没有醉酒的英国流氓在红灯区闲逛。没有美国游客在凡·高博物馆门前排队。大多数学校、剧院和商店都关门了。人们在家工作，避免个人接触。

尽管荷兰政府采取了严格的封锁措施，但我还是在阿姆斯特丹大学异常安静的小办公室里见到了理论物理学家埃里克·维林德（Erik Verlinde）。[1]我们都戴着口罩。我们没有握手，并保持着距离。和大多数科学家一样，维林德非常重视这种看不见的冠状病毒。不过，他不相信暗物质。

现在是 2020 年 12 月，而我正在进行六个月内的第一次私人采访。新型冠状病毒感染疫情的蔓延扰乱了我为写书而展开的调研。原计划于 3 月下旬举行的两年一度的加州大学洛杉矶分校暗物质会议被取消。我的大部分采访预约都被重新安排为Zoom会议。我无法参观南达科他州的LUX–ZEPLIN探测器或者新墨西哥州的蜻蜓长焦阵列。维也纳的暗物质鉴定会议（IDM 2020）也在线上举行，会议的报告数量有所减少。更糟的是，我不能前往中国锦屏地下实验室察看PandaX探测器了。

新冠病毒在暗物质研究的进程中也留下了它的印记。许多天文台和物理实验室，包括CERN和格兰萨索在内，都不得不关闭。由于旅行限制和检疫规定，国际项目面临延误。有些研究人员生病了，还有些去世了。长达数十年对暗物质真实性质的探索几乎陷入停顿，除了像维林德这样的理论学家，他们从未停止思考解决危机的新方法。

请注意，这里要讲的不是新冠疫情危机，而是暗物质危机。它与新冠疫情有许多相似之处。就暗物质来说，传染的是担忧：研究人员越来越担心他们找错了方向。毕竟，暗物质可能不是由WIMP构成的。甚至ΛCDM模型也可能有问题。我们认为的确定性消失了，有冒出新想法的空间，也需要新的想法，我们可能必须为新常态做好准备，即使没有人知道我们要去哪里。这听上去很耳熟。

虽然CERN的约翰·埃利斯和XENON的负责人埃伦娜·阿普里莱等老手仍然认为我们的太阳系可能会穿过弱相互作用的大质量粒子的海洋，这些粒子可能会被未来的地下探测器检测到，但年青一代的科学家——其中一些人在WIMP的概念提出时甚至还没有出生——准备告别这个想法。"WIMP模型可能还没有死，"加州理工学院理论学家凯瑟琳·祖雷克（Kathryn Zurek）说，"但它肯定已经奄奄一息，处于维持生命的阶段了。如果我必须押注暗物质候选者的话，我不会选择WIMP。"[2]

与之类似，德国法兰克福高等研究院的理论学家和作家扎比内·霍森菲尔德（Sabine Hossenfelder）认为搜索WIMP的动机一直很糟糕。[3]正如我们在第10章中所见，大爆炸理论预测假想的WIMP的"遗迹密度"与冷暗物质的质量密度完美匹配。但是，在霍森菲尔德看来，"这个WIMP神迹不应该被认真对待。美不是科学论证。它本不应该被创造出来”。她坚信，一般来说，对数学美感的偏爱会将物理学家引入歧途，无论是在寻求解决暗物质之谜的过程中，还是在寻求一个包罗万象的理论的过程中。

数值论证和巧合通常在新物理理论的发展中发挥着重要作用。例如，宇宙中非重子暗物质的质量密度与原子核的质量密度没有显著差异，一些理论学家对这一点很好奇。当然，暗物质的数量是“普通”物质的5倍，但数量级是相同的，然而，这一差异为什么不是百万分之一，并没有明确的理由加以说明。所以，也许这些理论学家会争辩说，大自然正在告诉我们什么——也许大自然真的有一些东西需要解释。这种思路产生了不对称暗物质的想法，这种想法认为，暗物质粒子不像WIMP那样是它们自己的反粒子，而是与重子一样受到相同的粒子/反粒子不对称性的影响。如果是这样，那么重子物质和暗物质的总量相差不多也就不足为奇了。

霍森菲尔德说，由于迄今为止对WIMP的搜寻毫无结果，科学家正开始调整方向，扩大他们的视野以囊括更多的推测性想法。事实上，你如果浏览几十期《新科学家》杂志或查看arXiv预印本服务器上发表的论文摘要，就会发现大量疯狂的概念和狂野的理论。甚至一些很久以前就被搁置的想法又回到了桌面上。

以原初黑洞为例。这些强烈弯曲时空的微小节点于20世纪70年代由伯纳德·卡尔（Bernard Carr）和史蒂芬·霍金首次提出，它们很快就被当作暗物质的候选者，但由于没有在微引力透镜巡天中显露痕迹，它们变得不再受欢迎。[4]不过，就像过气的摇滚歌星一样，它们现在正在卷土重来。

需要明确的是，我们说的是一种非常特殊的黑洞。一听到暗物质之谜，许多人就立即想到黑洞是最有可能的答案。毕竟，黑洞是不可见的、巨大的、稳定且神秘——还需要什么呢？然而，事实上普通黑洞（大质量恒星超新星爆发时留下的相对较轻的黑洞）以及星系核心的超大质量黑洞不可能构成宇宙中的暗物质。首先，根据天体物理学家对星系和恒星演化的了解，现在宇宙中最多有 1/100 的质量包含在黑洞中。但更重要的是，所有这些黑洞都是在 138 亿年的宇宙历史过程中由重子物质形成的。它们属于重子，占第 16 章中描述的宇宙饼状图的 4.9%。

另一方面，原初黑洞可能是从宇宙诞生时的时空结构的剧烈波动中形成的——甚至可能是在被称为“暴胀”的指数膨胀的短暂时期形成的。那是在原子核起源之前以及重子和非重子物质的相对数量确定之前。这是一片原初黑洞的海洋，每个黑洞的大小都与原子核相当，其引力与小行星差不多，这一设想可以很好地解释暗物质之谜。至少，一些物理学家是这么认为的。但是，当MACHO和EROS实验未能在银河系晕中发现大质量致密天体存在的证据时（见第 14 章），原初黑洞这一暗物质候选者就不再受欢迎了。

然而，就在最近，原初黑洞又复活了。理论学家们描述了这一种可能性，即宇宙创造了更大质量版本的神秘物体，其质量不再是一颗小行星的质量，而是可能是几十个太阳的质量。[5] 如果宇宙中的暗物质由 30 个太阳质量的原初黑洞组成，那么它们之间的距离将比之前假设的较小的原初黑洞更远，所以微引力透镜巡天可能只是错过了它们。

这是暗物质理论研究发展的一个完美例子。复活一个旧的想法或者提出一个全新的想法，调整这个想法，使其不再与公认的科学知识和观测证据相矛盾，确保它是自洽的，然后你就可以开始了。不再需要提出实验理由证据，只要你的提案不完全是玄学，并且有解决暗物质危机的潜力，它就有很大的机会出现在《物理评论快报》或《天体物理杂志》上。它存活的时间越长，你越相信自己走在正确的轨道上。

许多理论学家说，这确实是向前推进的最佳方式：不遗余力。用科学术语来说，就是充分探索可利用的理论参数空间。尽管如此，这种方法也催生了大量牵强附会的推测性概念，其中绝大部分必然是错误的——毕竟，真理只有一个。

但这就是物理学的运作方式，多年来，科学家们提出了各种各样的奇异概念。其中一种是模糊暗物质，这是杰里·欧斯垂克目前正在研究的课题。[6]模糊暗物质可以由质量小到仅有 10^{-22} eV的粒子组成。由于这种近乎无穷小的质量，粒子对应的量子波长——由于量子不确定性导致的“模糊性”——有数千光年。这意味着，在星系的尺度上，这种假设的物质与任何其他形式的粒子暗物质的行为非常不同，解决了第 21 章中讨论的许多问题。不用说，我们没有任何机会直接检测这种质量甚至不到电子质量的 10^{24} 分之一的粒子，这可能有利于该理论的长寿。

其他新颖的想法包括衰变暗物质，这是最近被提出的，旨在缓解所谓的哈勃矛盾——宇宙似乎膨胀得比从宇宙微波背景数据推断的预期要快得多的事实[7]。如果暗物质粒子逐渐衰变为某种形式的“暗辐射”，它们的总引力会随着时间的推移而减弱。这种引力的减弱，加上暗能量的加速作用，将使宇宙膨胀加速到足以解释天文学家观测到的较高的膨胀率。

当然，如果暗物质衰变为暗光子，它一定是受到了某种未知的力的作用。事实上，一些物理学家推测，不仅存在某种类型的暗物质粒子，而且存在一个由暗粒子、暗作用力和携带暗力的玻色子

（也称暗光子）组成的整个多成分“隐藏扇区”。毕竟，已知的亚原子世界——标准模型——是极其复杂和不优雅的，那么你为什么会期望大自然隐藏的暗黑面是极简的？作为奖励，一个有其自身粒子和相互作用多样性的分布稠密的隐藏区域，提供了大量新的可能性来解释宇宙的奇怪观测特性。

更广泛的假设性粒子和作用力对于有创造力的实验学家来说也是一个好消息，他们设计的实验可以提供经验证据来支持理论学家的疯狂想法。其中一项新实验是名为FASER（向前搜寻实验）的探测器，该探测器于2022年在CERN开始运行。[8]“在大型强子对撞机的下一次持续三年的运行期间，我们预计FASER将探测到大约100个暗光子。”CERN科学家杰米·博伊德（Jamie Boyd）说。[9]

2019年夏天，当我访问CERN时，FASER仍处于早期建设阶段，它几个月前才获得批准。该探测器的一些大型闪烁体（CERN旧粒子物理实验的备件）仍存放在博伊德的办公室里。在一条光线昏暗的长走廊的尽头，穿过蒂姆·伯纳斯–李（Tim Berners-Lee）在20世纪90年代早期开发万维网的小办公室，博伊德带我参观了一个机械车间，技术人员正在那里对FASER的灵敏光谱仪模块进行测试，这同样也是原本为其他实验设计和制造的硬件。

大型强子对撞机中质子碰撞产生的短寿命粒子会被对撞机的大型探测器捕获，主要是被ATLAS和CMS捕获。但是，如果碰撞偶尔也会产生暗光子呢？它们会沿着与对撞机圆周相切的直线路径飞走，并且会在几百米后才衰变成高能电子/正电子对，远离主要的粒子探测器。

建立在加州大学欧文分校物理学家乔纳森·李·冯（Jonathan Lee Feng）的想法的基础上，博伊德正在进行耗资250万美元的FASER

图 24 FASER，装在CERN的一台新探测器，用于搜索暗光子或其他相对长寿命的粒子

实验，这是在一个废弃的旧隧道段建造的，这段隧道恰好位于正确的位置，距离ATLAS探测器大约480米。几年之内，FASER可能会找到暗光子或其他较长寿命粒子存在的支持证据。在该项目的网站上，它被称为BSM项目，即超越标准模型（Beyond the Standard Model）。

另一个牵强的想法是超流体暗物质，它由现在在马克斯·普朗克物理研究所的拉沙·贝雷齐亚尼（Lasha Berezhiani）和宾夕法尼亚大学的贾斯汀·库利（Justin Khoury）首次提出。[10]就像水会以不同的相（如蒸汽、液体和冰）存在一样，极轻的类轴子暗物质粒子也可能以多个相存在。在非常低的压力下，这种神秘物质会表现得像普通的粒子气体，仅通过引力相互作用。但在更稠密的区域，比如最终形成星系的暗物质晕，某种形式的自相互作用会将粒子变成超流体，具有非常不同的特性，有些类似于液氦超流体的无摩擦行为。

是猜想吗？是的，完全是猜想。但该理论的吸引人之处在于，超流体暗物质与普通重子物质的相互作用会产生一种或多或少类似于引力的新作用力。这就是霍森菲尔德如此喜欢这个想法的原因。"人们一直在尝试用一种粒子或某种形式的修正引力来解开暗物质之谜，"她说，"到目前为止，最被忽视的选择是两者的结合。"

如前所述，使用粒子暗物质的ΛCDM模型在宇宙学尺度上表现得很好，但它在单个星系的尺度上失败了，而在这个尺度上，修正的牛顿动力学（见第12章）要成功得多。然而，霍森菲尔德说，MOND不可能是答案，因为它无法解释星系团或宇宙微波背景的特性。此外，该理论没有可行的相对论版本。但是，由超流体暗物质施加的一种新的力，在银河系尺度上来看可能像某种形式的修正引力。这就是霍森菲尔德称其为"冒充场"的原因。

"观测数据告诉我们，在暗物质体系中，不同尺度的事物会有不同的反应，"她说，"将粒子暗物质和修正引力视为两个相互竞争的理论且每个理论都必须符合所有数据，是错误的。"毕竟，正如她在她广受欢迎的博客"Backreaction"（反向作用）和优兔频道上指出的，你不会试图调整描述流动流体行为的伯努利方程来解释冰的特性。[11]如果发生相变，你实际上就是在谈论两种截然不同的暗物质体系，每一种体系各有其特色描述。

惰性中微子、轴子、不对称暗物质、模糊暗物质、多成分暗物质、自相互作用暗物质、超流体暗物质——新的理论幻想似乎比致命病毒的变异版出现得更快。这真的是进步的标志吗？这是否表明我们终于接近了解决天体物理学中最大谜团的唯一解决方案？或者这其实是一场真正的危机的标志，科学家在拼命寻找一个一直在逃避他们的答案？也许我们就像印度寓言中的盲人，试图用墙、长矛、蛇、大树、扇子或绳子来解释一切，却看不到大象的真实面目？

在阿姆斯特丹大学，埃里克·维林德走得更远。他根本不相信有大象。根据他新提出的引力理论，暗物质是不存在的。[12]相反，我们认为的神秘暗物质的引力效应，实际上是普通物质与无所不在的暗能量之间的相互作用，而暗能量则来自宇宙学视界（可观测宇宙的“边缘”）的热力学性质。如果你觉得这听起来难以理解，不要担心。没有多少人了解这个新的引力理论，甚至维林德自己也承认其中有很多悬而未决的问题。

埃里克和他的孪生兄弟赫尔曼（现在是普林斯顿大学的弦论学者）一起在乌得勒支大学学习物理学，在这里，荷兰的诺贝尔奖得主赫拉德·特霍夫特（Gerard ’t Hooft）激发了他对黑洞的兴趣。当时，这些贪吃的不可思议的宇宙天体是否存在仍在争论中，但雅各布·贝肯斯坦、霍金和特霍夫特等物理学家已经对黑洞进行了大量的理论研究。特别是，霍金证明，由于在事件视界（在这个距离没有任何东西可能逃脱黑洞的引力）附近的量子效应，它们必须发出微量辐射。与此同时，贝肯斯坦表明，黑洞必须具有一定量的熵（即无序度），与事件视界所描摹的表面积成正比。而黑洞的热力学和引力之间的关系是特霍夫特全息图原理的关键组成部分，它过于复杂，我无法在这里详细描述。

正如黑洞事件视界的数学特性所证明的那样，热力学与引力之间令人惊讶的联系引导维林德提出了他的演生（也是熵）引力理论。基于泰德·雅各布森（Ted Jacobsen，现就职于马里兰大学）的工作，维林德提出，爱因斯坦的广义相对论的方程——我们对引力的最佳描述——可以从时空的一些基本微观特性中推导出来，就像路德维希·玻尔兹曼（Ludwig Boltzmann）在19世纪80年代制定的热力学定律可以从统计力学（大量粒子的集体微观行为）中推导出来那样。

换句话说，引力无法与其他已知的自然力相提并论——显然，它不是粒子物理学标准模型的一部分——而是从时空的更基本特征中自然地出现在宏观层面的，就像气体温度是从数万亿个分子的基本属性和行为中得出的宏观物理量一样。“如果你理解统计力学，你就理解了热力学，”维林德说，“同样，如果我们能完全理解时空，我们就会理解引力。”

这还没有结束。根据贝肯斯坦和霍金的说法，黑洞的事件视界——超出这个“表面”的任何信息都无法传递给我们——有一定的温度，对应于它的熵。根据维林德的说法，宇宙学视界也必须如此。正如黑洞事件视界的温度以霍金辐射的形式对可见宇宙产生影响一样，宇宙学视界的热力学特性以暗能量的形式在可见宇宙中留下了印记。

那么，暗物质呢？没必要，维林德说。天体物理学家对暗物质引力效应的解释，实际上是这种全新的暗能量描述与宇宙中的重子物质相互作用的结果。有趣的是，维林德的初步计算与MOND这一特定理论的结果非常吻合。“我当然不能解释一切，”他说，“但这并不一定意味着这个想法是错误的。”

截至目前，他的理论还在不断完善之中，拥护者还不多。部分问题可能在于它挑战了太多宇宙学的传统观念。例如，维林德冷冰冰地指出：“大爆炸的整个概念与我的想法并不完全吻合。”但谁知道呢，在危急时刻，一次伟大的重置可能是最好的出路，就像新冠疫情需要全球经济、社会和医疗保健系统进行重置一样。

当我离开阿姆斯特丹大学理论物理研究所时，太阳已经落山了。天快黑了，还下起了雨。我感到沮丧，没有人知道当前的状况会持续多久。同样，这与宇宙学中的暗物质困境有着惊人的相似。它有结束的那天吗？

5天后，情况看起来不那么令人沮丧了。一位英国老奶奶成为世界上第一个接种新开发的辉瑞/BioNTech疫苗的人。随着越来越多的人在接下来的几周内接种新冠病毒疫苗，我意识到，每一次危机都有解决之道，科学永远不会放弃。

就像罗伯特·肯尼迪曾经说的："未来不是礼物，而是成就。"

25.

看到看不见的

一栋巨大的白色建筑的东立面上有一扇小门。门上有一个小牌子，上面写着“欧几里得白厅”。牌子下方有人用胶带贴了一张纸，是一张手写的请求：“请关好门，谢谢。”在建筑物内，欧洲空间局的下一个空间望远镜正在成型。

从图卢兹繁华的市中心历史悠久的市政厅广场出发，搭乘公交40分钟即可到达位于飞行员街上的空中客车防务与航天公司。[1] 10分钟后，项目经理洛朗·布鲁艾（Laurent Brouard）带我参观了高科技无尘室，那里有两台相机正在进行调试，分别是视觉成像仪以及近红外光谱仪和光度计。这些相机是欧洲空间局“欧几里得”任务的一部分，这是一项为期6年的项目，在此期间，这些灵敏的仪器将对天空1/3的数十亿个星系进行成像，它们的距离远达100亿光年。该任务的目标是：绘制宇宙的几何图形，试图更好地理解暗能量和暗物质。

耗资8亿美元的欧几里得任务以古希腊几何学创始人的名字命名，计划于2022年年底发射①。[2] “由于新冠疫情，我们延误了几个

① 欧几里得空间望远镜实际于2023年7月1日发射升空，和作者采访以及写作本书英文版时有出入。下文仍保留作者写作时的时间，请读者留意。——编者注

月。”布鲁艾用他浓重的法国口音告诉我。我们打扮得像重症加强护理病房的工作人员一样，进入“白厅”的一个黑暗、超洁净的部分，欧几里得的碳化硅有效载荷模块正在那里组装。技术人员使用激光干涉仪检查空间望远镜镀银镜面的微米级校准情况，其中最大的一面银镜直径为 1.2 米。

图 25　欧洲空间局欧几里得卫星的艺术想象图。计划于 2022 年年底发射的欧几里得，将被用来研究数十亿个星系的形态和空间分布

“我们即将把望远镜的挡板放好，”布鲁艾说，“你是最后看到真正主镜的人之一。”这是一个奇怪的想法：几年后，这个抛光到大约 50 纳米精度的闪亮表面将反射来自遥远星系的、寿命已有几十亿年的光子，使天文学家能够绘制暗物质和宇宙的膨胀历史的 3D 分布图。弱引力透镜、扭曲的星系图像、重子声学振荡、空间的加速膨胀——我好奇亚历山大里亚的欧几里得会怎么看待这一切。

欧几里得，这台空间望远镜，建立在地面项目获得的经验之上，例如前文提到的2dF星系红移巡天、斯隆数字化巡天、平方千度巡天、暗能量巡天，以及超级主焦点相机巡天。但是从它在外层空间的有利位置（从太阳角度看，它位于地球后方150万千米处）来看，这个欧洲空间天文台不会受到大气湍流的阻碍。此外，它可以全天候每周7天每天24个小时研究遥远的宇宙，比地球上的望远镜更高效。

用不了多久，欧几里得就会得到美国同行的陪伴。南希·格雷斯·罗曼空间望远镜（原名大视场红外巡天望远镜，WFIRST）将于21世纪20年代中期发射。[3]这台新望远镜以南希·格雷斯·罗曼（Nancy Grace Roman）的名字命名，她是NASA的第一任天文学主任，还是“哈勃之母”。新望远镜的主镜与著名的哈勃空间望远镜一样大（2.4米），但视野更广。它的300兆像素相机将研究的宇宙不动产少于欧几里得，但深度更深，波长范围更广，它会提供对弱引力透镜、宇宙切变和重子声学振荡的观测。

同一类型的观测也将成为“空间和时间的遗产巡天”的重点，该巡天由智利薇拉·鲁宾天文台的8.4米西蒙尼巡天望远镜进行（见第6章）。所有这些未来的项目都将受益于安装在亚利桑那州图森附近的基特峰国家天文台的4米梅奥尔望远镜上的新型暗能量光谱仪（DESI）。欧几里得望远镜、罗曼望远镜和鲁宾天文台的颜色观测将提供所谓的光度红移和对星系距离的粗略估计，而DESI的详细光谱测量将为1/3的天空中数以千万计的遥远星系和类星体提供精确的红移和距离测量。[4]

结合来自地面和空间各个设备的数据，天文学家可以为相当大一部分的可观测宇宙创建一张3D图。研究重子声学振荡（大爆炸后约38万年印在宇宙质量分布上的模式）随时间的增长可以推断宇宙的膨胀历史，进而告诉我们暗能量的行为。同时，我们还可以使用弱引力透镜和宇宙切变来测量遥远星系的形状因为这些星系与地球之间的质量分布不均匀而扭曲的微妙方式，披露暗物质在空间和时间上的行踪。

在我撰写本书时，欧几里得正准备进行最终测试，罗曼空间望远镜的工作即将开始，薇拉·鲁宾天文台在帕琼峰的建设接近完成，DESI将开始其为期5年的光谱巡天。此外，宇宙正被灵敏的引力波探测器监测着，詹姆斯·韦布空间望远镜应该在本书出版时进入太空，欧洲天文学家正在建造极大望远镜，还有跨越两个大陆的平方千米阵列——史上最大的射电天文台——正在澳大利亚和南非建设。要想跟进所有的新项目很难，因为天体物理学家不会放过任何从他们能掌握的每一个光子中获取关于宇宙黑暗面的新信息的机会。

但是，了解暗能量的时间演化和暗物质的空间分布并不能告诉你我们正在面对的是什么样的东西。我们仍在研究泥泞中的脚印，了解得越来越详细，但我们并没有真的认出留下脚印的隐形人。如果你想查明暗物质的真实本质——如果真的想“看到”那些看不见的东西——地面望远镜和空间天文台是不够的，不管它们有多么强大。暗物质研究的未来将由粒子物理学家和天体物理学家共同决定（或者实现，如果你愿意的话）。根据粒子物理学家吉安弗兰科·贝尔通（Gianfranco Bertone）和蒂姆·泰特（Tim Tait）2018年一篇发在《自然》上的综述文章中的说法，“新的指导原则应该是‘不遗余力’”[5]。

在他们的地下洞穴和隧道中，暗物质猎手遵循与观天的天文学家相同的策略：如果你正在寻找某个东西但找不到它，你只需要建造一个更大、更灵敏、更高效的仪器。这一点适用于中微子和夸克，适用于黑洞、太阳系外行星和引力波，适用于希格斯玻色子——没有明显的理由说明它不适用于暗物质。谁知道呢，突破性发现可能就在我们当前技术极限的范围之外。

这当然是劳拉·鲍蒂斯（Laura Baudis）所希望的，尽管她意识到“大自然并不真正关心我们的希望”，她是这么说的。[6]作为苏黎世大学的粒子天体物理学家，鲍蒂斯是DARWIN合作组织的发言人，该组织由来自欧洲和美国30多家研究所的约170名科学家组成。他们的目标是：建造最先进的液氙暗物质探测器，使意大利目前最先进的XENONnT、美国南达科他州的LUX–ZEPLIN和中国的PandaX–4T相形见绌。鲍蒂斯说，如果获得批准，耗资1.5亿美元的探测器将于2024年开始建造，最有可能在格兰萨索实验室进行，预计将于2027年取得第一批科学成果。[7]

鲍蒂斯记得她有一天坐在苏黎世机场，注意到了一架名为“达尔文”的小型区域航空公司的飞机。“我立刻爱上了这个名字，”她说，“那时候，我们还不确定新探测器是使用液态氙还是液态氩，而DARWIN成了‘使用惰性液体进行暗物质WIMP搜索’的缩写。”（顺便一提，这家航空公司于2017年年底破产了。）DARWIN装载了高达50吨的液态氙，将具有前所未有的灵敏度，足以记录对当前实验来说过于罕见的暗物质粒子的相互作用。鲍蒂斯告诉《自然》杂志记者伊丽莎白·吉布尼：“如果不填补这个空白，那就有点儿愚蠢了。后人可能会问我们，你为什么不这样做？”[8]

然而，最终中微子将关闭直接探测WIMP的大门。来自太阳的中微子和宇宙射线产生的“大气中微子”构成了一种微弱但持久的背景信号，任何一种技术都无法将其屏蔽。如果我们寻找已久的暗物质相互作用太过罕见以至于被这种中微子背景冲刷掉了，那么物理学家将如他们所说“触碰到中微子底线”，直接检测WIMP是不可能的。如果DARWIN在到达中微子背景底线之前发现了暗物质，鲍蒂斯说，那么这可能证明建造一个更大的100吨探测器来更详细地研究这些物质是合理的。“但那真的是路的尽头。如果没有发现暗物质，DARWIN将成为同类中的最后一个探测器。”

当然，暗物质之谜的解决方案可能来自不同类型的探测器，关注的不是WIMP，而是其他候选粒子。未来的大型中微子实验，如日本的超级神冈、中国江门地下中微子实验观测站和美国南达科他州前霍姆斯特克金矿的深地下中微子实验，可能会更多地揭示这三种类型中微子的质量，以及可能存在的由更重的惰性中微子组成的不可见、温暖的暗物质海。[9]虽然第23章中介绍的西雅图ADMX实验尚未发现类轴子粒子，但科学家们正在筹建一个更大、更灵敏的国际轴子天文台。该天文台的主要任务是寻找来自太阳的轴子，但该仪器也可能发现来自银河系晕中的暗物质轴子。[10]

在参观完欧几里得的无尘室后，我在市政厅广场的一个露台上享用一杯葡萄酒，周围环绕着图卢兹特有的红粉色砖砌建筑。我再一次试着想象数以百万计的暗物质粒子如何在每一秒穿过我身体的每平方厘米。这种不为人知的、看不见的、神秘的物质。一种无处不在的幽灵般的物质，渗透在我们的星球、我们的太阳系、银河系以及我们不断膨胀的宇宙的每一个角落。而科学家们对这些东西的真实身份一无所知。

在几代人的时间里，我们发现了人类在空间和时间上的渺小地位。我们绘制了地球内部的地图，我们解开了太阳能源的奥秘，我们窥视了原子核的内部。我们掌握了DNA的遗传密码，了解了传染性病毒以及如何对抗它们。我们创造了人工智能。然而，尽管经过数十年的不懈努力，地球上最聪明的头脑仍未能成功回答我们提出过的最基本的问题之一：物质宇宙是由什么构成的？

也许我们追逐的是海市蜃楼，如莫尔德艾·米尔格龙和埃里克·维林德所认为的那样，以粒子为形式的暗物质可能根本不存在。我们很可能没有遵循正确的方法，正如扎比内·霍森菲尔德所说，我们需要摆脱“从理论上发明新事物、构建新检测器来寻找新事物，然后一遍又一遍地进行一无所获的搜寻的空循环，这太浪费时间和金钱了”。谁知道呢，也许我们就是没有足够的能力从最深刻的层面理解自然。蜥蜴永远无法理解热力学，我们也不指望狗能解出量子力学方程——为什么智人就应该是第一个完全掌握宇宙运作的物种？毕竟，大自然没有义务被我们 1 300 克重的微不足道的大脑所理解。

尽管如此，尽管遇到了所有这些挫折、疑虑、零结果和“死胡同”，科学家并没有屈服。如果当前的实验没有得出解决方案，那下一个有可能，或者下下一个就有可能。如鲍蒂斯所说，我们无法告诉大自然如何运作，“但我们必须保持希望。有许多例子表明，理论预测需要数十年才能被观测证实。作为一个实验者，你不能只生活在此时此刻，你总是要为下一阶段做准备”。

荷兰国家亚原子物理研究所的粒子物理学家苏珊·巴塞格梅兹更是直言不讳。[11]巴塞格梅兹在吉姆·皮布尔斯发表关于非重子冷暗物质的开创性论文两年后出生于土耳其，她于 2007 年搬到CERN，自 2018 年以来一直在荷兰生活和工作。“暗物质是现代科学中最大的谜团之一，”她说，“这就是我们永不放弃的原因。我真的希望这个问题能在未来 10 年得到解决。如果到那时我们仍然两手空空，我们可能需要开始思考新的东西，或者设计新的实验。”

巴塞格梅兹是可能在解决该难题方面发挥作用的三个合作组

织中的一员。这些实验正在寻找地面、海洋和我们头顶上方的暗物质迹象。在CERN，CMS探测器可能有一天会在质子碰撞产生的碎片中发现暗物质粒子。在地中海，欧洲研究机构正在建造水下KM3NeT中微子探测器，它可能会发现暗物质粒子湮灭或衰变时（如果有的话）产生的中微子。[12]自从2019年年底和2020年年初进行了壮观而昂贵的维修行动以来，国际空间站上丁肇中的阿尔法磁谱仪将在未来几年继续收集宇宙射线数据，有可能找到宇宙中暗物质湮灭的证据。

“同时进行三个实验可以更容易地组合不同的测量值并关联数据，”巴塞格梅兹说，“例如，使用不同的理论模型，AMS数据可以告诉我们在KM3NeT中，我们可能期望什么样的中微子信号。”与此同时，她仍然对XENONnT、LUX–ZEPLIN和DARWIN等直接探测实验在不久的将来发现类似WIMP的暗物质粒子抱有希望。至于在粒子对撞机中产生暗物质，她期待着“未来圆形对撞机”，这是一项拟耗资上百亿美元的设施，几乎是CERN大型强子对撞机的4倍大，功率是其7倍。“这对暗物质研究肯定非常有用，”她说，“我们其实不知道会发生什么，但我不是那种会放弃的人。”

还有那些有创造力的科学家，他们正追求全新的追踪暗物质的方法——这些方法以前是不可能的，因为技术不够先进，在某些情况下现在仍然不够先进。例如，基于丹尼尔·斯诺登–伊夫特（Daniel Snowden-Ifft）、埃里克·弗里曼（Eric Freeman）和布鲁福德·普莱斯（Bruford Price）提出的一个旧想法，一些物理学家认为暗物质粒子的化石痕迹可能存在于某些地下矿中。[13]斯坦福大学的塞巴斯蒂安·鲍姆（Sebastian Baum）解释说，WIMP相互作用会给原子核带来轻微的冲击，而高能原子核会扰乱矿物的晶体结构，留下最多几十纳米长的可辨别的微观轨迹。“在超过 5 000 米深的地方，完全不受宇宙射线的影响，这样的线索已经积累了数亿年。”鲍姆说道，“说服人们需要时间，而且技术还没有得到证实，但‘古探测器’可能在 10 年后实现。”[14]

更具挑战性的是暗物质猎人拉斐尔·朗（Rafael Lang）和他在普渡大学的团队正在开发的引力耦合探测器。它使用由数以百万计的微型仄牛顿（10^{-21} 牛顿，大约是典型细菌重量的百万分之一）传感器（对极小的力敏感）组成的矩阵，有可能检测到一个暗物质粒子通过造成的引力效应，前提是“肇事者”的质量非常大，如某些理论猜想所提出的那样。“我们都认为这有点儿疯狂，”朗在 2020 年告诉记者亚当·曼，“但我认为，每个人对它的疯狂程度有不同的看法。”[15]

“疯狂”很可能是描述暗物质难题的最佳词汇。它如此疯狂，使人发狂。2022 年 5 月，恰好是雅各布斯·卡普坦在他里程碑式的《天体物理杂志》论文中向世界介绍暗物质的 100 周年。从那时起，天文学家对恒星、星系和星系团的研究越来越详细。他们为了弄清宇宙物质构成而进行的探索迎来了大爆炸理论、对宇宙历史最初几分钟内核合成的理解，以及宇宙微波背景的发现。研究人员测量了星系的旋转，编制了宇宙的 3D 图，并使用超级计算机模拟了大尺度结构的生长。引力透镜和遥远的超新星爆炸为研究物质分布和真空加速膨胀提供了新的机会。

与此同时，粒子物理学家发现了中微子、反物质、夸克和载力子，卡普坦和他同时代的人都不知道这些。后来的研究人员开发了成功的标准模型，建造了越来越大的对撞机和地下探测器来检验其预测，并寻找可能暗示未知粒子存在的偏差。他们的实验探索揭示了亚原子世界，而他们的理论努力有朝一日可能会使广义相对论和量子力学富有成效地结合在一起，这是基础物理学的“圣杯”。

但是，暗物质的真实本质仍然是一个谜。尽管有数百名坚持不懈的科学家做出了努力，产生了数拍字节[①]的数据和成千上万翔实的出版物，但我们仍然不知道物质宇宙 80%以上成分的身份。我们感觉到了大象耳朵的拍打声和象牙的锋利，我们听到了大象的脚步声并感受到了象鼻的鼻息。尤其是，我们感受到了巨大的主体。但我们对大象本身一无所知。

这没什么。也许长达数十年的暗物质探索是宏观和微观宇宙科学研究的最佳催化剂，就像对地外生命的探索激发了行星探索、天体化学和寻找太阳系外行星一样。即使我们永远无法到达目的地，沿途也有令人惊叹的美景。

暗物质支配着我们的宇宙。没有它，我们可能不会在这里思考宇宙的本质。有了它，我们将永远不会停止寻找答案。不管怎样，它定义了我们是谁。

---

① 1 拍字节 $=10^{15}$ 字节。——编者注

致谢

许多人帮助我把这本书变为现实。首先，感谢我的代理人，科学工厂的彼得·泰勒克和哈佛大学出版社的珍妮斯·奥代特，感谢他们的信任、热心和支持。我也非常感谢两位匿名审稿人的意见，他们检查了我的原稿是否存在事实错误和不一致之处。感谢西蒙·瓦克斯曼精心改进了我原稿的风格和语法。感谢阿维·勒布对序言的撰写。

最重要的是，我要感谢许多天体物理学家、射电天文学家、宇宙学家、粒子物理学家、理论学家、计算机奇才和仪器制造商，他们慷慨地带我参观了他们的研究设施，与我分享了他们的故事和想法，并帮助我改进手稿。当然，任何遗留的事实错误都是我自己的责任。我要特别感谢Bob Abraham，Charles Alcock，Elena Aprile，Éric Aubourg，Suzan Başeğmez，Laura Baudis，Sebastian Baum，Melissa van Beekveld，Rita Bernabei，Gianfranco Bertone，Albert Bosma，Jamie Boyd，Laurent Brouard，Douglas Clowe，Dan Coe，Auke Pieter Colijn，Patrick Decowski，Eleonora Di Valentino，Pieter van Dokkum，George Efstathiou，Daniel Eisenstein，John Ellis，

Sandra Faber，Kent and Ellen Ford，Katherine Freese，Carlos Frenk，Rick Gaitskell，Amina Helmi，Dan Hooper，Sabine Hossenfelder，Koen Kuijken，Eric Laenen，Avi Loeb，Jennifer Lotz，Reina Maruyama，Stacy McGaugh，Daan Meerburg，Mordehai Milgrom，Jerry Ostriker，Mercedes Paniccia，Marcel Pawlowski，Jim Peebles，Tristan du Pree，Joel Primack，Morton Roberts，Diederik Roest，Gray Rybka，Joop Schaye，Jacques and Renee Sebag，Seth Shostak，Tracy Slatyer，Markus Steidl，Jaco de Swart，Samuel Ting，Erik Verlinde，Ivo van Vulpen，Simon White，已故的Hugo van Woerden，Alfredo Zenteno 和Kathryn Zurek。

第 22 章的部分内容首次发表于 2019 年 6 月的《天空与望远镜》杂志，标题为“持续的争议”，经许可可转载于此。

注释

01. 我们所不知晓的物质

1. James Peebles, interview with author, January 17, 2020, Princeton University.

2. James Peebles, interviewed by Martin Harwit, September 27, 1984, Princeton University, Oral History Interviews, American Institute of Physics, https://www.aip.org/history-programs/niels-bohr-library/oral-histories/4814.

3. P. J. E. Peebles, *Physical Cosmology* (Princeton: Princeton University Press, 1971).

4. P. J. E. Peebles, "How Physical Cosmology Grew," Nobel lecture, December 8, 2019, https://www.nobelprize.org/prizes/physics/2019/peebles/lecture.

5. James Peebles, "Nobel Prize in Physics 2019: Official Interview," telephone interview by Adam Smith, December 6, 2019, https://www.nobelprize.org/prizes/physics/2019/peebles/interview.

02. 地下幽灵

1. Laboratori Nazionali del Gran Sasso (LNGS), https://www.lngs.infn.it/en.

2. Rafael Lang, "The XENON Experiment: Enlightening the Dark," Xenon Dark Matter Project, April 14, 2017, http://www.xenon1t.org.

3. H. G. Wells, *The Invisible Man* (London: C. Arthur Pearson, 1897).

4. I visited l'Aquila and the Laboratori Nazionali del Gran Sasso on November 4 and 5, 2019.

5. Borexino is the Italian diminutive form of BOREX, which stands for BORon solar neutrino EXperiment.

6. CUPID: CUORE Upgrade with Particle Identification, where CUORE stands for Cryogenic Underground Observatory for Rare Events; VIP: VIolation of the Pauli exclusion principle; COBRA is a shorthand for Cadmium Zinc Telluride 0-Neutrino Double-Beta; GERDA: GERmanium Detector Array.

7. CRESST: Cryogenic Rare Event Search with Superconducting Thermometers; DAMA: DArk MAtter experiment (see chapter 19); COSINUS: Cryogenic Observatory for SIgnatures seen in Next-generation Underground Searches.

03. 先驱

1. A concise historical overview of dark matter can be found in G. Bertone and D. Hooper, "History of Dark Matter," *Reviews of Modern Physics* 90, no. 4 (2018), doi: 10.1103/RevModPhys.90.045002.

2. A nontechnical biography of Kapteyn is P. C. van der Kruit, *Pioneer of Galactic Astronomy: A Biography of Jacobus C. Kapteyn* (New York: Springer, 2021).

3. J. C. Kapteyn, "First Attempt at a Theory of the Arrangement and Motion of the Sidereal System," *The Astrophysical Journal* 55 (1922): 302, doi: 10.1086/142670. The term *matière obscure,* French for dark matter, had already been used in 1906 by Henri Poincaré, who sought to discredit the notion that dark matter comprised a significant portion of the universe.

4. W. Thomson, *Baltimore Lectures on Molecular Dynamics and the Wave Theory of Light* (London: C. J. Clay and Sons, 1904), https://archive.org/details/baltimorelecture00kelviala.

5. Kapteyn, "First Attempt at a Theory of the Arrangement and Motion of the Sidereal System," 302. Italics in original.

6. A nontechnical biography of Oort is P. C. van der Kruit, *Master of Galactic Astronomy: A Biography of Jan Hendrik Oort* (New York: Springer, 2021).

7. J. H. Oort, "The Stars of High Velocity" (PhD diss., University of Groningen, 1926).

8. J. H. Oort, "The Force Exerted by the Stellar System in the Direction Perpendicular to the Galactic Plane and Some Related Problems," *Bulletin of the Astronomical Institutes of the Netherlands* 6, no. 238 (1932): 249–287, https://openaccess.leidenuniv.nl/handle/1887/6025.

9. A recent biography of Zwicky is J. Johnson Jr., *Zwicky: The Outcast Genius Who Unmasked the Universe* (Cambridge, MA: Harvard University Press, 2019).

10. F. Zwicky, "Der Rotverschiebung von extragalaktischen Neblen," *Helvetica Physica Acta* 6, no. 2 (1933): 110–127. English translation available at https://ned.ipac.caltech.edu/level5/March17/Zwicky/translation.pdf.

11. S. Smith, "The Mass of the Virgo Cluster," *The Astrophysical Journal* 83 (1936): 23, doi: 10.1086/143697; F. Zwicky, "On the Masses of Nebulae and Clusters of Nebulae," *The Astrophysical Journal* 86 (1937): 217, doi: 10.1086/143864.

12. F. Zwicky, *Morphological Astronomy* (Berlin: Springer-Verlag, 1957).

13. J. H. Oort, "Note on the Determination of K_z and on the Mass Density Near the Sun," *Bulletin of the Astronomical Institutes of the Netherlands* 494 (1960): 45–53, http://adsabs.harvard.edu/pdf/1960BAN. . . . 15 . . . 45O.

14. Koen Kuijken, telephone interview with author, April 24, 2020.

15. K. Kuijken and G. Gilmore, "The Mass Distribution in the Galactic Disc," *Monthly Notices of the Royal Astronomical Society* 239, no. 3 (1989); part 1: 571–603, doi: 10.1093/mnras/239.2.571; part 2: 605–649, doi: 10.1093/mnras/239.2.605; part 3: 651–654, doi: 10.1093/mnras/239.2.651.

16. G. Schilling, "Altijd Geboeid door de Grootste Structuren in het Heelal," *Zenit* 14 (1987): 358.

04. 晕圈效应

1. The full text of Alicia Suskin Ostriker's "Dark Matter and Dark Energy," can be found at https://poets.org/poem/dark-matter-and-dark-energy.

2. Jeremiah Ostriker, interview with author, January 17, 2020, Columbia University.

3. J. P. Ostriker and J. W.-K. Mark, "Rapidly Rotating Stars. I. The Self-Consistent-Field Method," *The Astrophysical Journal* 151 (1968): 1075–1088, doi: 10.1086/149506. Links to parts 2–8 of the series can be found at https://ui.adsabs.harvard.edu/abs/1968ApJ . . . 151.1075O/abstract.

4. R. H. Miller, K. H. Prendergast, and W. J. Quirk, "Numerical Experiments on Spiral Structure," *The Astrophysical Journal* 161 (1970): 903–916, doi: 10.1086/150593; and F. Hohl, "Numerical Experiments with a Disk of Stars," *The Astrophysical Journal* 168 (1971): 343–351, doi: 10.1086/151091.

5. J. P. Ostriker and P. J. E. Peebles, "A Numerical Study of the Stability of Flattened Galaxies: Or, Can Cold Galaxies Survive?" *The Astrophysical Journal* 186 (1973): 467–480, doi: 10.1086/152513.

6. J. H. Oort, in *Transactions of the International Astronomical Union* XIIA (1965), 789.

7. J. P. Ostriker, P. J. E. Peebles, and A. Yahil, "The Size and Mass of Galaxies, and the Mass of the Universe," *The Astrophysical Journal* 193 (1974): L1–L4, doi: 10.1086/181617.

8. F. D. Kahn and L. Woltjer, "Intergalactic Matter and the Galaxy," *The Astrophysical Journal* 130, no. 3 (1959): 705–717, doi: 10.1086/146762.

9. J. Einasto, A. Kaasik, and E. Saar, "Dynamic Evidence on Massive Coronas of Galaxies," *Nature* 250 (1974): 309–310, doi: 10.1038/250309a0.

10. J. P. Ostriker and S. Mitton, *Heart of Darkness: Unraveling the Mysteries of the Invisible Universe* (Princeton: Princeton University Press, 2013).

05. 拉平曲线

1. Kent Ford, interview with author, January 13, 2020, Millboro Springs, VA.

2. V. C. Rubin and W. K. Ford, Jr., "Rotation of the Andromeda Nebula from a Spectroscopic Survey of Emission Regions," *The Astrophysical Journal* 159 (1970): 379–403, doi: 10.1086/150317.

3. V. C. Rubin, W. K. Ford, Jr,. and N. Thonnard, "Extended Rotation Curves of High-Luminosity Spiral Galaxies. IV. Systematic Dynamical Properties, Sa→Sc," *The Astrophysical Journal* 225 (1978): L107–L113, doi: 10.1086/182804.

4. V. C. Rubin, W. K. Ford, Jr., and N. Thonnard, "Rotational Properties of 21 SC Galaxies with a Large Range of Luminosities and Radii, from NGC 4605 (R=4kpc) to UGC 2885 (R=122kpc)," *The Astrophysical Journal* 238 (1980): 471–487, doi: 10.1086/158003.

5. W. Tucker and K. Tucker, *The Dark Matter: Contemporary Science's Quest for the Mass Hidden in Our Universe* (New York: William Morrow, 1988).

6. L. Randall, "Why Vera Rubin Deserved a Nobel," *New York Times,* January 4, 2017.

06. 宇宙制图

1. Vera C. Rubin Observatory, https://www.lsst.org.

2. My June 2019 visit to Chile was sponsored by SNP Natuurreizen.

3. I visited Cerro Pachón on June 26, 2019.

4. M. Seldner, B. Siebers, E. J. Groth, and P. J. E. Peebles, "New Reduction of the Lick Catalog of Galaxies," *The Astronomical Journal* 82 (1977): 249–256, plates 313–314, doi: 10.1086/112039.

5. M. Davis, J. Huchra, D. W. Latham, and J. Tonry, "A Survey of Galaxy Redshifts. II. The Large Scale Space Distribution," *The Astrophysical Journal* 253 (1982): 423–445, doi: 10.1086/159646. Links to the other papers in the series can be found at https://ui.adsabs.harvard.edu/abs/1979AJ. . . . .84.1511T/abstract.

6. John Huchra, "The CfA Redshift Survey," n.d., Center for Astrophysics, Cambridge, MA, https://www.cfa.harvard.edu/~dfabricant/huchra/zcat.

7. Matthew Colless, "The 2dF Galaxy Redshift Survey," final data release, June 30, 2003, http://www.2dfgrs.net.

8. The Sloan Digital Sky Survey, https://www.sdss.org.

07. 大爆炸重子

1. C. H. Payne, "Stellar Atmospheres: A Contribution to the Observational Study of High Temperature in the Reversing Layers of Stars" (PhD diss., University of Cambridge, 1925).

2. A. S. Eddington, "The Internal Constitution of the Stars," *Nature* 106, no. 2653 (1920): 14–20, doi: 10.1038/106014a0.

3. R. A. Alpher, H. Bethe, and G. Gamow, "The Origin of Chemical Elements," *Physical Review* 73, no. 7 (1948): 803–804, doi: 10.1103/PhysRev.73.803.

4. F. Hoyle, "The Synthesis of the Elements from Hydrogen," *Monthly Notices of the Royal Astronomical Society* 106, no. 5 (1946): 343–383, doi: 10.1093/mnras/106.5.343; F. Hoyle, "On Nuclear Reactions Occurring in Very Hot Stars. I. The Synthesis of Elements from Carbon to Nickel," *Astrophysical Journal Supplement* 1 (1954): 121–146, doi: 10.1086/190005; E. Burbidge, G. R. Burbidge, W. A. Fowler, and F. Hoyle, "Synthesis of the Elements in Stars," *Reviews of Modern Physics* 29 (1957): 547–650, doi: 10.1103/RevModPhys.29.547.

5. P. J. E. Peebles, "Primordial Helium Abundance and the Primordial Fireball," *The Astrophysical Journal* 146 (1966): 542–552, doi: 10.1086/148918.

6. R. V. Wagoner, W. A. Fowler, and F. Hoyle, "On the Synthesis of Elements at Very High Temperatures," *The Astrophysical Journal* 148 (1967): 3–49, doi: 10.1086/149126.

7. R. V. Wagoner, "Big-Bang Nucleosynthesis Revisited," *The Astrophysical Journal* 179 (1973): 343–360, doi: 10.1086/151873.

8. J. B. Rogerson and D. G. York, "Interstellar Deuterium Abundance in the Direction of Beta Centauri," *The Astrophysical Journal* 186 (1973): L95, doi: 10.1086/181366.

9. D. G. York and J. B. Rogerson, "The Abundance of Deuterium Relative to Hydrogen in Interstellar Space," *The Astrophysical Journal* 203 (1976): 378–385, doi: 10.1086/154089.

10. J. R. Gott III, J. E. Gunn, S. N. Schramm, and B. M. Tinsley, "An Unbound Universe?" *The Astrophysical Journal* 194 (1974): 543–553, doi: 10.1086/153273.

08. 射电回忆录

1. Albert Bosma, interview with author, November 11, 2019, Westerbork radio observatory.

2. K. Freeman and G. McNamara, *In Search of Dark Matter* (New York: Springer, 2006).

3. H. W. Babcock, "The Rotation of the Andromeda Nebula," *Lick Observatory Bulletin* 19, no. 498 (1939): 41–51, doi: 10.5479/ADS/bib/1939LicOB.19.41B.

4. W. Baade and N. U. Mayall, "Distribution and Motions of Gaseous Masses in Spirals," in *Problems of Cosmical Aerodynamics; Proceedings of a Symposium on the Motion of Gaseous Masses of Cosmical Dimensions* (Paris: IAU and IUTAP, 1951).

5. K. C. Freeman, "On the Disks of Spiral and So Galaxies," *The Astrophysical Journal* 160 (1970): 811–830, doi: 10.1086/150474.

6. National Radio Astronomy Observatory, https://public.nrao.edu.

7. H. I. Ewen and E. M. Purcell, "Observation of a Line in the Galactic Radio Spectrum: Radiation from Galactic Hydrogen at 1,420 Mc./sec.," *Nature* 168 (1951): 356, doi: 10.1038/168356a0; C. A. Muller and J. H. Oort, "Observation of a Line in the Galactic Radio Spectrum: The Interstellar Hydrogen Line at 1,420 Mc./sec., and an Estimate of Galactic Rotation," *Nature* 368 (1951): 357–358, doi: 10.1038/168357a0; J. L. Pawsey, *Nature* 368 (1951): 358, doi: 10.1038/168358a0.

8. H. C. van de Hulst, E. Raimond, and H. van Woerden, "Rotation and Density Distribution of the Andromeda Nebula Derived from Observations of

the 21-cm Line," *Bulletin of the Astronomical Institutes of the Netherlands* 14, no. 480 (1957): 1–16, https://openaccess.leidenuniv.nl/handle/1887/5894.

9. Hugo van Woerden, telephone interview with author, March 31, 2020. Hugo van Woerden passed away on September 4, 2020, at the age of ninety-four.

10. SETI Institute, https://www.seti.org.

11. Seth Shostak, interview with author via Zoom, June 16, 2020.

12. G. Cocconi and P. Morrison, "Searching for Interstellar Communications," *Nature* 184 (1959): 844–846, doi: 10.1038/184844a0.

13. D. H. Rogstad and G. S. Shostak, "Gross Properties of Five Scd Galaxies as Determined from 21-centimeter Observations," *The Astrophysical Journal* 176 (1972): 315–321, doi: 10.1086/151636.

14. M. S. Roberts, "A High-Resolution 21-cm Hydrogen-Line Survey of the Andromeda Nebula," *The Astrophysical Journal* 144 (1966): 639–656, doi: 10.1086/148645.

15. Morton Roberts, interview with author via Zoom, June 17, 2020.

16. M. S. Roberts and R. N. Whitehurst, "The Rotation Curve and Geometry of M31 at Large Galactocentric Distances," *The Astrophysical Journal* 201 (1975): 327–346, doi: 10.1086/153889.

17. Westerbork Synthesis Radio Telescope, https://www.astron.nl/telescopes/wsrt-apertif.

18. A. Bosma, "The Distribution and Kinematics of Neutral Hydrogen in Spiral Galaxies of Various Morphological Types" (PhD diss., University of Groningen, 1978).

19. Katherine Freese, *The Cosmic Cocktail: Three Parts Dark Matter* (Princeton: Princeton University Press, 2016).

20. N. A. Bahcall, "Vera Rubin (1928–2016)," *Nature* 542 (2017): 32, doi: 10.1038/542032a.

21. A. Bosma, "Vera Rubin and the Dark Matter Problem," *Nature* 543 (2017): 179, doi: 10.1038/543179d.

09. 探入冷

1. S. M. Faber and J. Gallagher, "Masses and Mass-to-Light Ratios of Galaxies," *Annual Review of Astronomy and Astrophysics* 17 (1979): 135–187, doi: 10.1146/annurev.aa.17.090179.001031.

2. Sandra Faber, telephone interview with author, March 28, 2020.

3. Jaan Einasto, "Dark Matter: Early Considerations," in *Frontiers of Cosmology*, ed. A. Blanchard and M. Signore, NATO Science Series (Dordrecht: Springer, 2005).

4. Joel Primack, interview with author via Zoom, March 24, 2020.

5. G. R. Blumenthal, H. Pagels, and J. R. Primack, "Galaxy Formation by Dissipationless Particles Heavier than Neutrinos," *Nature* 299 (1982): 37–38, doi: 10.1038/299037a0.

6. P. J. E. Peebles, "Large-Scale Background Temperature and Mass Fluctuations Due to Scale-Invariant Primeval Perturbations," *The Astrophysical Journal Letters* 263 (1982): L1, doi: 10.1086/183911.

7. The use of the words "cold" and "hot" for slow-moving and fast-moving (relativistic) particles, respectively, was introduced by Joel Primack and Dick Bond in 1983.

8. G. R. Blumenthal, S. M. Faber, J. R. Primack, and M. J. Rees, "Formation of Galaxies and Large-Scale Structure with Cold Dark Matter," *Nature* 311 (1984): 517–525, doi: 10.1038/311517a0.

10. 神奇的WIMP

1. I visited CERN in June 2019, during a group visit organized by the Dutch edition of *New Scientist* magazine.

2. Large Hadron Collider, https://home.cern/science/accelerators/large-hadron-collider.

3. The name "WIMP" was coined in Gary Steigman and Michael Turner, "Cosmological Constraints on the Properties of Weakly Interacting Massive Particles," *Nuclear Physics B* 253 (1985): 375–386, doi: 10.1016/0550-3213(85)90537-1.

4. J.-L. Gervais and B. Sakita, "Field Theory Interpretation of Supergauges in Dual Models," *Nuclear Physics B* 34 (1971): 632–639, doi: 10.1016/0550-3213(71)90351-8; Y. A. Gol'fand and E. P. Likhtman, "Extension of the Algebra of Poincare Group Generators and Violation of p Invariance," *JETP Letters* 13 (1971): 323, doi: 10.1142/9789814542340_0001; D. V. Kolkov and V. P. Akulov, *Prisma Zh. Eksp. Teor. Fiz.* 16 (1972): 621; J. Wess and B. Zumino, "Supergauge Transformations in Four Dimensions," *Nuclear Physics B* 70 (1974): 39–50, doi: 10.1016/0550-3213(74)90355-1.

5. A Toroidal LHC ApparatuS, https://atlas.cern.

6. John Ellis, interview with author, June 6, 2019, at CERN.

7. J. R. Ellis, J. S. Hagelin, D. V. Nanopoulos, K. A. Olive, and M. Srednicki, "Supersymmetric Relics from the Big Bang," *Nuclear Physics B* 238 (1984): 453–476, doi: 10.1016/0550-3213(84)90461-9.

11. 模拟宇宙

1. IllustrisTNG Project, https://www.tng-project.org.

2. George Efstathiou, Carlos Frenk, and Simon White, interviews with author, September 16, 2019, during the tenth-anniversary symposium of the Kavli Institute for Cosmology in Cambridge, UK.

3. W. H. Press and P. Schechter, "Formation of Galaxies and Clusters of Galaxies by Self-Similar Gravitational Condensation," *The Astrophysical Journal* 187 (1974): 425–438, doi: 10.1086/152650.

4. S. D. M. White, C. S. Frenk, and M. Davis, "Clustering in a Neutrino-Dominated Universe," *The Astrophysical Journal* 274 (1983): L1–L5, doi: 1086 /184139.

5. M. Davis, G. Efstathiou, C. S. Frenk, and S. D. M. White, "The Evolution of Large-Scale Structure in a Universe Dominated by Cold Dark Matter," *The Astrophysical Journal* 292 (1985): 371–394, doi: 10.1086/163168.

6. C. S. Frenk, S. D. M. White, G. Efstathiou, and M. Davis, "Cold Dark Matter, the Structure of Galactic Haloes and the Origin of the Hubble Sequence," *Nature* 317 (1985): 595–597, doi: 10.1038/317595a0.

7. S. D. M. White, C. S. Frenk, M. Davis, and G. Efstathiou, "Clusters, Filaments, and Voids in a Universe Dominated by Cold Dark Matter," *The Astrophysical Journal* 313 (1987): 505–516, doi: 10.1086/164990; S. D. M. White, M. Davis, G. Efstathiou, and C. S. Frenk, "Galaxy Distribution in a Cold Dark Matter Universe," *Nature* 330 (1987): 451–453, doi: 10.1038/330451a0; C. S. Frenk, S. D. M. White, M. Davis, and G. Efstathiou, "The Formation of Dark Halos in a Universe Dominated by Cold Dark Matter," *The Astrophysical Journal* 327 (1988): 507–525, doi: 10.1086/166213.

8. S. D. M. White, J. F. Navarro, A. E. Evrard, and C. S. Frenk, "The Baryon Content of Galaxy Clusters: A Challenge to Cosmological Orthodoxy," *Nature* 366 (1993): 429–433, doi: 10.1038/366429a0.

9. Millennium Simulation Project, https://wwwmpa.mpa-garching.mpg .de/galform/virgo/millennium.

10. V. Springel, S. D. M. White, A. Jenkins, et al., "Simulations of the Formation, Evolution and Clustering of Galaxies and Quasars," *Nature* 435 (2005): 629–636, doi: 10.1038/nature03597.

11. EAGLE simulations, http://eagle.strw.leidenuniv.nl.

12. J. Schaye, R. A. Crain, R. G. Bower, et al., "The EAGLE Project: Simulating the Evolution and Assembly of Galaxies and Their Environments," *Monthly Notices of the Royal Astronomical Society* 446 (2015): 521–554, doi: 10.1093/mnras/stu2058; "A Simulation of the Universe with Realistic Galaxies," Durham University press release, January 2, 2015, https://www.dur.ac.uk/news/newsitem/?itemno=23257.

12. 异教徒

1. W. Tucker and K. Tucker, *The Dark Matter: Contemporary Science's Quest for the Mass Hidden in Our Universe* (New York: William Morrow, 1988).

2. T. Standage, *The Neptune File: Planet Detectives and the Discovery of Worlds Unseen* (London: Penguin, 2000).

3. T. Levenson, *The Hunt for Vulcan . . . and How Albert Einstein Destroyed a Planet, Discovered Relativity, and Deciphered the Universe* (New York: Random House, 2015).

4. A. Finzi, "On the Validity of Newton's Law at a Long Distance," *Monthly Notices of the Royal Astronomical Society* 127 (1963): 21–30, doi: 10.1093/mnras/127.1.21.

5. Mordehai Milgrom, interview with author, September 23, 2019, at the workshop The Functioning of Galaxies: Challenges for Newtonian and Milgromian Dynamics, Bonn, Germany.

6. M. Milgrom, "A Modification of the Newtonian Dynamics as a Possible Alternative to the Hidden Mass Hypothesis," *The Astrophysical Journal* 270 (1983): 365–370, doi: 10.1086/161130; M. Milgrom, "A Modification of the Newtonian Dynamics: Implications for Galaxies," *The Astrophysical Journal* 270 (1983): 371–383, doi: 10.168/161131; M. Milgrom, "A Modification of the Newtonian Dynamics: Implications for Galaxy Systems," *The Astrophysical Journal* 270 (1983): 384–389, doi: 10.1086/161132.

7. J. D. Bekenstein, "Relativistic Gravitation Theory for the Modified Newtonian Dynamics Paradigm," *Physical Review D* 70 (2004), art. 083509, doi: 10.1103/PhysRevD.70.083509.

8. R. H. Sandes, "Does GW170817 Falsify MOND?" *International Journal of Modern Physics D* 27 (2018), doi: 10.1142/S0218271818470272.

9. C. Skordis and T. Złośnik, "Gravitational Alternatives to Dark Matter with Tensor Mode Speed Equaling the Speed of Light," *Physical Review D* 100 (2019), art.104013, doi: 10.1103/PhysRevD.100.104013; C. Skordis and T. Złośnik, "New Relativistic Theory for Modified Newtonian Dynamics," *Physical Review Letters* 127, no. 16 (2021), doi: 10.1103/PhysRevLett.127.161302.

10. Stacy McGaugh, telephone interview with author, March 30, 2020.

11. S. McGaugh, "Predictions and Outcomes for the Dynamics of Rotating Galaxies," *Galaxies* 8, no. 2 (2020): 35, doi: 10.3390/galaxies8020035.

12. G. Schilling, "Battlefield Galactica: Dark Matter vs. MOND," *Sky & Telescope* 113, no. 4 (April 2007): 30–36.

13. R. H. Sanders, *The Dark Matter Problem: A Historical Perspective* (Cambridge: Cambridge University Press, 2010).

13. 透镜背面

1. A. Einstein, "Lens-like Action of a Star by the Deviation of Light in the Gravitational Field," *Science* 84 (1936): 506–507, doi: 10.1126/science.84.2188.506.

2. F. Zwicky, "Nebulae as Gravitational Lenses," *Physical Review* 51 (1937): 290, doi: 10.1103/PhysRev.51.290.

3. D. Walsh, R. F. Carswell, and R. J. Weymann, "0957+561 A, B: Twin Quasistellar Objects or Gravitational Lens?" *Nature* 279 (1979): 381–384, doi: 10.1038/279381a0.

4. J. E. Gunn, "On the Propagation of Light in Inhomogeneous Cosmologies. I. Mean Effects," *The Astrophysical Journal* 150 (1967): 737–753, doi: 10.1086/149378.

5. J. A. Tyson, F. Valdes, J. F. Jarvis, and A. P. Millis Jr., "Galaxy Mass Distribution from Gravitational Light Deflection," *The Astrophysical Journal* 281 (1984): L59–L62, doi: 10.1086/184285.

6. M. Markevitch, A. H. Gonzalez, L. David, et al., "A Textbook Example of a Bow Shock in the Merging Galaxy Cluster 1E 0657–56," *The Astrophysical Journal Letters* 567 (2002): L27–L31, doi: 10.1086/339619.

7. Douglas Clowe, interview with author via Zoom, July 21, 2020.

8. D. Clowe, A. Gonzalez, and M. Markevitch, "Weak-Lensing Mass Reconstruction of the Interacting Cluster 1E 0657-558: Direct Evidence for the Existence of Dark Matter," *The Astrophysical Journal* 604 (2004): 596–603, doi: 10.1086/381970.

9. D. Clowe, M. Bradač, A. H. Gonzalez, et al., "A Direct Empirical Proof of the Existence of Dark Matter," *The Astrophysical Journal* 648 (2006): L109–L113, doi: 10.1086/508162.

10. "NASA Finds Direct Proof of Dark Matter," NASA press release 06-297, August 21, 2006, https://chandra.harvard.edu/press/06_releases/press_082106.html.

11. R. H. Sanders, *The Dark Matter Problem: A Historical Perspective* (Cambridge: Cambridge University Press, 2010).

12. R. Massey, T. Kitching, and J. Richard, "The Dark Matter of Gravitational Lensing," *Reports on Progress in Physics* 73, no. 8 (2010), 086901, doi: 10.1088/0034-4885/73/8/086901.

13. Hubble Frontier Fields Program, https://frontierfields.org.

14. L. van Waerbeke, Y. Mellier, T. Erben, et al., "Detection of Correlated Galaxy Ellipticities from CFHT Data: First Evidence for Gravitational Lensing by Large-Scale Structures," *Astronomy and Astrophysics* 358 (2000): 30–44, https://arxiv.org/abs/astro-ph/0002500; D. M. Wittman, J. A. Tyson, G. Bernstein, et al., "Detection of Weak Gravitational Lensing Distortions of Distant Galaxies by Cosmic Dark Matter at Large Scales," *Nature* 405 (2000): 143–148, doi: 10.1038/35012001; D. J. Bacon, A. R. Refregier, and R. S. Ellis, "Detection of Weak Gravitational Lensing by Large-Scale Structure," *Monthly Notices of the Royal Astronomical Society* 318 (2000): 625–640, doi: 10.1046/j.1365-8711.2000.03851.x; N. Kaiser, "A New Shear Estimator for Weak-Lensing Observations," *The Astrophysical Journal* 537 (2000): 555–577, doi: 10.1086/309041.

15. Extremely Large Telescope, https://elt.eso.org.

14. MACHO文化

1. S. Refsdal, "The Gravitational Lens Effect," *Monthly Notices of the Royal Astronomical Society* 128 (1964): 295–306, doi: 10.1093/mnras/128.4.295.

2. A detailed history of gravitational lensing, including more information on Maria Petrou, can be found in David Valls-Gabaud, "Gravitational Lensing:

The Early History," slide deck from presentation of September 17, 2012, http://www.cpt.univ-mrs.fr/~cosmo/EcoleCosmologie/DossierCours11/Se%CC%81minaires/valls-gabaud.pdf.

3. B. Paczyński, "Gravitational Microlensing by the Galactic Halo," *The Astrophysical Journal* 304 (1986): 1–5, doi: 10.1086/164140.

4. Charles Alcock, telephone interview with author, July 9, 2020.

5. Éric Aubourg, telephone interview with author, July 9, 2020.

6. Optical Gravitational Lensing Experiment, http://ogle.astrouw.edu.pl.

7. C. Alcock, C. W. Akerlof, R. A. Allsman, et al., "Possible Gravitational Microlensing of a Star in the Large Magellanic Cloud," *Nature* 365 (1993): 621–623, doi: 10.1038/365621a0; E. Aubourg, P. Bareyre, S. Bréhin, et al., "Evidence for Gravitational Microlensing by Dark Objects in the Galactic Halo," *Nature* 365 (1993): 623–625, doi: 10.1038/365623a0.

8. C. Hogan, "In Search of the Halo Grail," *Nature* 365 (1993): 602–603, doi: 10.1038/365602a0.

9. C. Alcock, R. A. Allsman, D. Alves, et al., "EROS and MACHO Combined Limits on Planetary-Mass Dark Matter in the Galactic Halo," *The Astrophysical Journal* 499 (1998): L9–L12, doi: 10.1086/311355.

10. C. Alcock, R. A. Allsman, D. Alves, et al., "The MACHO Project: Microlensing Results from 5.7 Years of Large Magellanic Cloud Observations," *The Astrophysical Journal* 542 (2000): 281–307, doi: 10.1086/309512.

11. P. Tisserand, L. Le Guillou, C. Afonso, et al., "Limits on the MACHO Content of the Galactic Halo from the EROS-2 Survey of the Magellanic Clouds," *Astronomy and Astrophysics* 469 (2007): 387–404, doi: 10.1051/0004-6361:20066017.

15. 脱缰的宇宙

1. A. R. Sandage, "Cosmology: A Search for Two Numbers," *Physics Today* 23 (1970): 34–41, doi: 10.1063/1.3021960.

2. W. L. Freedman, B. F. Madore, B. K. Gibson, et al., "Final Results from the Hubble Space Telescope Key Project to Measure the Hubble Constant," *The Astrophysical Journal* 533 (2001): 47–72, doi: 10.1086/320638.

3. A. H. Guth, "Inflationary Universe: A Possible Solution to the Horizon and Flatness Problems," *Physical Review D* 23 (1981): 347–356, doi: 10.1103/PhysRevD.23.347.

4. A. H. Guth, *The Inflationary Universe: The Quest for a New Theory of Cosmic Origins* (New York: Basic Books, 1998).

5. A. G. Riess, A. V. Filippenko, P. Challis, et al., "Observational Evidence from Supernovae for an Accelerating Universe and a Cosmological Constant," *The Astronomical Journal* 116 (1998): 1009–1038, doi: 10.1086/300499.

6. S. Perlmutter, G. Aldering, G. Goldhaber, et al., "Measurements of Ω and Λ from 42 High-Redshift Supernovae," *The Astrophysical Journal* 517 (1999): 565–586, doi: 10.1086/307221.

7. D. Overbye, "Studies of Universe's Expansion Win Physics Nobel," *New York Times,* October 4, 2011.

16. 空中楼阁

1. C. O'Raifeartaigh, "Investigating the Legend of Einstein's 'Biggest Blunder,'" *Physics Today,* October 30, 2018, doi: 10.1063/PT.6.3.20181030a.

2. J. P. Ostriker and P. J. Steinhardt, "The Observational Case for a Low-Density Universe with a Non-Zero Cosmological Constant," *Nature* 377 (1995): 600–602, doi: 10.1038/377600a0.

3. R. Panek, *The 4% Universe: Dark Matter, Dark Energy, and the Race to Discover the Rest of Reality* (New York: Houghton Mifflin Harcourt, 2011).

4. J. Colin, R. Mohayaee, M. Rameez, and S. Sarkar, "Evidence for Anisotropy of Cosmic Acceleration," *Astronomy and Astrophysics* 631 (2019): L13, doi: 10.1051/0004-6361/201936373.

5. Y. Kang Y.-W. Lee, Y.-L. Kim, et al., "Early-Type Host Galaxies of Type Ia Supernovae. II. Evidence for Luminosity Evolution in Supernova Cosmology," *The Astrophysical Journal* 889 (2020): 8, doi: 10.3847/1538-4357/ab5afc.

6. J. Cartwright, "Dark Energy Is the Biggest Mystery in Cosmology, but It May Not Exist at All," *Horizon,* September 3, 2018, https://ec.europa.eu/research-and-innovation/en/horizon-magazine/dark-energy-biggest-mystery-cosmology-it-may-not-exist-all-leading-physicist.

7. "New evidence shows that the key assumption made in the discovery of dark energy is in error," Yonsei University Press Release, January 5, 2020, https://devcms.yonsei.ac.kr/galaxy_en/galaxy01/research.do?mode=view&articleNo=78249.

8. R. R. Caldwell, M. Kamionkowski, and N. N. Weinberg, "Phantom Energy: Dark Energy with $w < -1$ Causes a Cosmic Doomsday," *Physical Review Letters* 91 (2003), 071301, doi: 10.1103/PhysRevLett.91.071301.

17. 指示性图案

1. Planck mission, https://sci.esa.int/web/planck. I attended the *Planck* launch in French Guiana on May 14, 2009, on invitation from the European Space Agency.

2. R. K. Sachs and A. M. Wolfe, "Perturbations of a Cosmological Model and Angular Variations of the Microwave Background," *The Astrophysical Journal* 147 (1967): 73–90, doi: 10.1086/148982.

3. N. Aghanim, Y. Akrami, F. Arroja, et al., "Planck 2018 Results. I. Overview and the Cosmological Legacy of Planck," *Astronomy and Astrophysics* 641 (2018), article A1, doi: 10.1051/0004-6361/201833880. Links to the other papers in the series can be found at https://www.cosmos.esa.int/web/planck/publications.

4. N. Aghanim, Y. Akrami, M. Ashdown, et al., "Planck 2018 Results. VI. Cosmological Parameters," *Astronomy and Astrophysics* 641 (2018), article A6, doi: 10.1051/0004-6361/201833910.

5. S. Cole, W. J. Percival, J. A. Peacock, et al., "The 2dF Galaxy Redshift Survey: Power-Spectrum Analysis of the Final Data Set and Cosmological Implications," *Monthly Notices of the Royal Astronomical Society* 362 (2005): 505–534, doi: 10.1111/j.1365-2966.2005.09318.x; D. J. Eisenstein, I. Zehavi, D. W. Hogg, et al., "Detection of the Baryon Acoustic Peak in the Large-Scale Correlation Function of SDSS Luminous Red Galaxies," *The Astrophysical Journal* 633 (2005): 560–574, doi: 10.1086/466512.

18. 氙之战

1. Elena Aprile, interview with author, January 18, 2020, New York.

2. XENON experiment, http://www.xenon1t.org.

3. Sudbury Neutrino Observatory Laboratory, https://www.snolab.ca.

4. Imaging Cosmic And Rare Underground Signals, http://icarus.lngs.infn.it.

5. J. Angle, E. Aprile, F. Arneodo, et al., "First Results from the XENON10 Dark Matter Experiment at the Gran Sasso National Laboratory," *Physical Review Letters* 100 (2008), 021303, doi: 10.1103/PhysRevLett.100.021303.

6. Richard Gaitskell, interview with author, January 16, 2020, Brown University, Providence, RI.

7. The Cryogenic Dark Matter Search (CDMS) has now evolved into SuperCDMS, https://supercdms.slac.stanford.edu.

8. Sanford Underground Research Facility, https://sanfordlab.org.

9. E. Aprile, M. Alfonsi, K. Arisaka, et al., "Dark Matter Results from 225 Live Days of XENON100 Data," *Physical Review Letters* 109 (2012), 181301, doi: 10.1103/PhysRevLett.109.181301; D. S. Akerib, H. M. Araújo, X. Bai, et al., "First Results from the LUX Dark Matter Experiment at the Sanford Underground Research Facility," *Physical Review Letters* 112 (2014), 091303, doi: 10.1103/PhysRevLett.112.091303.

10. E. Aprile, J. Aalbers, F. Agostini, et al., "First Dark Matter Search Results from the XENON1T Experiment," *Physical Review Letters* 119 (2017), 181301, doi: 10.1103/PhysRevLett.119.181301.

11. PandaX experiment, https://pandax.sjtu.edu.cn.

12. LUX-ZEPLIN experiment, https://lz.lbl.gov.

19. 捕风

1. Rita Bernabei, email message to author, September 11, 2020.

2. M. W. Goodman and E. Witten, "Detectability of Certain Dark-Matter Candidates," *Physical Review D* 31 (1985): 3059–3063, doi: 10.1103/PhysRevD.31.3059.

3. A. K. Drukier, K. Freese, and D. N. Spergel, "Detecting Cold Dark-Matter Candidates," *Physical Review D* 33 (1986): 3495–3608, doi: 10.1103/physrevd.33.3495.

4. The Cryogenic Dark Matter Search (CDMS) has now evolved into SuperCDMS, https://supercdms.slac.stanford.edu.

5. Expérience pour Detecter Les WIMPs En Site Souterrain, http://edelweiss.in2p3.fr.

6. DAMA project, http://people.roma2.infn.it/~dama/web/home.html.

7. R. Bernabei, P. Belli, F. Montecchia, et al., "Searching for WIMPs by the Annual Modulation Signature," *Physics Letters B* 424 (1998): 195–201, doi: 10.1016/S0370-2693(98)00172-5.

8. R. Bernabei, P. Belli, F. Cappella, et al., "Dark Matter Search," *La Rivista del Nuovo Cimento* 26 (2003): 1–73.

9. R. Bernabei, P. Belli, F. Cappella, et al., "Final Model Independent Result of DAMA/LIBRA–phase1," *European Physical Journal C* 73 (2013): 1–11, doi: 10.1140/epjc/s10052-013-2648-7.

10. R. Bernabei, P. Belli, A. Bussolotti, et al., "First Model Independent Results from DAMA / LIBRA–phase2," *Nuclear Physics and Atomic Energy* 19, no. 4 (2018): 307–325, doi: 10.15407/jnpae2018.04.307.

11. Reina Maruyama, telephone interview with author, September 29, 2020.

12. COSINE-100 Collaboration, "An Experiment to Search for Dark-Matter Interactions Using Sodium Iodide Detectors," *Nature* 564 (2018): 83–86, doi: 10.1038/s41586-018-0739-1.

13. J. Amaré, S. Cébrian, D. Cintas, et al., "Annual Modulation Results from Three-Year Exposure of ANAIS-112," *Physical Review D* 103 (2021), 102005, doi: 10.1103/PhysRevD.103.102005.

14. SABRE experiment, https://sabre.lngs.infn.it.

15. K. Freese, *The Cosmic Cocktail: Three Parts Dark Matter* (Princeton: Princeton University Press, 2014).

16. A. K. Drukier, K. Freese, A. Lopez, et al., "New Dark Matter Detectors Using DNA or RNA for Nanometer Tracking," arXiv:1206.6809v2; A. K. Drukier, C. Cantor, M. Chonofsky, et al., "New Class of Biological Detectors for WIMPs," *International Journal of Modern Physics A* 29 (2014), 1443007, doi: 10.1142/S0217751X14430076.

20. 外太空的信使

1. Luca Parmitano, Twitter post, February 3, 2020, http://twitter.com/astro_luca/status/1224315152746602497.

2. Samuel Ting, interview with author via Zoom, September 22, 2020.

3. J. Alcaraz, D. Alvisi, B. Alpat, et al., "Protons in Near Earth Orbit," *Physics Letters B* 472 (2000): 215–226, doi: 10.1016/S0370-2693(99)01427-6; J. Alcaraz,

B. Alpat, G. Ambrosi, et al., "Leptons in Near Earth Orbit," *Physics Letters B* 484 (2000): 10–22, doi: 10.1016/S0370-2693(00)00588-8.

4. AMS-02 project, https://ams02.space.

5. O. Adriani, G. C. Barbarino, G. A., Bazilevskaya, et al., "An Anomalous Positron Abundance in Cosmic Rays with Energies 1.5–100 GeV," *Nature* 458 (2009): 607–609, doi: 10.1038/nature07942.

6. G. Brumfiel, "Physicists Await Dark-Matter Confirmation," *Nature* 454 (2008): 808–809, doi: 10.1038/454808b.

7. Fermi Gamma-ray Space Telescope, https://fermi.gsfc.nasa.gov.

8. Tracy Slatyer, interview with author, January 15, 2020, MIT, Cambridge, MA.

9. G. Dobler, D. P. Finkbeiner, I. Cholis, T. R. Slatyer, and N. Weiner, "The Fermi Haze: A Gamma-Ray Counterpart to the Microwave Haze," *The Astrophysical Journal* 717 (2010): 825–842, doi: 10.1088/0004-637X/717/2/825.

10. M. Su, T. R. Slatyer, and D. P. Finkbeiner, "Giant Gamma-Ray Bubbles from Fermi-LAT: Active Galactic Nucleus Activity or Bipolar Galactic Wind?" *The Astrophysical Journal* 724 (2010): 1044–1082, doi: 10.1088/0004-637X/724/2/1044.

11. Dan Hooper, telephone interview with author, March 23, 2020.

12. D. Hooper and T. R. Slatyer, "Two Emission Mechanisms in the Fermi Bubbles: A Possible Signal of Annihilating Dark Matter," *Physics of the Dark Universe* 2 (2013): 118–138, doi: 10.1016/j.dark.2013.06.003.

13. R. K. Leane and T. R. Slatyer, "Revival of the Dark Matter Hypothesis for the Galactic Center Gamma-Ray Excess," *Physical Review Letters* 123 (2019), 241101, doi: 10.1103/PhysRevLett.123.241101.

14. I visited the AMS Payload Operations Control Centre at CERN on June 6, 2019.

15. M. Aguilar, G. Alberti, B. Alpat, et al., "First Result from the Alpha Magnetic Spectrometer on the International Space Station: Precision Measurement of the Positron Fraction in Primary Cosmic Rays of 0.5–350 GeV," *Physical Review Letters* 110 (2013), 141102, doi: 10.1103/PhysRevLett.110.141102; M. Aguilar, L. Ali Cavasonza, G. Ambrosi, et al., "Toward Understanding the Origin of Cosmic-Ray Positrons," *Physical Review Letters* 122 (2019), 041102, doi: 10.1103/PhysRevLett.122.041102.

21. 矮星系罪犯

1. Pieter van Dokkum, interview by author, January 7, 2020, at the 235th meeting of the American Astronomical Society, Honolulu.

2. Dragonfly Telephoto Array, https://www.dragonflytelescope.org.

3. MOND backers don't agree, by the way: the odd kinematics of the dwarf galaxy could be due to the proximity of the larger galaxy NGC 1052, with its (Mondian) gravitational influence—the so-called external field effect.

4. H. Shapley, "Two Stellar Systems of a New Kind," *Nature* 142 (1938): 715–716, doi: doi.org/10.1038/142715b0.

5. J. Kormendy and K. C. Freeman, "Scaling Laws for Dark Matter Halos in Late-Type and Dwarf Spheroidal Galaxies," *Proceedings of the International Astronomical Union,* vol. 220: *Dark Matter in Galaxies* (2004): 377–397, doi: 10.1017/S0074180900183706.

6. J. F. Navarro, C. S. Frenk, and S. D. M. White, "The Structure of Cold Dark Matter Halos," *The Astrophysical Journal* 462 (1996): 563–575, doi: 10.1086/177173.

7. P. G. van Dokkum, *Dragonflies: Magnificent Creatures of Water, Air, and Land* (New Haven: Yale University Press, 2015).

8. New Mexico Skies Observatories, https://www.nmskies.com.

9. P. G. van Dokkum, R. Abraham, A. Merritt, J. Zhang, M. Geha, and C. Conroy, "Forty-Seven Milky Way–Sized, Extremely Diffuse Galaxies in the Coma Cluster," *The Astrophysical Journal Letters* 798 (2015): L45, doi: 10.1088/2041-8205/798/2/L45.

10. P. G. van Dokkum, A. J. Romanowsky, R. Abraham, et al., "Spectroscopic Confirmation of the Existence of Large, Diffuse Galaxies in the Coma Cluster," *The Astrophysical Journal Letters* 804 (2015): L26, doi: 10.1088/2041-8205/804/1/L26.

11. P. G. van Dokkum, R. Abraham, J. Brodie, et al., "A High Stellar Velocity Dispersion and ~100 Globular Clusters for the Ultra-Diffuse Galaxy Dragonfly 44," *The Astrophysical Journal Letters* 828 (2016): L6, doi: 10.3847/2041-8205/828/1/L6.

12. Stacy McGaugh, telephone interview with author, March 30, 2020.

13. P. G. van Dokkum, S. Danieli, Y. Cohen, et al., "A Galaxy Lacking Dark Matter," *Nature* 555 (2018): 629–632, doi: 10.1038/nature25767.

14. P. G. van Dokkum, S. Danieli, R. Abraham, C. Conroy, and A. Romanowsky, "A Second Galaxy Missing Dark Matter in the NGC 1052 Group," *The Astrophysical Journal Letters* 874 (2019): L5, doi: 10.3847/2041-8213/ab0d92.

15. P. Kroupa, C. Theis, and C. M. Boily, "The Great Disk of Milky-Way Satellites and Cosmological Sub-Structures," *Astronomy and Astrophysics* 431 (2005): 517–521, doi: 10.1051/0004-6361:20041122.

16. R. A. Ibata, G. F. Lewis, A. R. Conn, et al., "A Vast, Thin Plane of Corotating Dwarf Galaxies Orbiting the Andromeda Galaxy," *Nature* 493 (2013): 62–65, doi: 10.1038/nature11717.

17. O. Müller, M. Pawlowski, H. Jerjen, and F. Lelli, "A Whirling Plane of Satellite Galaxies around Centaurus A Challenges Cold Dark Matter Cosmology," *Science* 359 (2018): 534–537, doi: 10.1126/science.aao1858.

18. Marcel Pawlowski, interview with author, September 23, 2019, at the workshop The Functioning of Galaxies: Challenges for Newtonian and Milgromian Dynamics, Bonn, Germany.

19. M. Pawlowski, "The Planes of Satellite Galaxies Problem, Suggested Solutions, and Open Questions," *Modern Physics Letters A* 33 (2018), 1830004, doi: 10.1142/S0217732318300045.

22. 宇宙学危机

1. "The Hubble Constant Controversy: Status, Implications and Solutions," WE-Heraeus-Symposium, November 10, 2018, Berlin, https://www.we-heraeus-stiftung.de/veranstaltungen/tagungen/2018/hubble2018.

2. W. L. Freedman, B. F. Madore, B. K. Gibson, et al., "Final Results from the Hubble Space Telescope Key Project to Measure the Hubble Constant," *The Astrophysical Journal* 553 (2001): 47–72, doi: 10.1086/320638.

3. N. Aghanim, Y. Akrami, M. Ashdown, et al., "Planck 2018 Results. VI. Cosmological Parameters," *Astronomy and Astrophysics* 641 (2020), A6, doi: 10.1051/0004-6361/201833910.

4. A. Riess, S. Casertano, W. Yuan, L. M. Macri, and D. Scolnic, "Large Magellanic Cloud Cepheid Standards Provide a 1% Foundation for the Determination of the Hubble Constant and Stronger Evidence for Physics beyond ΛCDM," *The Astrophysical Journal* 876 (2019): 85, doi: 10.3847/1538-4357/ab1422.

5. K. C. Wong, S. H. Suyu, G. C.-F. Chen, et al., "HoLiCOW XIII. A 2.4% Measurement of H_0 from Lensed Quasars: 5.3σ Tension between Early- and Late-Universe Probes," *Monthly Notices of the Royal Astronomical Society* 498 (2020): 1420–1439, doi: 10.1093/mnras/stz3094.

6. W. L. Freedman, B. F. Madore, T. Hoyt, et al., "Calibration of the Tip of the Red Giant Branch (TRGB)," *The Astrophysical Journal* 891 (2020): 57, doi: 10.3847/1538-4357/ab7339.

7. Natalie Wolchover, "Cosmologists Debate How Fast the Universe Is Expanding," *Quanta Magazine,* August 8, 2019, https://www.quantamagazine .org/cosmologists-debate-how-fast-the-universe-is-expanding-20190808.

8. Kilo-Degree Survey, http://kids.strw.leidenuniv.nl.

9. Dark Energy Survey, https://www.darkenergysurvey.org.

10. Hyper Suprime-Cam Subaru Strategic Program, https://hsc.mtk.nao .ac.jp/ssp.

11. E. Di Valentino: "The Tension Cosmology," presentation at the VII Meeting of Fundamental Cosmology, Madrid, September 9–11, 2019, https:// agenda.ciemat.es/event/1126/contributions/2119/attachments/1604/1919 /divalentino.pdf.

12. Eleonora Di Valentino, interview with author via Zoom, December 21, 2020.

13. George Efstathiou, email message to author, November 11, 2020.

23. 捉摸不定的幽灵

1. Karlsruhe Tritium Neutrino experiment, https://www.katrin.kit.edu.

2. S. Dodelson and L. M. Widrow, "Sterile Neutrinos as Dark Matter," *Physical Review Letters* 72 (1994): 17–20, doi: 10.1103/PhysRevLett.72.17.

3. Y. Fukuda, T. Hayakawa, E. Ichihara, et al., "Evidence for Oscillation of Atmospheric Neutrinos," *Physical Review Letters* 81 (1998): 1562–1567, doi: 10.1103/PhysRevLett.81.1562; Q. R. Ahmad, R. C. Allen, T. C. Andersen, et al., "Measurement of the Rate of $\nu_e + d \rightarrow p + p + e^-$ Interactions Produced by ^{8}B Solar Neutrinos at the Sudbury Neutrino Observatory," *Physical Review Letters* 87 (2001), 071301, doi: 10.1103/PhysRevLett.87.071301.

4. I visited the Karlsruhe Tritium Neutrino experiment on September 5, 2019.

5. M. Aker, K. Altenmüller, N. Arenz, et al., "Improved Upper Limit on the Neutrino Mass from a Direct Kinematic Method by KATRIN," *Physical Review Letters* 123 (2019), 221802, doi: 10.1103/PhysRevLett.123.221802.

6. R. D. Peccei and H. R. Quinn, "CP Conservation in the Presence of Pseudoparticles," *Physical Review Letters* 38 (1977): 1440–1443, doi: 10.1103/PhysRevLett.38.1440.

7. CERN Axion Solar Telescope, https://home.cern/science/experiments/cast.

8. Any Light Particle Search, https://alps.desy.de.

9. P. Sikivie, "Experimental Tests of the 'Invisible' Axion," *Physical Review Letters* 51 (1983): 1415–1417, doi: 10.1103/PhysRevLett.51.1415.

10. Axion Dark Matter eXperiment, https://depts.washington.edu/admx.

11. E. Aprile, J. Aalbers, F. Agostini, et al., "Excess Electronic Recoil Events in XENON1T," *Physical Review D* 102 (2020), 072004, doi: 10.1103/PhysRevD.102.072004.

24. 黑暗危机

1. Erik Verlinde, interview with author, December 3, 2020, University of Amsterdam.

2. Kathryn Zurek, interview with author via Zoom, September 17, 2020.

3. Sabine Hossenfelder, interview with author via Zoom, December 21, 2020.

4. B. J. Carr and S. W. Hawking, "Black Holes in the Early Universe," *Monthly Notices of the Royal Astronomical Society* 168 (1974): 399–415, doi: 10.1093/mnras/168.2.399.

5. K. Jedamzik, "Primordial Black Hole Dark Matter and the LIGO / Virgo Observations," *Journal of Cosmology and Astroparticle Physics* 2020 (2020), 022, doi: 10.1088/1475-7516/2020/09/022.

6. L. Hui, J. P. Ostriker, S. Tremaine, and E. Witten, "Ultralight Scalars as Cosmological Dark Matter," *Physical Review D* 95 (2017), 043541, doi: 10.1103/PhysRevD.95.043541.

7. K. Vattis, S. M. Koushiappas, and A. Loeb, "Dark Matter Decaying in the Late Universe Can Relieve the H_0 Tension," *Physical Review D* 99 (2019), 121302, doi: 10.1103/PhysRevD.99.121302.

8. ForwArd SEaRch experiment, https://faser.web.cern.ch.

9. Jamie Boyd, interview with author, June 4, 2019, CERN.

10. L. Berezhiani and J. Khoury, "Theory of Dark Matter Superfluidity," *Physical Review D* 92 (2015), 103510, doi: 10.1103/PhysRevD.92.103510.

11. S. Hossenfelder, "Superfluid Dark Matter," March 24, 2019, https://youtu.be/468cyBZ_cq4.

12. E. P. Verlinde, "Emergent Gravity and the Dark Universe," *SciPost Physics* 2 (2017), 016, doi: 10.21468/SciPostPhys.2.3.016.

25. 看到看不见的

1. I visited Airbus Defence and Space in Toulouse on August 3, 2020.

2. Euclid mission, https://sci.esa.int/web/euclid.

3. Nancy Grace Roman Space Telescope, https://roman.gsfc.nasa.gov.

4. Dark Energy Spectroscopic Instrument, https://www.desi.lbl.gov.

5. G. Bertone and T. M. P. Tait, "A New Era in the Search for Dark Matter," *Nature* 562 (2018): 51–56, doi: 10.1038/s41586-018-0542-z.

6. Laura Baudis, interview with author via Zoom, December 14, 2020.

7. DARWIN project, https://darwin.physik.uzh.ch.

8. E. Gibney, "Last Chance for WIMPs: Physicists Launch All-Out Hunt for Dark-Matter Candidate," *Nature* 586 (2020): 344–345, doi: 10.1038/d41586-020-02741-3.

9. Hyper-Kamiokande, https://www.hyperk.org; Jiangmen Underground Neutrino Observatory, http://juno.ihep.cas.cn; Deep Underground Neutrino Experiment, https://www.dunescience.org.

10. International Axion Observatory, https://iaxo.web.cern.ch.

11. Suzan Başeğmez, telephone interview with author, January 4, 2021.

12. KM3NeT, https://www.km3net.org.

13. D. P. Snowden-Ifft, E. S. Freeman, and P. B. Price, "Limits on Dark Matter Using Ancient Mica," *Physical Review Letters* 74 (1995): 4133–4136, doi: 10.1103/PhysRevLett.74.4133.

14. Sebastian Baum, telephone interview with author, September 30, 2020.

15. A. Mann, "The Detector with a Billion Sensors That May Finally Snare Dark Matter," *New Scientist,* July 1, 2020, https://www.newscientist.com/article/mg24632891-200-the-detector-with-a-billion-sensors-that-may-finally-snare-dark-matter.

—— 图片来源 ——

图 1　Courtesy P. J. E. Peebles

图 2　XENON Collaboration

图 3　Rudolf Riedl

图 4　ESO / L. Calçada

图 5　Carnegie Institution for Science / DTM Archives

图 6　Todd Mason, Mason Productions Inc. / Rubin Observatory / NSF / AURA

图 7　NASA

图 8　Marcel Schmeier

图 9　© The Regents of the University of California. Courtesy Special Collections, University Library, University of California, Santa Cruz: US Santa Cruz Photography Services Photographs.

图 10　CERN

图 11　D. Nelson / IllustrisTNG Collaboration

图 12　Jana Žd'árská

图 13　NASA / Chandra X-ray Center, D. Clowe, M. Markevitch

图 14　Museums Victoria

图 15　NASA / ESA / A. Riess (Space Telescope Science Institute / Johns Hopkins University) / S. Rodney (Johns Hopkins University)

图 16　Wil Tirion—Uranography & Graphic Design

图 17 ESA / Planck Collaboration

图 18 XENON Collaboration

图 19 Reidar Hahn, Fermilab

图 20 NASA

图 21 Courtesy Pieter van Dokkum

图 22 NASA

图 23 Press Office Karlsruhe Institute of Technology

图 24 CERN

图 25 ESA / C. Carreau